郑州轻工业学院
嵌入式与智能系统院士工作站
应急平台信息技术河南省工程实验室

异频群相位量子化处理及应用

杜保强　著

西安电子科技大学出版社

内 容 简 介

本书根据作者多年来所从事的时频测控研究工作和大量的技术资料，集中、系统地论述了异频相位处理的基本理论、方法、应用及工程实现。全书共 7 章，在全面介绍等效鉴相频率、量化相移分辨率、最大公因子频率、最小公倍数周期等相关研究成果的基础上，建立了群周期相位比对理论，提出了群相位量子化处理方法，并详细探讨了该理论和方法在频标比对、频率测量、相位噪声测量、时间间隔测量、时间同步、原子频标信号处理及补偿等领域中的应用研究。本书取材新颖，内容丰富，是国内外唯一介绍异频相位比对、测量及处理的专业性书籍。

本书既可作为测试计量技术及仪器、信号与信息处理领域的研究生专业教材或高年级本科生的选修课教材，也可供通信、雷达、电子测量、仪器仪表、导航定位等领域从事精密频率源、时频比对、同步与传输工作的科研人员或工程技术人员参考使用。

图书在版编目（CIP）数据

异频群相位量子化处理及应用/杜保强著.

—西安：西安电子科技大学出版社，2014.10（2016.2 重印）

ISBN 978 - 7 - 5606 - 3524 - 8

Ⅰ. ①异…　Ⅱ. ①杜…　Ⅲ. ①频率—稳定性—频率测量设备　②频率计量—时间计量　③原子钟

Ⅳ. ①TM935

中国版本图书馆 CIP 数据核字（2014）第 237393 号

策　　划	戚文艳
责任编辑	阎　彬　董小兵
出版发行	西安电子科技大学出版社（西安市太白南路 2 号）
电　　话	(029)88242885　88201467　　邮　编　710071
网　　址	www.xduph.com　　　电子邮箱　xdupfxb001@163.com
经　　销	新华书店
印刷单位	陕西华沐印刷科技有限责任公司
版　　次	2014 年 10 月第 1 版　2016 年 2 月第 2 次印刷
开　　本	787 毫米×1092 毫米　1/16　印　张 13
字　　数	312 千字
印　　数	1001～2000 册
定　　价	38.00 元

ISBN 978 - 7 - 5606 - 3524 - 8/TM

XDUP 3816001 - 2

＊＊＊如有印装问题可调换＊＊＊

前　言

　　高分辨率相位处理技术是当今时频测控领域和精密测量物理领域的研究热点，该技术可获得极高的测量分辨率，不仅对高精度时频传输、新型原子频标及其信号处理与频率漂移补偿、相位噪声测量与抑制以及精密频率源技术的科学发展具有促进作用，而且在空间天文探测、天体测量与地球动力学、脉冲星周期、相对论及人造卫星动力学测地等基础研究方面，以及在航空航天、卫星导航、精密测距、空间定位、雷达测控、现代通信、科学计量、地质测绘、电力传输等国防和民用领域也具有极其重要的地位。相位处理是相位噪声测量的核心，而相位噪声测量的水平是一个国家测试能力和测试水平的重要标志。相位噪声测量中采用的相位处理方法不仅决定了频率变换、锁相环的锁相精度及系统的复杂程度，还影响到整个相位噪声测量设备的可行性和造价。传统的相位处理方法多建立在相同频率基础之上，须经过混频、倍频、频率合成等复杂的频率变换使其频率归一化，增加了成本，引入了合成线路的附加噪声，致使测量精度的再提高难以保证，大大限制了相位处理应用的广泛性。传统的时频测量系统，有的测量范围很宽，但测量分辨率低；有的测量分辨率高，但测量速度慢，测量范围也很窄。总之，宽测量范围、高测量分辨率、快测量速度等技术性能指标不能同时体现在同一测量系统中。为此，本书引入群周期相位比对新概念，提出了群相位量子化处理新方法，该方法是一种不同于国外现有技术途径的新型相位处理方法，它以实际频率信号间的相位关系为分析基础，借助群相位量子化新概念及其变化规律进行高分辨率相位处理，从原理上突破了传统相位处理方法中需同频鉴相的限制以及异频相位比对中需以标称频率为基础的局限，在射频范围内无需频率合成与变换便可完成任意频率信号间宽频快速高分辨率的相位测量、比对及控制，因此，有望改进或解决现有时频测量系统存在的问题。

　　本书共 7 章，其主要内容围绕异频相位处理对群相位量子化基本理论、方法及应用展开论述。第 1 章介绍了时频信号的基本概念、时频信号处理的发展、群相位量子化处理的重要性以及基于异频信号的群相位量子处理在军事、国防及民用领域的关键技术应用；第 2 章提出了群周期相位比对、群相位量子化的基本概念并深入分析了群相位差变化的基本规律、群相位量子的特点以及基于群相位重合检测消除±1 个字计数误差的根源；第 3 章提出了一种基于异频相位处理的相位噪声测量方法，实现了一个参考源完成任意频率信号的相位噪声测量；第 4 章提出了基于异频相位处理的高精度频率测量方法，该方法确保被测信号与频标信号具有相位关系的可控性，在宽范围内实现了任意频率信号的高精度测量；第 5 章提出了基于时-空关系转换的高分辨率短时间间隔测量方法，该方法应用于时间同步技术中，保证了时间及相位的严格同步、高稳定输出，对于提高设备体系的整体性能具有重大意义；第 6 章提出了基于群相位量子处理的原子频标技术，解决了主动型原子频标中微波量子跃迁频率信号和被控晶体振荡器射频输出信号之间的直接相位比对、控制以及在更短频率变换链情况下的处理和控制；第 7 章探讨了群相位量子化处理方法在周期性运动现象、深空探测及相控阵雷达技术中的应用。

全书由郑州轻工业学院杜保强博士撰写。本书在写作过程中得到了作者单位、研究团队、研究生们、师兄弟们、朋友们及同事们的帮助，在此一并表示感谢。感谢我的博士生导师在我攻读博士期间给予我的关怀和照顾；感谢我的博士后合作导师冯大政教授对出版该书的指导和建议；感谢我的工作单位郑州轻工业学院给我提供了自由宽松的科研平台和舒适的工作环境；特别感谢嵌入式与智能系统院士工作站和应急平台信息技术河南省工程实验室对我科研工作的大力支持和对本书出版的有力资助。

本书得到国家自然科学基金(No. U1304618)、河南省基础与前沿技术研究计划项目(No. 122300410169)、河南省重点科技攻关项目(Nos. 142102210515，132102210180)、河南省教育厅重点科技攻关项目(No. 13B535328)、郑州市科技攻关项目(No. 131PPTGG411-6)、中国科学院精密导航定位与定时技术重点实验室开放基金(No. 2012PNTT01)、中国博士后科学基金(Nos. 2014M560750，2012T50738，2011M501446)以及郑州轻工业学院博士科研基金(No. 2011BSJJ031)等的资助。

由于作者水平有限，书中不妥之处在所难免，恳请广大读者批评指正。

作　者

郑州轻工业学院

2014 年 7 月

—— 目　　录 ——

绪　　论

1.1　时　频　概　述

1.1.1　时频及标准

时间和频率是当今物理量中具有最高精度和准确度的基本物理量，在航空航天、导航定位、精密测距、雷达测速、通信、计量、天文等高科技领域应用非常广泛。时间和频率的高精度处理带动了相关物理量在测控方面的发展，其它物理量（电量或非电量）若能转化为时频量来处理，其计量水平会显著提高。时频技术的进步可能导致在电子信息技术领域的若干基础研究方面获得一系列有价值的重大发现。因此，基于时频信号的高精度、高分辨率处理也已成为各国竞相研究的热点[1-2]。20 世纪 60 年代出现的原子频标，使时频标准的准确度和稳定度得到了进一步提高。目前，国际上比较成熟的原子频标仍以铯钟、氢钟、铷钟为主。铯钟和氢钟属于一级钟，铯钟具有极高的频率准确度，好的铯钟其准确度已优于 7×10^{-16} s，以它为基础的时频测量的准确度和分辨率可高达 10^{-16} s 和 10^{-14} s 量级，并且还在不断提高，远远超过了其它物理量的测量精度。氢钟除具有好的频率准确度外，其频率稳定度优于铯钟。铷钟和晶体振荡器同属二级频标，铷钟的短期频率稳定度一般在 10^{-12}/s 量级，甚至更高一些，晶体振荡器的秒级频率稳定度目前已能达到 10^{-13}/s 量级。原子频标是一个锁定系统，需要有高分辨率的锁相或锁频技术，才能实现其高准确度和高稳定度的特性，例如，被动型铷原子频标，铷原子跃迁发出的微波信号频率约为 6834.6875 MHz，而最终输出的是常用的 5 MHz 或 10 MHz 的标准频率，这就需要一个高分辨率的量子实时锁频系统；主动型氢原子频标，从氢脉泽发出的微波信号频率约为 1420.405 75 MHz，而氢原子频标最终输出的也是 5 MHz 或 10 MHz 的频率，这需要有一个高精度的锁相系统。同时，原子频标准确度和稳定度的提高离不开高精度的时频处理手段，此时若没有与之相匹配的更高要求的时频处理技术，高稳定度指标及高分辨率的处理也就无从实现；反过来，高精度的时频处理手段，在原子频标保持长稳的同时，也促使了原子频标具有良好短稳的优点，两者相辅相成，必须同步发展。

1.1.2　时频处理及应用

随着军事、国防及民用技术的提高和物理学及现代科学的进一步发展，时频信号的生成、保持、时频率传递与同步、精密授时、频标比对、时频测量及控制等方面更需要有高分辨率的处理手段。比如在导航系统中，导航定位的目的是测定目标的位置，这实质上是个测时测距问题，定位精度取决于定位误差，而定位误差正比于时间误差，根据时-空转换关系 $s = ct$（c 为光速），若要求定位误差在 1 km 以内，则允许的时间测量和同步的误差应在 3 μs 以内；若要求定位误差在 1 m 以内，则允许的时间测量和同步的误差应在 3 ns 以内。目前的光纤时间同步系统，其同步精度要求在 100 ps 量级。空间卫星之间相对距离的测量，如果要精确到 200 μm，则要求时间或相位的测量分辨率优于 1 ps；在宇航和导弹系统中，对频率的测量提出了更高要求，即要求高速度、高精度且连续测量，测量的结果直接影响着导弹的定位和命中的精度，所以时频测量是导航定位的基础，在军事上有着重要应用。与此同时，高精度的时频测量在民用方面的应用也越来越广泛。通信系统中，时间用来标记信号和数据，使之易于识别和检测；在晶体振荡器行业，高精度的频率测量已经成为一种趋势，AT 切恒温晶体振荡器的频率稳定度可达 10^{-11}/s 量级，而 SC 切恒温晶体振荡器的频率稳定度可达 10^{-12}/s 甚至 10^{-13}/s 量级，这就要求有更高分辨率的时频测量技术和手段。当然，时间和频率的应用相当广泛，并且和多个领域的发展有着重要的联系，但无论如何，相关领域的发展均离不开高精度、高分辨率的处理技术作为支撑点，这也是本书运用群相位量子化理论来研究和处理时频信号的出发点。本书通过异频信号之间相位差群的概念，利用相位差群在最小公倍数周期内变化的规律性，结合群周期相位比对和相位重合检测技术，推理相位量子化与群相位量子化的固有关系，最终揭示了群相位量子化的相关基本概念及其重要物理特性。实验证明，以群相位量子化处理为基础的时频测量、频标比对、锁相控制及原子频标伺服电路的改造至少能获得皮秒级的分辨率。

1.2　异频群相位量子化处理的重要性

相位处理技术在频率基、标准器的基础性研究、应用及性能测试中具有重要意义，被广泛应用于频标比对、相位重合检测、时间间隔测量、时间同步及频率控制等领域[3]。深入了解和掌握相位处理的方法，不仅对时间频率本身，还对掌握其它物理量及其处理、甚至对科学技术其它领域的研究工作也会带来许多有益的帮助。相位比对方法是时频信号尤其是周期性信号处理最常用的方法。因为这种方法具有很高的分辨率，它能够分辨和处理相当于一个信号周期的若干分之一相位差的极细微变化。但传统的相位比对方法往往要求信号具有相同的频率标称值，而实际应用中由于各种干扰和噪声，频率信号之间往往具有相位抖动或频率漂移现象，频率标称值不同的情况是普遍存在的,这就大大限制了相位比对方法应用的广泛性,并且传统的相位处理方法使用了大量的如混频、倍频、分频等频率合成器件,这些频率合成器件虽然扩展了频率信号的应用,增强了信号处理的灵活性,但其结构复杂、成本较高且表现出较高的功耗和较低的工作频率等缺点,更重要的是随之引入了不能准确估算的随机噪声,直接影响了时频信号处理的效果。在射频范围内,为了把周期性信号间的相位比对和处理扩展到任意信号之间并不受频率是否相同限制下的应用,本书提出了以等效鉴相频率为基础的群相位量子化处理方法,并对其应用进行了研究。这样,由于任意信号可以直接处理,从而减少了频率合成器件的使用,降低了成本,避免了合成线路的附加噪声,为高精度相位处理结果的获得提供了可行性基础。因此,以群相位量子化处理为基础的相位测量、比对及控制,不但在射频范围内能够实现任意信号间的精密相位处理,而且能够在兆赫兹到太赫兹的等效鉴相频率下获得皮秒级甚至更高的测量分辨率。

1.3 异频群相位量子化处理应用

1.3.1 相位噪声测量

传统的相位处理和相位噪声测量主要是针对通信、计量、电子工程、导航设备、仪器仪表等普遍使用的锁相环、相位处理装置及高精度晶体振荡器的单边带相位噪声测量。目前,相位噪声测量水平较高的相位处理方法是锁相处理的方法。由于高精度振荡的相位噪声指标很高,对它直接测量是很困难的,因此需要把噪声的影响放大到一定程度才能实现测量。锁相处理的方法能够使被测源将一个同频的高精度参考源相位锁定并且抑制载频,同时从锁相电压中提取被测源放大了的相位噪声信息。为了在宽频范围内使得任意频率信号都能被测量,高精度的频率合成器是必需的。这部分电路不仅结构复杂、价格昂贵,而且其本身的噪声也对相位噪声测量的精度造成了影响。总体来说,国外相位噪声主要采用传统相位处理的方法,其技术的发展一方面是从线路上进行改进,另一方面是从算法上进行优化。其中,采用传统相位比对方法对相位噪声测量技术的改进必须建立在同频信号基础之上,而对于那些有频率差别的信号只能通过频率变换的方法使之频率归一化后才能进行相位处理。因此,如果想在宽频率范围内完成相位噪声测量中所必须的相位比对,就必须结合使用高精度的频率合成器,这样,不但制造设备复杂,而且在各变换环节还容易引入合成线路的附加误差。由此看来,国外就相位处理方法和相位噪声测量技术方面在原理上并没有得到实质性的进展和突破,但在测量精度方面结合微电子技术的发展及生产工艺的改进,较以前有很大提高。国内在这方面技术的发展主要是跟踪和沿用国外技术。根据国内外在相位处理方法和相位噪声测量技术方面的发展趋势和对这方面技术的总体认识,本书研究了基于群相位量子化处理的相位噪声测量方法，主要包括异频鉴相和异频锁相，两者都是基于异频信号之间所表现出的群相位量子化的周期性特征实现相互相位比对的，其基本原理是根据参考信号和被锁信号的频率值，对其进行简单的分频处理，得到频率值合适的两个异频信号后，可以直接进行开关鉴相，取样平均，实现高精度锁定。基于群相位量子化处理的锁相环较传统的锁相环具有电路简单、锁相精度高、可以异频直接锁相等优点。以异频直接锁相代替传统的同频锁相，省去了大部分复杂的频率变换线路，同时也减小了合成线路引入的附加噪声。在此基础上，这方面技术更进一步的发展还体现在以群相位量子化处理为基础的无间隙相位噪声测量方面。通过对频率信号最基本特性的研究，运用群相位差变化的基本规律，提出群相位量子化处理替代传统的模拟化处理及无间隙测量替代同频鉴相，在宽范围内实现高精度无间隙异频相位噪声测量，即在相位重合点之间进行无间隙计数，根据两相邻重合点之间计数值的变化来反映相位噪声的变化，通过时频转换算法和信号处理显示出被测信号的单边带相位噪声曲线。由于摆脱了传统相位处理方法中频率必须归一化的复杂变换过程，相位噪声测量变得更加简洁、精度更高，满足了国内外对这方面技术及仪器的需求，同时也开辟了具有更高测量分辨率的群相位量子化处理的新途径。

1.3.2　原子频标信号处理

原子频标是利用原子或分子内部能级间的量子跃迁谱线作为参考，通过伺服环路将晶体振荡器(或激光源)的频率锁定到该原子或分子的跃迁频率上，使晶体振荡器(或激光源)的频率具有和原子或分子跃迁频率相同的频率稳定度。原子频标作为一种高稳定度、高准确度的频率基准，广泛应用于卫星导航定位、精密测距、现代授时、重力波探测、通信网同步及其它高科技领域。这些领域既具有非常重要的国防应用价值，又具有极高的商业地位。通常，这些领域的高端产品用于国防需求，中低端产品用于民用或商业。这些领域中的商业化小铯钟、紧凑铷钟的市场非常大，同时这些领域对准确度更高的原子钟有非常迫切的需求。从原子频标的应用可以看出，原子频标在国防和民用领域都具有极高的价值，重要性不言而喻。因此，它又是一个非常敏感的产品。现在美国只对中国开放低端的商用小铯钟、小铷钟，对于高端的产品如星载原子钟、弹载原子钟等则采取非常严格的禁运。所以要获得更高精度、更高分辨的原子频标，必须依靠新的信号处理手段，走自主研发的道路才能实现。众所周知，原子频标是量子物理学与电子学高度结合的产物，就其结构而言，其精度取决于物理部分和线路部分的支持；就其物理原理而言，它又是一个自然基准，具有精度的不变性和客观性，也就是说，原子谐振频率本质上没有任何漂移和老化，应该是一个固定值，但是要实现原子谐振，在制造出原子谐振器并进一步将其组合成一台频率标准的过程中，一些自然效应和设备效应对原子谐振频率的影响是不能完全避免的，例如温度、老化、冲击、振动、气压变化、磁场变化等，这些因素对原子频标的输出频率均产生不同程度的影响。所以，原子频标理论上的能级跃迁准确度、稳定度、相位噪声等指标和实际所能达到的指标有明显区别。例如，作为军用和导航方面的原子频标，必须能够经受工作阶段非常恶劣的环境条件。这些环境条件包括发射时的振动、热应力、高辐射强度和长期的真空状态等。整个寿命期间，在各种复杂条件下，原子频标必须保持性能不变，这就对原子频标的设计提出了相当高的要求。传统原子频标技术主要侧重于原子频标物理部分的改进和线路部分性能的提高，而多少忽略了频率信号之间的规律性，如忽略了主动型原子频标中的微波跃迁频率信号与被锁晶体振荡器的射频信号在更短频率变换链情况下的相位比对、处理和控制，原子频标系统误差的可处理性和改善性，原子频标物理部分和伺服电路相互性能优势互补的可能性等。

本书将群相位量子化、相位量子化、群相位差等概念运用到主动型原子频标的合成信号处理中，在完成数字化处理的基础上，利用异频信号之间的相位关系，实现了包括复杂频率信号（如主动型原子频标中的微波量子跃迁信号和被锁晶体振荡器的射频信号）和大频率差异信号在内的直接相位测量、比对和处理，简化了信号的频率合成变化链。主动型原子频标中频率变换部分的相位比对和处理需要量化到对应的相位量子或群相位量子，从量化的角度考虑异频信号之间的周期和相位关系，把传统的连续量化转换为群量子化，在此基础上的数字化也就反映了相互相位关系的变化。由于数字化处理方式在比较传统的线路中无法进行直接相位处理，而通过群相位量子化的运用则实现了任意频率信号之间的高分辨率直接数字化处理。因此，利用异频信号之间的群相位量子化处理，有效地解决了原子频标信号处理的频率链路简化、相位噪声降低以及频率稳定度提高等问题。

1.3.3　频标比对、频率测量及控制

时间和频率量的比对、测量及控制在现代测控，尤其是时频测控技术领域具有极其重要的地位。随着社会进步和科技发展的需要以及信息传输和处理要求的提高，对频率的测量精度提出了更高要求，需要更高准确度的时频基准和更精密的测量技术。频率测量所能达到的精度，主要取决于作为标准器使用的频率源的精度以及所使用的测量设备和测量方法[4]。高精度的频率标准通常是指那些具有某些特定频率标称值的标准频率源，如常用频率标准的频率标称值一般为 1 MHz、5 MHz、10 MHz 等。用于频标之间的测量方法及设备，也要求比普通频率信号间的测量方法及设备具有更高的测量分辨率和更高的精度。对于频率源的准确度及长期指标的比对，目前使用最多的是相位比对的方法。而在其稳定度的时域比对中，许多传统的比对方案还在使用，如频差倍增法、双混频时差法等，但是设备工艺和线路设计较以前有所改进。按照各种不同频率测量方法的比较，直接计数的方法具有简单的结构和很宽的频率测量范围，但是由于存在 ±1 个计数误差，测量精度不高。针对这个误差的技术改进，模拟内插法、游标法、宽带相位重合检测以及借助于短时间间隔电容充电与高速 A/D 转换的测量方法都是现行被广泛应用的技术。这些方法主要是针对宽频率范围的频率测量而应用的。其中，设计优良的仪器在宽频率范围内的测量分辨率能够达到 10^{-11} s。

在频标比对方面，相位比对法、拍频法和双混频时差测量的方法都具有较高的比对精度，但是它们的测量范围很窄。其中，相位比对法常常被用于频标准确度和长期指标的比对，拍频法和双混频时差测量的方法主要用于短期稳定度的比对。从比对精度来看，相位比对法与其它方法结合能够在一天或更长的比对时间内实现 10^{-16} s 的比对精度，而在短稳比对方面，拍频法、双混频时差法以及以频差倍增为基础的方法都有可能获得优于 10^{-13} s 的测量分辨率。但是它们只适用于某些频点上的频标比对，而对宽频范围的测量却无能为力。所以设计一种结构简单、成本低廉、体积小、重量轻、测量范围宽的频标比对仪器就显得非常必要了。因此，进一步提高频标比对精度的途径应该在相位处理技术和低噪声的频率变换器件方面下功夫。本书将群相位量子化处理的方法运用于频标比对、鉴相及锁相反馈控制中，有效地解决了这方面的技术问题。实验证明，基于群相位量子化处理的相位比对和控制能够获得皮秒及皮秒量级以上的测量分辨率和短期频率稳定度。

在频率测量方面，传统的方法往往是通过测时间来间接测得测频率的。例如使用通用计数器 SR620 测量频率，由于其单次测量分辨率为 25 ps，所以当闸门为 1 s 时，其测量分辨率最高仅为 2.5×10^{-11} s。如果要达到更高的频率测量分辨率，就要求有更高的时间测量分辨率，这就给时间测量提出了非常高的要求，使系统变得复杂。因此，传统的频率测量方法，由于受到测量中普遍存在的 ±1 个字计数误差的影响，很难再进一步提高测量分辨率。群相位量子化处理方法巧妙地将群周期相位比对、群相位重合点和群相位量子化等重要概念运用到实际仪器设计中，有效地克服了这种测量误差的影响。本书所实施的基于群相位量子化处理的高分辨率频率测量方案，是利用群周期的整数倍作为频率测量的闸门，让闸门的起始和终止时刻同步于两个群相位重合点，这样新的闸门与两个比对信号（参考信号和被测信号）同步或相当接近于同步，然后通过检测群相位重合点的状况来开启和关闭实际计数闸门，以这样的闸门来进行周期性信号的频率测量，消除了传统测频仪器中所普遍存在的 ±1 个字的计数误差，实现了宽频率范围内的高分辨率测量。

在频率控制方面，以锁相环为例，传统的锁相技术是将两个信号进行频率归一化，然后进入鉴相器进行处理，最终实现频率信号的锁定。例如，在主动型氢原子频标中，需要用氢原子跃迁发出的频率为 1420.405 750 MHz 的微波信号，去锁定 5 MHz 或 10 MHz 的具有压控特性的恒温晶体振荡器。频率的归一化处理需要倍频、混频甚至频率合成等复杂的频率变换过程，这样不但使电路结构复杂、体积增大、成本提高，而且由这些环节引入的附加噪声，也最终影响了氢原子频标输出信号的相位噪声特性和频率稳定度。由此可见，对于不同频率信号之间的高精度锁相，特别是当两个频率之间没有明显的倍数关系时，传统的锁相环是基于同频鉴相，需要有复杂的频率变换线路，这样成本较高、精度也不易保证。本书运用了群周期相位比对的基本概念并结合群相位量子化处理的方法完善了其性能研究，在此基础上通常只能在频率标称值相同的情况下才具有相位的可比性被扩展到了任意频率信号之间，也就是以群周期为特征实现了异频相位比对以及比对的连续性。总之，时间和频率的精确测量，促进了科学的发展，科学的发展反过来又把时间和频率的测量提高到了新的高度，即以群相位量子化处理为基础的时频测量新技术。该技术的出现不仅促进了时频技术的发展，而且对测控技术在军事、国防、工业及科学技术的进步方面也起到了举足轻重的作用，这方面所取得的新技术及成果，将会产生巨大的社会经济效益。

1.3.4　时间间隔测量与时间同步

精密时间的测量不仅在地球动力学、脉冲星周期、相对论及人造卫星动力学测地等基础研究方面有着重要的作用，而且在航空航天、导航定位、深空通信、地质测绘、电力传输、科学计量、卫星发射、国防及国民经济建设等领域也具有极其重要的地位，甚至已经深入到人们生活的各个方面，几乎无所不及。事实上，人们在日常生活中所说的时间包括两部分：一是时刻，二是时间间隔。时刻是指连续流逝的时间的某一瞬间，它指的是某一事件是什么时候发生的；而时间间隔是指两个时刻之间的间隔有多久，它指的是某一事件的持续时间。时间作为最基本的物理量之一，有着较其它基本物理量更高的测量分辨率和准确度，并且时间是目前唯一能够实现远距离传递和校准的物理量，其它基本物理量为了提高其测量精度，都有试图通过时间来定义其基准的倾向，最终使测量统一于时间。例如，在时空关系的研究中，长度就是通过时间来定义和测量的，即 $s = ct$（其中 c 为光速），这里时间已经成为所谓四维时空坐标的第四维。时间测量的目的就是要建立一个时间基准或时间尺度，这个基准可以提供尽可能准确和均匀的时间，通过基准时间的传递，为分散在一定范围内的时钟建立并保持同步运行提供可靠的参考信号，并以此来实现时间间距的测量和时刻的测定。为了保证时间的传递和同步，时间标准必须具有两个条件：一是稳定性，即时间标准的运动周期要稳定；二是复现性，即时间标准的周期运动，在任何地方和任何时候都能重复观察或实验。随着人类对时间探索和认识的深入，时间标准先后经历了世界时、历书时和原子时。世界时是以地球自转为基础建立起来的，由于地球自转的不均匀性，作为计时其准确度只能达到 10^{-8} s 数量级；历书时是以地球公转为基础建立起来的，其精度比世界时有所提高，可以达到 10^{-9} s 数量级，但是测量不但费时，而且测量误差也比较大；原子时是以原子的跃迁为基础建立起来的，由于原子时的准确度直接依赖于原子频标的准确度和稳定度，而原子频标的准确度和稳定度在 20 世纪 50 年代已经得到了极大的发展，几乎是每五年就提高一个数量级。因此，用高精度原子频标来计时是相当准确的。目前，铯原子钟的精度已优于 10^{-16} s 量级，也就是数千万年不差一秒。以此建立起来的国际原子时也可以达到相同的数量级。因此，时间科学的研究和发展，特别是时间测量水平和精度的提高，对整个计量科学的研究和发展必将产生深远的影响。

不仅如此，高分辨率时间间隔测量技术在科学实验和工程实践中也有着非常广泛的应用。在科学实验方面，例如高能物理实验中对飞行时间的测量。飞行时间计数器的主要作用是测量带电粒子的飞行时间，与主漂移室的测量信息配合推算粒子的质量，从而实现带电粒子的鉴别。用测量飞行时间的方法来鉴别带电粒子的精度主要取决于对飞行时间测量的分辨率。在工程实践方面，主要体现为高精度的时间同步。在卫星导航系统中，时间同步技术主要用于实现地面主控站、各监测站和注入站之间以及星载钟和地面高性能原子钟之间的时间同步，以及在自主导航情况下实现星座自主时间同步并支持建立导航系统时间，而在非自主情况下实现星座时间的整体统一。例如我国卫星导航系统的系统时间标准为"北斗时"，那么各监测站、主控站以及星载钟都需要高精度的同步到"北斗时"。我国卫星导航系统所使用的精密频率源在频率稳定度等性能指标方面与国外相比还有一定差距，提高时间同步技术的精度在一定程度上能弥补精密频率源性能不高所带来的影响。在军事领域，时间同步具有广泛应用，同步精度要求也特别高。从飞机、导弹等目标的精密定位，突发的保密通信，预警及火控雷达网的协调工作，到各兵种的协调作战都离不开高精度的时间同步。例如，美国 GPS 全球卫星定位系统所制导的"爱国者"系列巡航导弹和俄罗斯 GLONASS 全球卫星定位系统所制导的"烈火"系列巡航导弹，对定位准确度均具有严格的要求。这些巡航导弹只有在一定的准确度下才能击中目标并造成杀伤力，其时刻准确度要求在 ± 50 ns 之内，频率准确度要求在 $\pm 5 \times 10^{-13}$ s 之内，且它们的取值越小命中率越高。在航天领域，火箭、卫星及各种飞行器的发射以及升空后的实时定位等均需要高精度的时间和频率同步。在雷达系统中，高精度时间同步是双基地合成孔径雷达能正常工作的基本条件，要求时间、频率、相位、波速同步在一定的范围内，当同步精度为 100 ns 时，定位误差为 30 m；当同步精度为 1 ns 时，定位误差为 0.3 m。在通信系统中，数字同步网、电信管理网以及信令网并列为现代电信网的三大支撑网，它是通信网正常运行的基础，也是保障各种业务正常运行和提高质量的重要手段。数字同步网重点需要频率同步，如果频率不同步，那么收发双方的采样时间就不会一样，从而增加数据传输误码率。基于数字同步网的业务网，如 SDH（同步数字体系）通信网的时间同步，CDMA 基站间的时间同步等，不仅需要频率同步，还需要高精度的时间同步。现在高速数字通信系统一般要求时钟同步的时刻准确度小于 ± 0.5 μs，秒级频率稳定度优于 $\pm 5 \times 10^{-12}/$s。目前，世界各国的通信网都建立了数字通信同步网，中国电信、中国移动、中国联通及广电、铁路、军用等各种通信网的同步网也正在建设和完善之中。此外，交通、电力、金融等部门，除其通信网有时间同步需求之外，在调度、监控、数据交流等方面也有广泛的时间同步要求。例如某地区的电力网因为某种原因发生大面积的跳闸停电，而在每个变电站上的监控设备可以将本站的跳闸时刻记录下来，如果每个变电站的时间是严格同步的，如同步精度准确到 1 μs，那么记录时间最小可以精确到 1 μs，从记录时间上就可以区分至少相距 300 m 的各变电站的停电先后顺序；以此类推，如果同步精度只能精确到 1 ms，那么记录时间最小只能精确到 1 ms，相应从记录时间上就只能区分至少相距 300 km 的各变电站的停电先后顺序。可见，各变电站的同步精度越高，那么就可以在较小范围内确定各变电站跳闸的时间顺序，从而便于分析查找跳闸的地点和原因。另外，银行、证券等各种交易是实时进行的，各种交易数据交换时，其时间顺序也是重要的参数。

通过以上各领域在时间同步方面的应用性分析可知，各种应用对时间间隔尤其是短时间间隔的测量分辨率的要求越来越高。在传统的短时间间隔测量方法中，游标法是一个比较典型的测量方法。传统的游标法测量时间间隔必须使用冲击振荡器同步信号，依靠振荡器间的游标差获得短时间间隔测量结果，不但测量精度有限，而且设备复杂，价格昂贵。出于对高精度、高分辨率、结构及成本方面的考虑，在时间游标法的基础上，本书提出了一种基于异频相位处理与时空关系相融合的短时间间隔测量方法。信号在介质中的传播速度具有高度的准确性和稳定性，在计量学中被作为一个自然常数。高精度的频标信号之所以能够被测量和应用，并且转换成为空间量的精密测量，也是以传输环节的高稳定性作为保证的。精密时频测量的关键已经转化为对于微细时间间隔和频率量的测量。实质上，时频信号的测量、比对及控制都是经过信号的传输之后才进行的，所以信号在空间或者大量的其它传输介质中传输过程的超高稳定性也是自然存在的现象。长的时间间隔常常被分解为与填充时钟同步的较长时间间隔以及门时开启和关闭时与填充信号不同步的小时间间隔。这样，短时间间隔的测量对于长时间间隔测量精度中的贡献在测量方法方面属于微差法，是适合超高精度测量的技术的。这个微细时间间隔常常变化在纳秒和皮秒的范围内，而针对常用频率标准作为任意时间间隔测量中的填充时钟信号时，所要测量的短时间间隔的范围常常是 100 ns 或更短。从频率稳定度方面考虑要求的时频测量的分辨率更是优于 1 ps。对于这么短的时间信号的测量和处理常常受到器件的速度、噪声等因素的影响，大大限制了测量的精度。这种利用信号传递速度的稳定性、准确性这一自然现象所保证的高精度比国内外传统的基于频率处理的方法精度更高，价格也更有优势。以此为基础可完成各种时间间隔与频率测量仪器，可以比较容易地获得纳秒至 10 皮秒量级的分辨率。长度游标法正是利用异频信号在介质中传输速度的高稳定性，把时间间隔的开始和结束信号分别在两个延时单元长度不同的游标上传输，然后检测延迟信号发生重合所在的长度标度，就可以精确地计算被测时间间隔。将两个长度游标的延时单元按照测量分辨率的要求，在延时长度上精确标度，获得的测量分辨率远远优于两路长度游标的单位延迟数值，可以很容易达到皮秒量级的分辨率。同时，这种以异频相位处理为基础的基于长度游标的短时间间隔测量方法由于实现方案简单，所以简化了设备、降低了成本、减小了体积、提高了分辨率并增强了系统的稳定性，特别适合于高精度的导航卫星同步技术。

1.3.5　二级频标的锁定、驯服与保持

在导航、定位、大地测量、天文观测、网络授时和同步以及电网故障检测中都需要有高稳定度和准确度的频率标准，可以说，频率标准的发展对一个国家的经济、科技、国防及社会安全具有非常重要的意义。例如在 GPS 系统中每颗卫星都载有高准确度和高稳定度的原子频标，以达到高精度导航和定位的目的。此外，许多控制领域也都需要测量控制设备基于高稳定、高精度的时间同步基准来进行工作协调，所以能否提供一个高稳定、高精度的频率标准显得非常关键。对频率标准的研究主要侧重于三个基本技术指标：稳定度、重现性和准确度。稳定度是衡量频率标

准随时间波动情况的尺度，与所考察时间间隔的长短有关；重现性是同一类装置产生同一值的能力；准确度是衡量时钟重现同一时间间隔的尺度。一般情况下，可以利用一个高稳定的恒温晶体振荡器来实现频率标准，准确度可达 $10^{-8} \sim 10^{-10}$ s 量级；在精度要求更高的场合用下，可以利用铷原子钟作为频率标准，其准确度可达 10^{-10} s 量级以上，稳定度可达 10^{-13}/s 量级。铷原子频率标准和高稳定度的恒温晶体振荡器统称为二级频标。高稳晶体振荡器按侧重于长稳和侧重于短稳的不同要求，可以分为长稳指标优秀和短稳指标优秀两类。长稳指标较好的晶体振荡器是指频率老化率低的振荡器；而短稳指标较好的晶体振荡器实质上就是低噪声的晶体振荡器。高稳晶体振荡器具有体积小、寿命长、成本低、制作方便等一系列优点，不仅被广泛用作二级频标，同时也是组成原子频标设备的重要部件。高稳晶体振荡器一般由三个基本部分组成：高精密石英谐振器、振荡电路和恒温系统。在所有的晶体振荡器中，恒温晶体振荡器的老化率最小、稳定度最高、频率—温度特性最好，但同时它也具有预热时间比较长、体积比较大、功耗比较高的缺点。现在国外双层控温的晶体振荡器可以实现 $-20℃ \sim 70℃$ 范围内达到 1×10^{-10} s 的频率—温度稳定度。高稳晶体振荡器一般适用于测量精度不是很高的设备中，而对于高精度的测量设备则远不能达到所需要的技术指标。例如，在卫星导航定位系统中，精确位置的测量实际上就是高精度的时频测量，这需要高精度的原子频标来建立和维持。原子频标是时频系统的核心部分，它的性能直接影响导航、定位及授时的精度。根据量子理论，原子和分子只能处在不同的能级上，其能量不能连续变化，只能跃迁。当由一个能级向另一个能级跃迁时，将伴随着一定频率的电磁波的吸收和辐射。若从高能级向低能级跃迁，则辐射能量；若从低能级向高能级跃迁，则吸收能量。因此，若能设法使原子或分子受到激励，便可得到相应的既准确又稳定的频率。原子频标可分为主动型原子频标和被动型原子频标。目前，原子频率标准以氢、铯、铷原子频标为主，其中铷原子频标是使用数量最多的原子频标，随着线路以及工艺的发展，其体积越来越小，造价越来越低，将来有望在更多的场合代替高稳晶体振荡器并获得更高的精度。铷原子频标与氢原子频标或铯原子频标相比，长期性能较差。用来表征原子频标的长期性能的指标主要有两个：一个是日稳定度或更长取样时间的稳定度，通常用阿仑方差来表示；另一个是长期漂移，一般用日漂移率来表示。铷原子频标具有较为明显的长期老化漂移特性，它的老化往往是非线性的，所以很难预测出一台铷原子频标连续使用一年或更长时间后的频率准确度。铷原子频标以铷原子基态超精细能级的零场跃迁频率作基准，来锁定压控振荡器的输出频率，以获得高性能的频标信号，其基本的工作原理是通过一台受控的石英晶体振荡器产生所需的标准频率信号，它通过倍频和频率合成使频率接近于原子频率。当该频率的电磁波探询原子系统时，原子系统将吸收或激发出相同频率的电磁波信号，原子本身则发生能级跃迁。利用原子超精细能级跃迁的光、电信息，来锁定压控晶体振荡器的频率。高精度的铷原子频标秒级稳定度可以达到 10^{-12}/s 量级，日频率漂移可达到 10^{-13} s 量级。从应用角度看，目前已发展出了与高稳晶体振荡器体积大小接近甚至体积更小的铷原子频标，其功耗为 $4 \sim 5$ W，秒级稳定度达到 10^{-12}/s 量级，日稳和日漂已达到小系数 10^{-13} s 量级，甚至进入 10^{-43} s 量级都是可能的。正因为铷原子频标在体积、重量、价格、功耗、恶劣环境适应能力等方面的优势，所以被广泛地应用于通信、导航、电子对抗、隐形目标探测等民用、军事及国防建设中。从市场角度看，二级频标的需求量也越来越大，小型铷原子频标在当今全球原子频标市场份额中所占有的比率已达到其总量的 95%。需求量的增加促使二极频标的精度和稳定度也越来越高，而相应的成本越来越低。目前锁定伺服的主要常用技术是利用卫星传输信号经过地面接收机处理后输出的标准秒信号来锁定本地高稳定度的二级频标，或通过地面基准站信号校准星载二级频标。但如果由于不确定因素导致卫星信号丢失，或是失去与地面站信号联系的情况下，二级频标就处于非校准状态，它的准确度只能靠自身的老化率和稳定度来保证。非校准状态除了人为地去掉接收、比对设备外，常常是参考信号被断开或是传输通道出了问题。随着非校准状态的延伸，频标的准确度误差会逐渐增大，因此，尽可能地保持原来锁定时的二级频标准确度和稳定度是目前研究的重要课题。

近年来，对于二级频标的锁定技术国内外已经展开了相关的研究，除克服原来主要集中在电力网同步系统方面的缺点外，还解决了精度和稳定性都不是很好的问题，现在逐渐开始考虑来自 GPS 卫星的 1 pps 信号的偶然跳变和失效的情况，并相应地提出通过一定的滤波算法来剔除偶然的粗大误差，以及结合锁定状态下存储的历史数据和相应的预测算法来实现一定时间内锁定精度的保持。在国内，曾祥君等提出了采用高精度晶体振荡器对 GPS 时钟进行实时监测，建立了 GPS 时钟误差的测量模型，给出了一种高精度的时钟的产生方法。同时他提出了用晶体振荡器信号同步 GPS 信号产生高精度时钟的一元二次回归数学模型，有效地消除了 GPS 时钟信号的随机误差和晶体振荡器的累积误差，对实际应用有很好的指导意义。当然在国内也有人利用 DDS 来实现高精度的时钟输出，目前传统的做法是：在 GPS 信号有效情况下，通过鉴相器得到晶体振荡器分频 1 pps 与 GPS 接收机输出 1 pps 之间的相位差，通过相应的滤波算法滤除相位差数据中的噪声，然后计算出对应的数字压控量，再经过 D/A 转换成模拟信号去控制晶体振荡器；而在 GPS 信号失效时，启用保持算法，在一定时间内保证输出的精度。在国外，美国的 Special Time 等公司都实现了利用卫星信号来锁定二级频标的技术，并且将晶体振荡器分频得到的 1 pps 信号和 GPS 输出的 1 pps 信号同步起来，同步精度达到了 15 ns。对于二级频标的驯服保持技术，虽然有单位曾经做过研究，但是技术尚不成熟，因此没有推广。由于近年来二级频标大范围使用，为了节省成本并达到高稳定度和准确度的要求，加拿大的北方电信就此技术已经初步进行了研究。国内对于卫星信号锁定二级频标的技术已经有相关单位从事这方面的开发工作，但二级频标的精密驯服保持技术还没有起步。只是在十多年以前，曾经用纯硬件的方法实现了对晶体振荡器老化影响的补偿。因此，通过卫星信号锁定二级频标的技术在国外已经产品化，而二级频标的驯服保持技术目前在国内基本还处于空白。二级频标的驯服保持技术是以在锁定状态下获得的二级频标的老化特性、温度特性、运动情况下的加速度特性以及其它可能的影响因素为基础，通过相应的辅助时钟计数器和其它传感器组采集到的频标运行时间、环境温度等信息以及结合频标本身的压控灵敏度，来对频标的频率值进行相应的自动调整。二级频标由于自身的问题，其准确度具有一定的不确定性，驯服保持技术的发展能够大大减少这个不确定性。二级频标的驯服保持技术有着广泛的应用领域和广阔的发展前景：一方面，它可以用于地面守时系统，经过一级频标的锁定校准后，能在长时间内保证高稳定度和准确度；另一方面，它也可以用于卫星上的二级频率源。我国正在建设的二代导航系统，目前卫星上使用的是铷原子频标，需要地面监测和注入站对卫星的时间基准信号进行校准。一旦发生异常情况，地面站将在很长的一段时间内无法对其进行校准。如果将它改进成校准—驯服保持状态，效果会更好。

通过对二级频标的论述和分析可以看出，作为关键部件的二级频标不但广泛地应用于星载和地面的时钟、导航定位装置、电力故障诊断系统、通信网同步设备等领域，而且更重要的是，其性能指标直接决定了测量和控制系统的精度。一级频标固然有很高的长期稳定度和准确度，但其价格十分昂贵，很难被应用于许多对成本要求较低的民用场合；二级频标的价格相对便宜，但其长期稳定度和准确度却大不如前者，使其在许多应用中达不到高精度的要求，并且由于科技的迅猛发展，许多原本对频标精度要求不高的领域现在也对其提出了高精度的要求，例如数字通信网和电力网中的时间同步系统等。为了兼顾价格和精度方面的需求，本书在基于群相位量子化处理的高精度时间间隔测量方法的基础上，提出了一种基于 GPS 的二级频标锁定、驯服和保持技术，有效地解决了这方面存在的低成本和高精度的矛盾问题。

1.4　本书的主要研究内容

随着航空航天、导航定位、时间同步、现代授时、跟踪识别、精密测控、重力波探测、通信网同步、雷达测距测速以及其它高科技领域的进一步发展，时频信号的测量、比对及控制越来越显示出其重要作用。尤其是我国目前正在大力发展的二代导航及星载原子频标技术，对高精度、高分辨率时频信号的处理提出了更高的要求。导航卫星时频信号的生成与保持技术以及星-地、星-间和站间时间同步技术是我国二代导航系统中最为关键的技术，对导航、授时、保持以及定位精度有着直接的影响。而这些关键技术的核心是二级频标的驯服保持、时间间隔的测量以及原子频标综合性能指标的全面提高等。因此，通过对异频群相位量子化处理及应用研究来达到时频信号的高精度、高分辨率处理在二代导航系统中具有重要意义。

1.4.1　基于异频信号的群相位量子化理论研究

针对自然界中周期性信号之间的普遍联系性，本书提出了基于异频信号处理的群相位量子化基本理论。频率信号除自身的变化规律外，相位差群之间相互作用和联系的基础是群相位量子化，它揭示了自然界中周期性信号普遍联系的本质。实验证明了群相位量子化是相互作用的周期性信号群之间不可分割的基本个体，以群相位量子化处理为基础的测量、比对、控制、锁相及信号处理能获得更高的分辨率。该理论的提出将推动航空航天、导航定位、深空探测、精密测控、星地同步、通信、计量、天文、环保、交通、卫星、人类安全及相控阵雷达搜索、定位、跟踪、识别等领域的进一步发展。

1.4.2   基于异频相位处理的相位噪声测量方法研究

利用频率信号之间群相位量子化的周期性变化规律，无需频率归一化便可完成相互间的线性相位比对，本书提出了一种基于异频相位处理的相位噪声测量新方法。该方法通过异频鉴相获取相位差信息，经低通滤波及相关信号处理后得到参考源的压控信号，进而实现相位锁定并在锁定后提取被测信号的相位噪声信息，然后送入频谱分析仪，从而实现了相位噪声的高精度测量。该方法可以用一个参考源完成任意频率信号的相位噪声测量，且参考源的相位噪声低，频率稳定度高，压控范围宽。实验结果证明了该方法设计的合理性和先进性，与传统相位噪声测量方法相比，具有测量精度高，电路结构简单和成本低的优点，因而具有广泛的应用和推广价值。

1.4.3   基于群相位量子化处理的频标比对方法研究

利用频率信号间相位量子化变化的规律性，本书提出了一种基于群相位量子处理的新型高精度频标比对方法。在两相位重合处建立测量闸门，克服了传统频率测量中存在的 ± 1 个计数误差的问题。通过附加延时可调电路减少相位重合点的个数，并在相位重合控制电路的帮助下有效地捕捉最佳相位重合点，进而降低测量闸门开启和关闭的随机性，提高了系统的测量精度。实验证明，该方法的实际测量精度可达 10^{-13} s 量级，明显优于传统相位比对方法的测量精度。结合 FPGA 片上技术，新方法设计的频标比对系统具有结构简单、成本低廉、比对精度高的特点。

1.4.4   基于异频相位处理的频率测量方法研究

在异频鉴相技术的基础上，提出了一种基于异频相位处理的高精度频率测量系统的设计方案。通过脉宽调整电路减少相位重合点簇中的脉冲个数和附加相位控制电路有效捕捉最佳相位重合点，降低了计数闸门动作的随机性，极大地提高了系统的测量精度。新方案结合 CPLD 片上技术，既保留了相位重合检测技术克服 ± 1 个计数误差的优越性，同时也提高了测量速度，简化了测量设备，降低了成本和功耗。实验结果证明了新方案设计的科学性和先进性，其实际测量精度可达 10^{-13} s 量级，明显优于传统测频方法的测量精度，具有广泛的应用和推广价值。

1.4.5　基于异频相位处理的时间间隔测量与时间同步技术研究

随着科学技术的发展，人们对生活质量的追求日益提高，高精度的时间间隔测量越来越多地被应用于科学研究和民用领域，其中最典型的就是在卫星导航定位系统中的应用。星地时间同步技术，是卫星导航定位系统中最为关键的技术之一，对整个导航系统的导航、授时以及定位精度有着直接的影响。而时间同步技术的核心便是时间间隔尤其是短时间间隔的测量，因此对时间间隔测量方法的研究就显得非常必要。

在量化时延原理的基础上，提出了一种基于时空关系的超高分辨率时间间隔测量方法。利用时频信号在特定媒质中传播的时延稳定性这一自然现象，将被测时间间隔量化，结合群周期异频相位重合检测技术，使对时间量的测量转化为对空间长度量的测量，大大提高了测量的分辨率和测量系统的稳定性。实验结果表明：被测时间间隔的测量分辨率取决于作为两路延时单元的长度差，当两路延时单元的长度差设置在毫米级或亚毫米级时，可达到十皮秒级至皮秒级的超高测量分辨率。该方法虽然有较高的测量分辨率，但测量范围较窄，大大限制了其应用。为了扩宽其测量范围，根据基于时空关系的时间间隔测量原理，本书对超高分辨率时间间隔测量方法又做了进一步的研究，提出了一种基于延时复用技术的新的短时间间隔测量方法，即将若干延时单元组成延迟链，延迟链的输出被反馈到系统输入端并与输入信号进行单稳态触发逻辑判断，判断结果被重新送回到重合检测电路中去，实现一个延迟链可以多次复用的循环检测，扩展了基于时空关系的时间间隔测量范围，提高了测量系统的稳定性。实验表明其测量分辨率同样可达到皮秒量级。结合 FPGA 片上技术，新方案设计的测量系统，也具有结构简单、成本低廉的优点。

1.4.6　基于异频相位处理的原子频标技术研究

利用频率信号间群相位差变化的规律性，无需频率归一化便可完成异频鉴相，提出了一种新型氢原子频标锁相系统的设计方案。将异频鉴相应用于主动型氢原子频标的锁相环路中，通过参考信号和被锁信号间等效鉴相频率的合理选择，可以做到异频率信号间的直接鉴相并能获得很高的锁相精度。实验结果证明：其锁相精度可达 10^{-12} s 量级，与传统氢原子频标锁相系统相比具有电路简单、锁相精度高、附加噪声小、可以异频直接锁相等特点，因而在导航定位、空间技术、通信、计量、精密时频测控等领域获得广泛应用。

1.4.7　基于异频相位处理的二级频标锁定方法研究

利用信号的时延稳定性和异频相位处理的规律性，产生一种基于长度游标的高精度时间间隔测量方法。将该方法应用于二级频标锁定系统中，通过对被测时间间隔进行多尺度卡尔曼滤波，在 MCU 控制下算出 GPS 与二级频标分频信号之间的相对频差；根据二级频标的频率-电压控制特性得到补偿电压，将该电压进行 D/A 转换后送到二级频标的压控端，调整输出频率，进而形成二级频标锁定系统。实验结果证明：其锁定精度可达 10^{-12} s 量级，与传统二级频标锁定系统相比具有电路简单、成本低廉、附加噪声小、锁定精度高等特点。

1.4.8 基于原子频标的超高分辨率数字化和智能化研究

原子频标作为重要的基、标准器被广泛应地用于精密导航定位、计量测试、军民工程等高科技领域中，稳定性、温度特性、漂移特性和相噪等是原子频标的重要技术指标，能够更好地提高这些指标，具有极其重要的意义。原子频标可以看作对高稳定度晶体振荡器的锁定系统。系统应综合物理和线路部分的优点，得到最佳的效果。但是目前频标系统的短期频率稳定度和相位噪声指标往往不一定比晶体振荡器好，二级原子频标也存在明显的漂移现象，系统随着温度变化产生的频率变化往往大于漂移率的影响等。这些问题通过信号的超高分辨率数字化和智能化处理可以有效地得到解决。其中数字化具有优于微赫兹的处理能力，而且智能化插入的处理算法和非实时的原则，保证频标优化了晶体和原子谐振谱线 Q 值的叠加效果，获得了更好的短期稳定度和相位噪声指标。二级频标的漂移和温度特性等系统误差也可以根据其变化规律进行修正。该研究成果也将对基准原子频标的发展提供新的途径。

1.4.9 基于群相位量子化处理的周期性运动现象研究

自然界中周期性运动现象是普遍存在的，这些随时间或空间所发生的周期性运动现象都可以看作周期性信号，通过对自然界中发出的各种周期性信号间的相互关系进行研究，可以更深入地认识自然界的各种特性。将群相位量子化的概念应用于周期性运动现象的研究中，对自然界中存在的明显周期性特点的现象（如季节、特定的灾害等）的预测具有一定的作用。通过对自然界中周期性运动现象的解释和周期性异常现象的预测，提高人们对自然界的统一性和平衡性的认识，增强人们利用自然和改造自然的能力。因此，群相位量子化处理方法和基本理论对研究周期性运动现象及其相互关系和影响具有十分重要的意义。

1.4.10 基于异频相位量子化处理的相控阵雷达技术研究

在异频相位处理的基础上，设想出了一种以相位量子变化来控制雷达波速指向的新方法。具有固定频率关系的两异频信号进行比对时，在一个最小公倍数周期内，相位量子的变化规律是单调递增的，根据相位量子变化的规律，将比对结果馈入天线阵元，以达到实现相位变化控制雷达波速扫描方向的目的。该方法不但缩小了相控阵雷达搜索的盲区,而且还提高了空间扫描的分辨率,在国防和民用领域都具有极高的应用价值,对未来相控阵雷达技术的进一步发展也具有重要的军事意义。

1.5　本 章 小 结

　　作为本书的开端,本章首先介绍了时频信号的基本概念以及时频信号处理的发展;其次说明了高精度、高分辨率异频信号处理即群相位量子化处理的重要性;然后阐述了基于异频信号的群相位量子化处理在军事、国防及民用领域的关键技术应用;最后提出了本书研究的主要内容、应用前景及重要意义。

第 2 章

基于异频信号的群相位量子化理论研究

2.1　概　　述

在时频测量、锁相控制、频率变换及合成、相位噪声测量以及原子频标的信号处理中，提高精度、简化设备是其发展的方向。传统的高精度、高分辨率的处理方法通常是相位处理的方法。由于该方法是建立在频率信号间相互关系的基础上的，所以从信号相互间的相位关系入手来考察分析高精度、高分辨的特性及其相关的规律性变化内容，往往能够获得更好地效果和表达。而传统的高分辨率处理方法对相位差的认识和处理是基于频率标称值相同的情况下，要实现信号间的高精度比对和处理必须首先使频率归一化，所以就不可避免地引入了相对复杂的频率变换及相应的中介频率源。这样处理的结果不但带来了大量的附加噪声，而且还使系统体积变大、成本增加、设备线路也更加复杂，大大限制了比对的精度和相位处理技术应用的广泛性。这方面最典型的例子就是主动型原子频标的频率变换线路。因此，设法改变这种现状，探讨如何把相位比对和处理的方法推广到任意的、不受频率相同与否限制的情况下运用是很有必要的。针对传统相位比对和处理中存在的问题，本章从频率信号间存在的且能够反映相互间频率关系的等效鉴相频率等概念出发，把通常连续的相位比对推广到了更为普遍的由于频率信号不同造成相位不连续时的比对。对于任意频率信号之间按群进行比对和处理，结合以最小公倍数周期为间隔的相位量子及以群周期为间隔的群相位量子的周期性变化规律，能够获得与频率标称值相同情况下的比对精度[5]。实验表明，以等效鉴相频率为基础的群相位量子化处理能够获得皮秒级甚至更高的测量分辨率。同时，基于异频信号间的等效鉴相频率及群相位量子化的基本理论使得原本频率标称值完全不同的信号从相位关系的角度联系在了一起，这类似于自然界中表面上看起来毫无关系的周期性信号，其实质上却存在着内在的、不为人知的必然联系一样。因此，群相位量子化处理及其应用对自然界中周期性运动现象的研究也具有十分重要的意义。

2.2　最大公因子频率和最小公倍数周期

在周期信号的研究中，频率信号作为自然界中的一种周期性运动现象，随着频率的漂移，相互间或多或少地会存在着某种联系。在相互联系和作用过程中所表现出的频率差异和变化能够被完全准确地反映在其相互间的相位差信息中。根据某一特定时间内相位差信息的变化，可以推知两频率信号在该段时间内的平均频率偏差，所以直接的相位比对和处理相对于直接测频或测周期的方法，具有更高的精度。为了使相位比对和处理的方法运用于任意频率信号之间进行高精度的测量和对一些自然现象作本质性的解释，常常需要对相互作用的两周期信号之间的相互关系做进一步的研究和探索。频率信号之间除各自的周期性变化特性外，对于测量、比对及控制起显著影响的主要是频率信号之间相位量子和群相位量子变化的规律性，以及由此而派生的能够反映两周期性信号相互间宏观相位差变化的最大公因子频率、最小公倍数周期、等效鉴相频率及群周期、群相移等一系列有用的概念。

对于任意两个频率标称值固定的信号 f_1 和 f_2，其周期分别为 T_1 和 T_2。若 $f_1 = Af_{maxc}$、$f_2 = Bf_{maxc}$，其中 A 和 B 是两个互素的正整数且 $A > B$，则称 f_{maxc} 为它们之间的最大公因子频率；f_{maxc} 的倒数被称为最小公倍数周期，用 T_{minc} 表示。最大公因子频率 f_{maxc} 可以是任意频率值，其周期 T_{minc} 等于两频率信号 f_1 和 f_2 的严格整数倍（A 倍和 B 倍），即

$$T_{minc} = \frac{1}{f_{maxc}} = \frac{A}{f_1} = AT_1 \quad 或 \quad T_{minc} = \frac{1}{f_{maxc}} = \frac{B}{f_2} = BT_2 \quad (2-1)$$

以 $f_1 = 4$ MHz、$f_2 = 5$ MHz 为例，它们的最大公因子频率为 $f_{maxc} = 1$ MHz，最小公倍数周期为 $T_{minc} = 1$ μs，如图 2.1 所示。

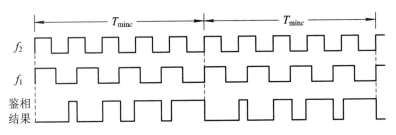

图 2.1 最小公倍数周期

最大公因子频率和最小公倍数周期是异频信号处理中分析信号间相互相位关系及其变化的基础。最大公因子频率作为两异频率信号间相互关系的周期性特征量，粗看起来是这两个信号周期关系的互为周期性的分析基础，而更细致的分析则是它们之间相互相位关系的周期性规律的分析基础。

在一个最小公倍数周期内含有完整的 A 个 f_1 信号的周期值 T_1 和 B 个 f_2 信号的周期值 T_2。f_1 和 f_2 在最小公倍数周期中的相互相位关系一方面受到这两个信号间的相对初始相位差的影响，另一方面又以最小公倍数周期为其宏观的周期表现出相互相位差异关系的周期性。

在一个最小公倍数周期时间里相互作用着 A 个 T_1 和 B 个 T_2 的周期信号。从相位的相互关系来说应该是具有连续性的，但在具体的设备及波形分析中周期性信号均被量化了。如像常常在实际信号处理过程中那样，使周期信号每周在一个特定的

相位点对外呈现出一个时刻信息，代表一周的结束，下一周的开始；或相移准确地完成了一个 $360°$ 并开始另一周的 $0°$。这就把原本连续的变化量化成了不连续的跳跃性的变化量。下面就这种被量化了的相位变化关系进行细致地分析。

以 $f_1 = A f_{maxc}$、$f_2 = B f_{maxc}$ 为例来考虑异频率信号间的相互关系，设其中 $A > B$（反之，即 $A < B$ 的情况亦具有同样的规律性），这里以 f_2 波形的上升沿作为参照，在一个最小公倍数周期时间里量化了的两信号间的相互相位状况只可能有 B 种，而两者之间相互相位差可能的变化范围是 $0 \sim T_1$，如图 2.2 所示。

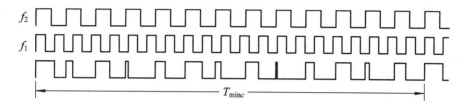

图 2.2　两异频信号之间的相位关系

由于两比对信号自身的周期性，所以在一个最大公因子频率的周期 T_{minc} 之中，两信号间相互相位状况也只会有 B 种不同的差值状况。也就是说，连续在一起的 B 种相位状况中绝不会有两种完全一样的相位状况出现。任何两种相同相位差状况的出现只会标志着一个 T_{minc} 周期的结束和下一个 T_{minc} 周期的开始。从以上的分析中可以得出，在每一个 T_{minc} 周期中，两信号相互相位差状况都是相同的，并且相应的同一位置处具有相同的量化相位差值。因此，T_{minc} 也可以被看作两信号相位差关系变化的周期。图 2.2 的波形图描绘了两周期信号的上述相位关系，同时用波形标出了以 f_2 信号为相位参考与紧跟其后而来的信号 f_1 相互相位特征点间的相位差状况。

为了证明两异频信号在比对时相位差变化的规律性，先设定它们之间的相对初始相位差为零。而初始相位差不为零的情况只相当于把相对于参考信号的另一路比对信号的相位系统地向前或向后移一个固定的相应值，因而不会影响到从宏观上看到的在一个 T_{minc} 周期内相位差变化的规律或相关的差值。

以图 2.2 中描述的波形为例，即以 f_2 波形的上升沿作为参考所表现出的相位关系来看，在一个 T_{minc} 周期内，两信号之间的相互相位差（时间间隔）状况为

$$T'_1 = n_1 T_1 - T_2$$
$$T'_2 = n_2 T_1 - 2 T_2$$
$$T'_3 = n_3 T_1 - 3 T_2$$
$$\vdots$$
$$T'_B = A T_1 - B T_2 = 0 \quad （满周期）$$

即

$$
\begin{bmatrix} T'_1 \\ T'_2 \\ \vdots \\ T'_B \end{bmatrix} = T_1 \begin{bmatrix} n_1 \\ n_2 \\ \vdots \\ n_x \end{bmatrix} - T_2 \begin{bmatrix} 1 \\ 2 \\ \vdots \\ x \end{bmatrix} \qquad (2-2)
$$

式中，T'_1、T'_2、$\cdots$、T'_B表示以 f_2 信号为参考。针对其每一个特征相位点，f_1 与它的相位差，在图 2.2 中表现为脉冲的宽度。T'_1、T'_2、$\cdots$、$T'_B \geqslant 0$，且 $(n_x-1)T_1 < xT_2$，即每一个相位差大于等于零且小于等于 T_1。$1 \leqslant n_x \leqslant A$，这里 $x=1$，2，3，$\cdots$，B；n_1、n_2、$\cdots$、n_x，A、B 及 x 均为正整数。

对于式（2-2）中的任何一个方程式 $T'_x = n_x T_1 - xT_2$，由于 $f_1 = Af_{\max c}$，$f_2 = Bf_{\max c}$，则有 $T_1 = T_{\min c}/A$，$T_2 = T_{\min c}/B$，所以

$$T'_x = n_x T_1 - xT_2 = \frac{n_x}{f_1} - \frac{x}{f_2} = \frac{n_x}{Af_{\max c}} - \frac{x}{Bf_{\max c}} = \frac{n_x B - xA}{ABf_{\max c}}$$

$$= \frac{n_x B - xA}{B} T_1 \qquad (2-3)$$

由于 n_x，A、B 及 x 均为正整数，又 $T_x \geqslant 0$，所以 $n_x B - xA$ 必为正整数或零。因此，式（2-2）具有下列形式

$$T'_1 = \frac{Y_1}{B} T_1 \qquad T'_2 = \frac{Y_2}{B} T_1 \qquad \cdots \qquad T'_B = \frac{Y_B}{B} T_1$$

即

$$\begin{bmatrix} T'_1 \\ T'_2 \\ \vdots \\ T'_B \end{bmatrix} = T_1 \begin{bmatrix} \dfrac{Bn_1 - A}{B} \\ \dfrac{Bn_2 - 2A}{B} \\ \vdots \\ \dfrac{Bn_x - xA}{B} \end{bmatrix} = T_1 \begin{bmatrix} \dfrac{Y_1}{B} \\ \dfrac{Y_2}{B} \\ \vdots \\ \dfrac{Y_B}{B} \end{bmatrix} \qquad (2-4)$$

由上面的分析知，式（2-4）中的 Y_1、Y_2、$\cdots$、Y_B 只可能为零或正整数，其中 $Y=0$ 表示相互相位为零的情况，而 $Y=B$ 则表示相互相位满周期的情况。这两种情况下的效果是完全一样的，即相位完全重合时的状态。

由于 $0 \leqslant T'_x \leqslant T_1$，$x=1$，$2$，$\cdots$，$B$，$T'_1$、$T'_2$、$\cdots$、$T'_B$ 在一个 $T_{\min c}$ 周期里又绝不能相等，所以 Y_1、Y_2、$\cdots$、Y_B 就被限定为小于 B 的 B 个互不相等的正整数。也就是说，Y 的值肯定为 0、1、2、$\cdots$、$B-1$ 这样 B 个值。当然，上述分析说明不了其 Y_1、$Y_2 \cdots Y_B$ 之间的大小排列关系，只能说明在一个 $T_{\min c}$ 周期内，T'_x 取值只有 0、T_1/B、$2T_1/B$、$\cdots$、$(B-1)T_1/B$ 这样 B 种情况存在。它们可能是按顺序大小排列，也完全可能是非顺序排列，这取决于两频率信号间的相互关系。显然，在两信号频率值接近又有一定频差情况下的 T'_x 的排列是单调的，即按由大到小或由小到大的顺序排列。

根据以上分析，对于两任意频率信号间的相位差关系，不管它们在 $T_{\min c}$ 周期时间内的变化情况是按什么样的规律排列，如果将它们打乱后重新按大小顺序排列，则重排后两信号间相邻两个相位差值间的差肯定是

$$\Delta T = \frac{1}{B} T_1 \qquad (2-5)$$

以上分析是基于两频率信号间的相对初始相位差为零的情况。如果两频率信号间的相对初始相位差不为零，则重新按大小顺序排列的 T_x 值会在 0、T_1/B、$2T_1/B$、

…、$(B-1)T_1/B$ 各值上均加上一个与初始值有关的值，但此时临近的两个相位差值的差仍然符合式（2-5）。这里仍以 $f_1=4$ MHz、$f_2=5$ MHz 为例，但它们之间有一个固定的初始相位差，如图 2.3 所示。

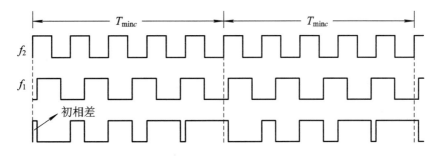

图 2.3　拥有初始相位差的鉴相结果

显然，式（2-5）中的 ΔT 是发生满周期（就是一个最小公倍数周期 T_{minc}）变化的相位差，它反映了两个频率信号间出现相邻的相位重合状况所发生的相位移。从相位量化的角度看，它决定了两异频信号之间相位量化的分辨率，故直观地称为量化相移分辨率。如果结合 $f_1=Af_{\mathrm{maxc}}$、$f_2=Bf_{\mathrm{maxc}}$，由式（2-5）还可以得到

$$\Delta T = \frac{T_1}{B} = \frac{f_{\mathrm{maxc}}}{f_1 f_2} \qquad (2-6)$$

式（2-6）说明了两比对信号间的相位量化变化值的大小对于两个已知频率为一个确定的数。它与这两个信号的频率值的乘积成反比，而与它们之间的最大公因子频率 f_{maxc} 的大小成正比。要使两信号间量化后的相对相位变化的分辨精度高，则希望在它们尽可能高的频率值下又有相对低的最大公因子频率值。

为了更准确地表达两异频信号之间的相互关系及其相对相位差信息的变化，用相位量子化的概念代替直观的量化相移分辨率更具有普遍意义，它更能反映任意信号之间相位比对和处理时相位差变化的状况以及所体现的规律性。相位量子化，简称相位量子或相量子，它是在相位量化过程中基于相位的最小的不可分割的基本个体。当两信号的频率一定，即它们的比例关系严格地保持 $f_1:f_2=A:B$ 时，ΔT 是鉴相结果中最小的固定相位。从式（2-5）可以看出，相位量子变化的范围是 $0\sim T_1$，也就是说，相位量子变化的最大值是 T_1，说明周期是最大的相位量子。相位量子具有时域量子的一般结构和特征，由于它的不可分割性，表现出了频率关系稳定的两信号以最小公倍数周期为间隔，发生严格相位重合的稳定性，以及在量化相位过程中相位差变化的单调性、周期性、失量性和以此为基础的测量、比对及控制的高分辨率性。

2.3　等效鉴相频率和等效鉴相周期

由 2.2 节可知，相位量子本身是固定不变的，在相位传递过程中，无论是递增还是递减，均按相位量子一份一份进行，其连续性的好坏、速率的大小及所代表的

分辨率的高低取决于它变化的频率。相位量子变化的频率可由式(2-5)推出，即

$$\Delta T = \frac{T_1}{B} = \frac{1}{AB f_{\mathrm{max}c}}$$

显然 $AB f_{\mathrm{max}c}$ 便是相位量子 ΔT 的频率，被称为等效鉴相频率，一般用 f_{equ} 表示，所以有

$$f_{\mathrm{equ}} = AB f_{\mathrm{max}c} \tag{2-7}$$

由于 ΔT 反映的是两个频率信号间满周期时出现相邻相位重合状况所发生的相位移，所以等效鉴相频率又被称为同相点频率。等效鉴相频率的倒数被称为等效鉴相周期，一般用 T_{equ} 表示，它在数值上等于一个相位量子。这里值得注意的是，等效鉴相频率是建立在时间或者相位问题分析基础之上的产物，而不是单纯从频率问题出发建立的频率新概念。所以，这样一个频率的频谱是不存在的，也就是说，它是根据两个频率信号之间相位差的变化，所反映出的一种规律性现象的、周期性的、相位反复表现出的、相对相位移的、满周期对应的频率。等效鉴相频率能够表征频率值不同的信号之间的相位关系，一方面这个频率要远远高于两个比对信号的频率，另一方面它也是对这两个信号之间的相互相位、频率关系的更高分辨率的反映。就两个频率信号之间的关系来看，最大公因子频率是从更低的频率方面，而等效鉴相频率则是从更高的频率方面来反映信号之间的规律性的相位差的变化。它们从不同的角度有助于高精度地处理、测量和控制对应的时频信号。

等效鉴相频率具有以下几个方面的特性：

(1)等效鉴相频率比两个比对信号中任何一个频率都高，因此，合理的应用会得到更高的测量精度。等效鉴相频率是在时间或者相位的基础上构成的，在频谱关系上不可能发现这样的频率分量。从原理本身可以高分辨率地反应频率关系这一点来说，利用等效鉴相频率能够获得比其它方法高得多的比相精度。但从检测手段来说，需要从相位差周期性的变化中将严格相位重合的信息提取出来，而重合检测的精确度，会直接影响得到的比相精度。无论是以电压的方式检出还是以图像的方式检出，等效鉴相频率与两个比对频率信号在频率上的差异越大，关于相位重合以及代表等效鉴相频率周期的信号的幅度也就越微弱。所以，对于相位重合状态的检测分辨率要求是很高的。基于等效鉴相频率的特征，可以利用互成倍数或整数比例关系的信号之间的等效鉴相，把更高频信号与比其低得多的信号联结在一起完成高精度比对。离散的相位移公式为

$$\Delta \Phi = \frac{T_{\mathrm{equ}} T_{\mathrm{min}c}}{\tau} \tag{2-8}$$

式中，分子是等效鉴相频率的周期和最小公倍数周期的乘积；分母是发生等效鉴相周期变化所用的时间，这实际上就是可能获得的最高测量精度。所以，用于频率的校准，使得 τ 越来越大是追求的目标，也是能充分体现这种方法优点的途径。

(2)等效鉴相频率从其定义来看，并不直接分别反映在两个信号的频率中，而是反映在两个信号之间的相对相位变化规律中。但是，在特定器件的作用下，例如由两个信号间的相位关系形成对应的窄脉冲，就有可能产生分时变化的特定频率量

值。根据这样的频-时关系，可以为对应的测量和控制提供有效手段，这里的关键在于采用的器件。

（3）等效鉴相频率常常针对描述频率标称值不同的信号间的相位变化特性，是利用了平均相位差的概念代替同频信号间的连续相位差变化的问题。概念的发展使得相位处理技术能够被应用到任意频率信号之间，不需要经过复杂的频率变换，直接进行鉴相处理，因而具有实用的灵活性和简易性等优点。如自然界中存在的大量的周期值不同的周期性运动现象，它们之间不可能像线路处理那样，经过变化后进行相位处理。因此，探讨任意频率信号的直接相位处理具有显著的科学意义和实际应用价值。当然，在应用中不但要考虑分辨率的问题，而且也要注意到相对信息检测的难易程度等情况。

（4）发生一个满周期变化的时刻就是两信号相位重合的时刻，这为要求不同的高分辨率测频提供了理论依据。

等效鉴相频率在应用方面的优点，除了具有极高的分辨率外，还能射频甚至在吉赫兹频率下获得良好的线性度。等效鉴相频率是相位量子的倒数，借助它可以用比等效鉴相周期更精细的相位差值来表达，所以获得高精度是显而易见的。同时，追求更高的分辨率也必须深入到等效鉴相周期的相位细节中进行处理和应用。例如把一个最小公倍数周期中的所有相位差当作一把梳子，任意齿距的大小不可能完全一样，但是把齿距按大小顺序排列组合后，相邻齿距之间的差总是固定的，均等于一个相位量子的大小。这就是基于时间梳技术的基本原理，根据这个原理，可以用于短时间间隔的产生及测量，借助等效鉴相频率的高分辨率性，可获得更高的测量精度。

基于等效鉴相频率的时频测量和处理，通常有两种方法，一是脉冲平均的方法，二是脉冲取样的方法。这两种方法都是有效处理不同频率信号之间的相位处理方法。脉冲平均的方法是指以最小公倍数周期为平均周期把信号之间的所有相位差数据进行平均的方法，这种方法可以通过低通滤波器来实现。脉冲平均的结果就是一个最小公倍数周期内所有相位差的平均值，被称为群相位差；脉冲取样的方法是以最小公倍数周期为间隔针对具体相关的特定相位差进行处理的方法，这种方法可以通过脉冲取样器来实现。特定相位差从零变化到最大值又回到原来的状态，需经若干个最小公倍数周期，其变化后所能达到的最大值恰恰等于一个等效鉴相频率的周期。

2.4　相位重合点及其检测电路

两个任意频率关系固定的周期性信号之间的相位差会随时间而变化，这种变化是具有周期性的。变化的周期正是两周期信号之间的最小公倍数周期 T_{minc}，它也是两个周期性信号间的最大公因子频率 f_{maxc} 的周期。

在一个最小公倍数周期中，两异频信号间的量化相位差状态中有一些值，它们分别等于信号间的相对初始相位差加 0，ΔT，$2\Delta T$，$\cdots$，$n\Delta T$ 等，其中 $n < B$，如果满足

$$n\Delta T < W_{eq} \tag{2-9}$$

则把这样的一些相位差点叫做两异频周期信号间的相位重合点，简称异频相位重合点或相位重合点。这里，ΔT 是相位量子，也就是量化相移分辨率；W_{eq} 为检测设备的相检分辨率，其大小与系统电路的具体设计有关。所以，相位重合点并非绝对重合，而是一个相对的概念。

由式(2-6)可知，当两个中、高频频率信号间的最大公因子频率较小时，相位重合点所代表的两信号间的相位差的重合情况往往会在几个皮秒到十分之几个纳秒左右。在两个频率信号间的两个或若干个相位重合点之间的时间间隔中，分别容纳有这两个频率信号的若干个周期，它们相当接近整数倍周期值。对于两个已知的频率，量化相移分辨率的大小为一个确定的数。要使两比对信号间量化后的相对相位变化的分辨精度高，则希望在它们尽可能高的频率值下有相对低的最大公因子频率值，但实际中由于器件分辨率的限制，对极低的量化相移分辨率可能无法正确检测，因而在进行相位重合点检测时器件的分辨能力是所要考虑的一个重要因素。

在相位重合点检测过程中，起着决定性作用的是相位重合检测电路，它对相位重合点捕捉的准确程度，决定了测量的精度。为了能够实现相位重合点的检测，常常需要将整形为方波的频率信号转换为与之同频的脉冲信号。脉冲信号的产生通常是利用 TTL 系列器件的延时特性，用一路信号与它的反信号进行"相与"得到，如图 2.4 所示。

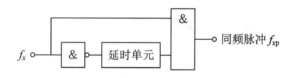

图 2.4 脉冲信号的产生

这里所采用的反相器、延时单元等逻辑器件均由 74LS 系列逻辑门电路组成。基于这种脉冲产生电路的相位重合点检测电路如图 2.5 所示。

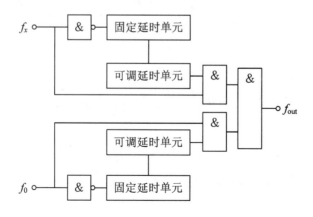

图 2.5 相位重合点检测电路

根据相位重合点的基本理论，当标频和被测两信号输入后，理论上所检测到的相位重合点的分布应当是每经过一个最小公倍数周期出现一个相位重合点脉冲。但在实际测量过程中所得相位重合点的分布并非如此，通常在一个最小公倍数周期内会出现多个相位重合点脉冲，如图 2.6 所示。

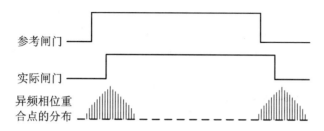

图 2.6　相位重合点的分布和实际测量闸门的产生

从图 2.6 中可以看到，实际得到的相位重合点并不止一个，而是紧挨在一起的一簇窄脉冲。在每簇窄脉冲里面，幅度最高的为最佳的相位重合点，但由于高于闸门触发电平的窄脉冲有很多个，因此造成了实际测量闸门的开启和闭合的随机性，使得每次测量闸门的时间并不完全相等，限制了测量精度的提高。其主要原因是在使用 TTL 门电路把信号变成与其同频的窄脉冲时，这些窄脉冲的宽度为 TTL 器件的门级延时，大约为 3 ns，而不是理想中的无限窄，以至于扩大了相位重合点的捕捉范围。因此，导致在最佳的相位重合点周围形成许多虚假的相位重合点，其分布为以最佳相位重合点为中心，沿两边幅度逐渐减小。在一定条件下，这些虚假的相位重合点一定会在最佳相位重合点的单侧随机性地触发测量闸门，限制了测量精度的提高，使得以此原理设计的时频测量系统在宽频范围内的测量精度一般为 10^{-10} s 量级，与理论分析的 10^{-12} s 量级精度具有一定的差距。

从上面的分析可知，被测信号和标频信号各自同频脉冲信号宽度的大小是制约系统测量精度的主要因素。因此，尽量使产生的同频脉冲信号宽度变窄，进而使相位重合点处的模糊区变小是提高测量精度的关键。这里要注意的是，使同频脉冲信号的宽度变窄，但并不是无限窄，如果超过一定的限度，这个重合点脉冲信号将无法触发后续实际测量闸门的开启与关闭。基于这种思想，在图 2.5 的基础上增加了可调延时单元，形成了具有延时可调的相位重合点检测电路，如图 2.7 所示。这里，f_x 为被测频率信号；f_0 为标准频率信号。通过引入可调延时单元可以方便地调节脉冲宽度的大小，当把脉冲宽度调到适当宽度的时候，其测量精度在系统分辨能力允许的范围内能够达到最高。

根据 2.2 节对两异频信号频率关系的分析可知，当两信号的频率接近或关系接近整数倍时，它们之间相位差的变化是有规律的，即具有单调性（递增或是递减）。因此，相位重合点如图 2.6 所示的状况，均分布在最佳相位重合点的两侧，直到两频率信号之间的相位差超出系统对相位重合点的捕捉范围为止。对于这种关系的频率信号，当系统的分辨率在大于 ΔT 时，相位重合点的出现是一簇一簇的，并且相邻相位重合点之间的相差为一个 ΔT。

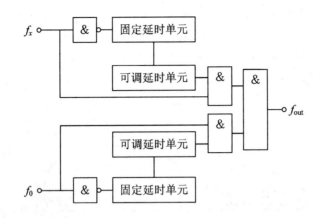

图 2.7　具有可调延时的相位重合点检测电路

在引入可调延时电路后，两脉冲信号的宽度变窄，使得相位重合点处的有效相位重合区域变小了，相应的重合点的数目也减少了。基于图 2.7 基础上的相位重合点分布如图 2.8 所示。

图 2.8　具有可调延时的相位重合点簇

在图 2.8 中，幅度的大小代表了相位重合的程度，幅度最高的代表最佳相位重合点（理想相位重合点或完全相位重合点）。由图 2.8 可以看出，这种情况下相位重合的规律是先是部分脉冲重合，接着脉冲完全重合，再接着部分脉冲重合。在这种规律下，信号相位重合的具体情况是：在相位重合点簇中，并不是所有的相位重合点都能触发实际测量闸门的开启和关闭，只有重合点的幅度和有效脉宽满足后续实际闸门触发要求时（一般大于脉冲幅度的 1/2），才能触发实际闸门的开启和关闭。满足要求的重合点被称为有效相位重合点，如图 2.8 中宽度 W 内的相位重合点。由于相位重合脉冲存在着上升时间和下降时间，所以临界相位重合脉宽 W_{min} 要满足的关系式为

$$W_{min} = W_s + t_p + t_d \qquad (2-10)$$

式中，W_s 为有效脉宽；t_p 为脉冲上升时间；t_d 为脉冲下降时间。如图 2.9 所示。

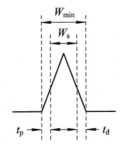

图 2.9　临界相位重合脉冲

信号的相位重合情况分为两种：完全重合和部分重合。当两路信号完全重合时，必须有 $W_s \geqslant W_{min}$，才可能产生有效相位重合脉冲，如图 2.10(a)所示。

两路信号部分重合的情况如图 2.10(b)所示，在此种情况下，只有重合的宽度部分 $W_s - t_1 \geqslant W_{min}$，才能产生有效的相位重合脉冲。

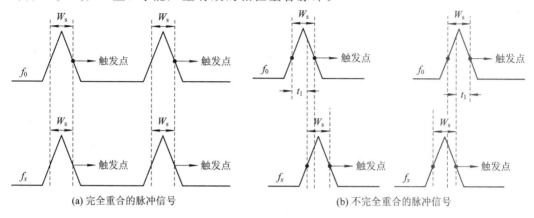

(a) 完全重合的脉冲信号　　　　　　(b) 不完全重合的脉冲信号

图 2.10　完全/不完全重合的脉冲信号

具体调节脉冲宽度时，可以一边调节，一边观察 LCD 上频率的显示。当脉冲宽度调整到无法被系统分辨的瞬间，此时的脉冲宽度即为最佳脉冲信号宽度。通过可调延时单元对脉冲信号宽度的调整和控制，在示波器上可观察到 10 MHz 同频脉冲信号，如图 2.11 所示。

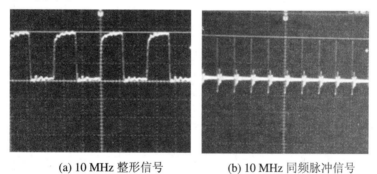

(a) 10 MHz 整形信号　　　　　　(b) 10 MHz 同频脉冲信号

图 2.11　同频脉冲信号产生

在引入可调延时单元的基础上，通过引入一个边沿型 D 触发器可以进一步减少一个最小公倍数周期内相位重合点的数目，当被测信号 f_x 和 f_0 相位重合时，通过这个 D 触发器，保证了每次相位重合时 f_0 的上升沿在 f_x 的上升沿之前，即相位差是以 f_0 为参考的，保证了相位差的"单行性"，这与图 2.1 中以 f_2 的上升沿为参考的分析是一致的，从而有效地防止了图 2.10(b)情况的出现。经改进后的新型相位重合点检测电路如图 2.12 所示，在此基础上的相位重合点的分布如图 2.13 所示。

因此，在一个最小公倍数周期内，如果信号整形后的有效脉宽比 W_{min} 小时，则无论如何也触发不了实际计数闸门，而如果信号整形后的有效脉宽比 W_{min} 大时，相位重合点不只一个，这就造成了实际计数闸门并非绝对与被测和标频完全同步，此时也就产生了检测电路的误差区 T_1 和 T_2，实际相位重合检测电路的模型如图 2.14 所示。

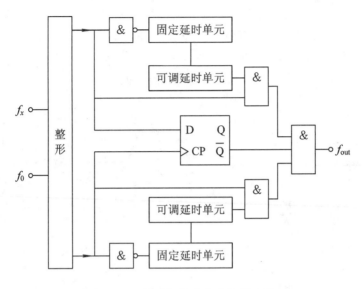

图 2.12　新型相位重合点检测电路

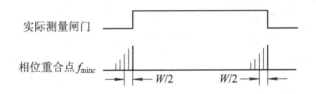

图 2.13　改进后的相位重合点簇

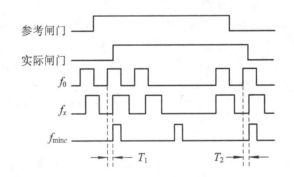

图 2.14　实际相位重合检测电路模型

2.5　基于相位重合检测的宽带频率测量技术

在时频测控技术中,用于时频测量的方法很多,在宽频率范围内,其中最简单、最普遍的是脉冲计数的方法。使用这种方法测周期、频率及时间间隔主要是操作方便、易于实现,但是很难获得高的测量精度,除标频信号自身的误差之外,其主要

测量误差是 ±1 个字的计数误差。为此采取了一系列的技术措施，如多周期同步测量法、内插法及游标法等。多周期同步测量法能够完成不同频率被测信号的等精度测量，但无法解决标频信号计数的 ±1 个字的误差。配合多周期同步测量法，进行进一步精确测量的方法还有内插法和游标法，这两种方法都是用模拟的方法将实际计数闸门开启和关闭时刻的标频信号与实际闸门信号之间的不同步时间间隔测量出来的，该方法的测量分辨率可以达到纳秒量级，可以显著提高测量精度。但是这两种方法电路结构复杂、调试难、成本高、不便于产品化。另外，还有频差倍增法、相位比对法等虽然有很高的测量精度，但只适用于某些特殊频点的频标比对和测量，不能在宽频率范围内发挥作用。而基于相位重合检测基础上的频率测量法却恰恰弥补了上述方法的不足。该方法巧妙地将"相位重合点"这一重要概念运用到实际系统设计中，利用两周期性信号的相位重合点和参考门时信号产生新的闸门信号，在绝大多数情况下，该闸门长度与参考闸门长度接近，但其起始和终止时刻却严格对应于两个相位重合点。因此，这个新的闸门与标频和被测频率信号同步或相当接近于同步。以这样的闸门来进行周期性信号的频率测量，避免了同类传统测频仪器中所普遍存在的 ±1 个数的计数误差，使测量精度大大提高。由于该方法是在宽频率范围内借助于相位重合检测来捕捉两比对信号间的"同相点"来构成测量闸门的，所以称之为相检宽带测频法。它是一种先进的数字测频方法，使得测量分辨率得到上千甚至上万倍的提高，而且以此方法设计的测频系统较传统的频率测量系统具有准确度高、附加噪声小、结构简单、易于实现的特点。具体测量原理如图 2.15 所示。

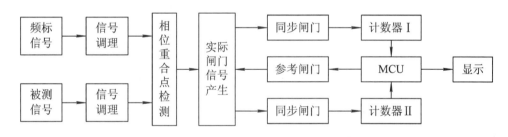

图 2.15　频率测量原理框图

图 2.15 中的参考闸门，其长度是由计算机软件决定的，可设置为 0.1 s、1 s、10 s 等。而测量的实际闸门受到参考闸门长度、两信号间的最小公倍数周期 T_{minc}、在 T_{minc} 中相位重合点的分布规律及相位重合检测线路的相检分辨率等因素的影响。如果相检分辨率与 ΔT 相当，则在一个最小公倍数周期内只能检测到一两个相位重合点；如果相检捕捉范围比 ΔT 大很多，则在一个最小公倍数周期内能检测到的相位重合点就很多。另外，如果 T_{minc} 周期值比参考门时小很多，则闸门时间的长度可基本不受 T_{minc} 的影响而维持其标称值。如果 T_{minc} 周期值不是比参考门时小很多，而是接近或大于参考门时，同时相检线路又接近于 ΔT 的相检分辨率，则实际的测量闸门时间就会与所设的参考门时不一样，有时甚至相差很大。因此，在实际的测量设备中，相检的捕捉范围（或相检分辨率）应明显大于 ΔT 值。确定它的大小既要符合测量精度的要求而不能太大，又要该考虑到在一定的 T_{minc} 时间内适当多地捕捉到

相位重合点以照顾到测量的时间响应。除了两频率信号 f_0 和 f_x 在频率相近的情况下进行测量(此时的相位重合点集中在 T_{minc} 中的一个区域),测量的时间响应会随相检捕捉范围与 ΔT 的比值的增大而成比例地得到改善。由于被测频率信号的任意性和随机变化,在绝大多数情况下,T_{minc} 是比较长的。根据这种测量原理的特点,以它为基础设计的频率测量系统的测量闸门时间不可能很短,一般都在 0.1 s 以上。以一个高精度的整数频标作参考标准,对绝大多数非标准频率都会获得很小的 $f_{maxc}/f_0 f_x$ 值。这样,用符合于测量精度要求的相检线路即可实现高精度频率测量。对于很稳定的被测信号(其值等于或很接近于所用整数频标频率值或其分、倍数值),可借助于频率综合器作为中介来进行。显然要满足宽频率范围的测量要求,仅借助于一个特定的频率综合器就足够了。这里最简单的频率综合器就是用整数标频信号综合出一个带尾数的频率信号(如 5.0001 MHz,10.0001 MHz 等),它与该标频信号交替使用以满足宽频率范围中的 $f_{maxc}/f_0 f_x$ 的要求。实际工作的 f_0 根据所用具体频标交替取其对应值。采用这种新的频率测量方法,测频上限原则上是不受限制的。但这种测量方法显然不会像一般计数式测频方法那样得到很低的测频下限。这里,低的测频下限可以用三种方法获得:一是选用尽量高的标频频率值即降低 ΔT;二是相对长的测量闸门时间即当被测信号频率较低时,可能导致 T_{minc} 过大,使得在一定时间内难以捕捉到"相位重合点";三是降低测量精度即扩大相位重合检测线路的捕捉范围。目前采用 5 MHz 标频测量时的测量下限一般在 10 kHz 以上。当把测量精度降低到每秒 10^{-9} 量级时,测量下限可以比 10 kHz 更低。由于低频测量中触发误差的影响较大,高的测量分辨率不一定必要。因此,可将该方法与多周期同步测量法结合,来解决直至很低频率的宽频率范围高精度测量问题。实际测量闸门产生的波形如图 2.16 所示。

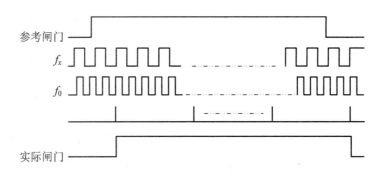

图 2.16　实际闸门波形的产生

　　从图 2.16 可以看出,实际计数闸门的开始是在参考闸门的上升沿到来之后的第一个相位重合点脉冲开启的,而实际闸门的关闭是在参考闸门下降沿后的第一个相位重合点脉冲关闭的。实际闸门开启之后,计数器分别对标频信号和被测信号进行计数,假如计数得到的被测信号的脉冲个数为 N_x,计数得到的标频信号脉冲个数为 N_0,则被测信号的频率值为

$$f_x = \frac{N_x}{N_0} f_0 \qquad\qquad (2-11)$$

式(2-11)和多周期同步测频法的计算公式相同,但这里的测量闸门同时同步了标频和被测信号,计数值不存在±1个字的计数误差,因而比多周期同步测频法具有更高的测量精度。所以,要获得高的测量精度,一方面应该有小的 ΔT 值,另一方面还应该有高分辨率的相位重合检测电路。在各种测量中,高标频频率总是对测量(宽的测量范围和高的测量精度)有利的。

综合上述分析,为了提高测量精度,使用相检宽带测频方法时,要注意以下几方面:

(1)一般避免两信号的频率值成严格整数倍关系(整数倍关系时使用频率合成器件合成一个尾数),要有一定的频差,否则如果频差小,则 T_{minc} 的值就非常大,测量时间就会很长,不能满足测量的时响要求。

(2)要求标频的精度要好、稳定度要好。因为计算时把标频值作为一个固定常数,如果它存在偏差将会使测量结果产生偏差。

(3)在实际进行高精度测量中,这种方法存在上下限的问题。频率测量上限受测量电路中器件速度的影响,如果频率太高,器件速度跟不上,将会很难检测到相位重合点。当然采用分频的方法可以提高测量上限,但不能无限的提高。这里因为采用相位重合点来开、关闸门,当被测信号频率值较低时与标频间相位重合点间的时间间隔相对比较长,所以在 1 s 以下的短闸门时间的测量受到影响。因此该方法有一定的测量下限,会受到闸门时间限制。另外,相位重合点也存在随机性,存在一定的模糊区,也同样会影响测量精度的提高。

2.6　群相位量子和群周期

在 2.2 节和 2.3 节中所研究的最大公因子频率、最小公倍数周期、等效鉴相频率及其周期、相位量子等都是建立在两异频信号间的频率标称值保持不变情况下所提出的新概念,而频率信号作为自然界中的一种周期性运动现象,由于受外界的各种干扰,频率信号间往往具有相位扰动或频率漂移现象,在实际的信号相位比对和处理中,频率标称值不同且不能严格保持固定频率关系的情况往往是普遍存在的。因此,研究频率标称值变化即具有微小频差情况下两异频信号间的相位关系及其相位差变化的规律性更具有普遍意义。

对于 f_1：f_2 并不能严格保持 A：B 情况下的两比对信号,通常在各自连续周期内很难发现它们之间相位差变化的规律性。此时,若以两比对信号间的 T_{minc} 为周期,把一个最小公倍数周期 T_{minc} 内的若干相位差集合为一个群(这里称相位差群,简称群),则群内不会出现完全相同的相位差状态,且相位差以相位量子为公差,按照不同顺序排列组合,这些相位差组合在一个群内不具有单调性,也没有任何规律性。但若以 T_{minc} 为间隔,当两个信号频率关系固定、没有进一步的相对频率变化即相对频差 $\Delta f = 0$ 时,每个 T_{minc} 间隔内的对应群相位差的值和排列顺序都是完全一样的。也就是说,前后两个 T_{minc} 内的若干相位差群内所对应的相位差值和排列是完全一样的。例如，将前后两个 T_{minc} 内的所有相位差各集合为一个群（按群的大小来说，这里的群是最大的群，它包括了一个最小公倍数周期内的所有相位差），这样以群对应、以 T_{minc} 为间隔的所有相位差值都有严格的对应关系，如图 2.17 和图 2.18 所示。

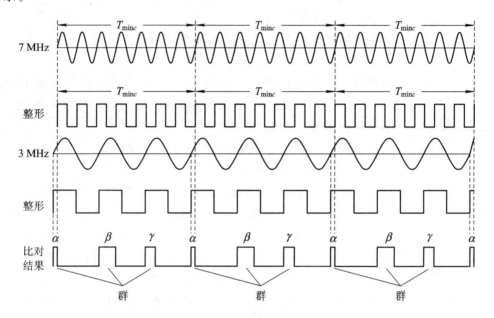

图 2.17　具有固定频率关系且初始相位差不为零的信号比对

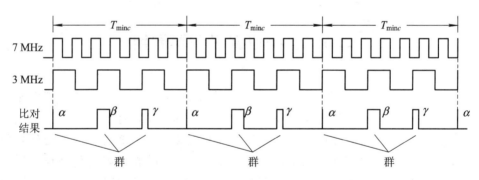

图 2.18　具有固定频率关系且初始相位差为零的信号比对

图 2.17 为以 $f_1 = 7$ MHz 与以 $f_2 = 3$ MHz 为参考且初始相位不为零的信号相互比对的结果。图 2.18 为 $f_1 = 7$ MHz 与以 $f_2 = 3$ MHz 为参考且初始相位为零的比对结果。显然，从图 2.17 和图 2.18 可以清楚地看到，无论比对信号是否存在初始相位差，每个最小公倍数周期 T_{minc} 内的相位差都是对应相同的，存在初始相位差的每个最小公倍数周期 T_{minc} 间隔内的相位差，只是在不存在初始相位差的各个 T_{minc} 间隔内的相位差的基础上，加上一个与初始相位差有关的值。因此，对于理想的频率关系固定不变的信号，每个最小公倍数周期 T_{minc} 内的各相位差构成的群是相互对应相同的，它们之间构成严格的群对应关系。

当两个信号频率关系固定，但具有微小的相对频差 $\Delta f (\Delta f \ll f_{maxc})$ 时，若以每个

T_{minc} 内的相位差集合为一个群，则群与群之间在时间上会发生平行的移动。这种由于相对频差而导致群与群之间发生平行移动的现象被称为群相移。群相移在信号的相位比对和处理中是普遍存在的，它是自然界中经常遇到的频率信号之间的真实关系，如图 2.19 所示。图中 7 MHz 信号具有微小频差 $\Delta f(\Delta f < 0)$，在最小公倍数周期 T_{minc} 内包含不足 7 个周期。在时间轴上，虽然在第一个 T_{minc} 周期中初始相位差为零，但是在后续的 T_{minc} 中，由于 Δf 的存在，造成各个对应相位差都发生变化。

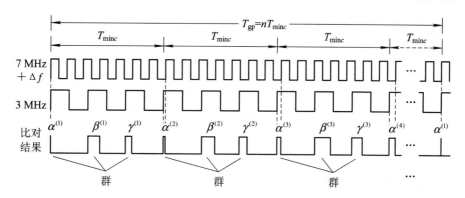

图 2.19　频率关系固定、初始相位差为零且具有微小频差的信号比对

图 2.19 中的 $\alpha^{(1)}$、$\alpha^{(2)}$、$\alpha^{(3)}$、$\alpha^{(4)}$，$\beta^{(1)}$、$\beta^{(2)}$、$\beta^{(3)}$ 和 $\gamma^{(1)}$、$\gamma^{(2)}$、$\gamma^{(3)}$ 分别是相邻的 T_{minc} 内的群中所包含的对应相位差。在图 2.19 中，虽然群中各相位差呈现递增的趋势，但是每种对应的相位差状况的变化范围却有限，即增加到具有较小周期信号的周期值（最大相位差值）就又返回到相位重合状态（最小相位差值）。因此，在具有微小频差的异频信号比对中，相位变化的过程出现相位重合的概率比较大。每种相位重合也成为了对应相位差的最大和最小之间的界限（最大相位差与最小相位差之间的临界状态）。

对于任意频率信号之间相位差变化的连续性，并不发生在各个 T_{minc} 之内，而是发生在以 T_{minc} 为间隔的由相位差组成的群之间。随着时间的推移，表面上看起来杂乱无章的相位差群就可以根据这样特定的连续性，反映出频率信号之间的附加相对频差以及相位差的变化。通过对图 2.19 的分析可知，各群内相位差的排列均不相同，但各群中对应的相位差的变化趋势却具有相同的规律。对于群内的任何一个相位差，只是依次增加或减少了由 Δf 引起的相位漂移 Δt。当两信号间的初始相位差为零时，容易得到

$$\Delta t = |AT_1 - BT_2| = \left| \frac{A}{Af_{maxc}} - \frac{B}{Bf_{maxc} + \Delta f} \right| \qquad (2-12)$$

由于频率关系的不同，群内的相位差可能出现的状况很多。当 $\Delta f < 0$ 时，则 $\Delta t > 0$，即各相位差依次增加，达到最大相位差时再返回最小相位差状态；当 $\Delta f > 0$ 时，则 $\Delta t < 0$，即各相位差依次减小，达到最小相位差时返回到最大相位差状态；当 $\Delta f \to 0$ 时，则 $\Delta t \to 0$，此时各群内相位差变化不大，但随着时间的累积，群内各相位差在群与群之间的连续性变化就会体现出来。对于群中的任何一个相位差，从最小状态至最大状态或相反过程，又或是从某一相位差状态经历变大或变小的过程再回

到这一相位差状态,这样的过程所经过的时间就是群相位差变化的周期,被称为群周期,一般用 T_{gp} 表示。可以看出,群周期正好对应了两异频信号发生两次严格相位重合之间的时间间隔,这个时间间隔由若干个 T_{minc} 组成,也就是说 $T_{gp}=nT_{minc}$,其中 n 为正整数。特殊情况下,若 $n=1$,则 $\Delta f=0$,$\Delta t=0$,则群内相位差状态恰恰是图 2.17 和图 2.18 所示的情况。群周期是群相移的结果,而群相移则是由 Δf 引起的。所以,群相移的大小实质上就是 Δt。对于以 T_{minc} 为间隔的群来说,Δt 就是群相位差的变化量。在一个群周期内,群相位差变化的最大值就是一个相位量子 ΔT,Δt 的变化周期也恰好等于一个等效鉴相周期 T_{equ},这说明 Δt 也是以等效鉴相频率为基础变化的。由于 ΔT 是频率关系固定的两异频信号间发生满周期时的相位差值,所以有如下的关系

$$\Delta t_{max} = \Delta t_n = \Delta T = \frac{T_1}{B} = \frac{1}{ABf_{maxc}} = \frac{1}{f_{equ}} = T_{equ} \qquad (2-13)$$

因为 Δt 是群相位差的变化量,所以在一个群周期内,两个连续相邻的群相位差的差就等于一个 Δt。由式(2-12)可知,如果两异频信号间的频率关系一定且相对频差 Δf 不变,则 Δt 是一个固定不变的值。随着时间的推移,Δt 将发生倍数式的变化。当 Δt 变化到一个相位量子 ΔT 大小时,两异频信号将发生严格的相位重合。因此,ΔT 是 Δt 的严格整数倍,即

$$\Delta T = n\Delta t, \qquad n = 1, 2, 3, \cdots \qquad (2-14)$$

显然,Δt 是相位量子的一部分,是组成相位量子的不可分割的基本单元,但它比相位量子 ΔT 小得多,约为 ΔT 的若干分之一,又由于群周期是群相位差规律性变化的结果,所以从这个意义说,Δt 被称为群相位量子,它具有比相位量子 ΔT 更高的分辨率。如果将存在相对频差的两异频信号的鉴相结果送入如图 2.20 所示的低通滤波器进行处理,则从示波器上可以看出群相位量子的变化规律及以群相位量子为变量的鉴相电压的变化曲线,如图 2.21 和图 2.22 所示。

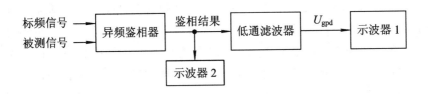

图 2.20　群相位差处理电路

图 2.21 中,A、B、C 为群相位重合点;U_{gpd} 为一个群周期 T_{gp} 内的脉冲平均电压;U_m 为 $T_{gp}=T_{minc}$ 时的脉冲平均电压。在示波器 2 上可以显示当 $\Delta f>0$ 时,群相位量子以等效鉴相频率为频率的变化波形,体现了群相位差变化的规律性。

由图 2.22 可知,群内任意相位差在连续群内都按照群相位量子 Δt 的差值连续变化,Δf 不同,群相位差发生变化的幅度和方向也不同。这里按脉冲取样的方法对其变化进行分析,假设 Δf 使各相位差发生正向变化,当初始相位差为零时(如图 2.19 所示,以 $f_2=3$ MHz 信号作为参考),经过 n 个 T_{minc} 之后,群内的第一个相位差(初始值为零)增加 $\Delta t_n = n(AT_1 - BT_2) = n \cdot \Delta t$;当 $\Delta t_n = T_{equ}$ 或 $\Delta t_n = \Delta T$ 时,此相

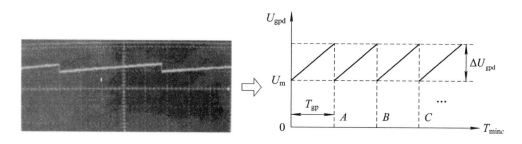

图 2.21 在示波器 1 上显示的电压波形

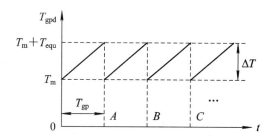

图 2.22 群相位差变化的波形

位差又回到初始状态。那么两异频率信号的相对平均频差就可以表示为

$$\frac{\Delta f}{f} = \frac{\Delta T}{T_{gp}} = \frac{\Delta T}{n \cdot T_{minc}} \qquad (2-15)$$

式中，相位量子 ΔT 是发生满周期即一个群周期时群相位量子变化的最大值。当存在初始相位差时，对于相位差的考察只是起点的选取不同，不影响其变化规律。各相位差发生负向变化时也满足同样的规律。这样，表面上看起来杂乱无章的相位差群，就可以根据群相位量子的线性变化特性，反映出频率信号之间附加微小相对频差时其相位差的变化规律。这种变化规律是普遍的，它存在于任意不同频率的信号之间，是异频信号间进行相位比对和处理的基础。从图 2.22 可以看出，群相位差的变化呈线性规律且其变化量 Δt 的最大变化范围为 T_{equ}（或 ΔT），即 $\Delta t = 0 \sim T_{equ}$（或 $\Delta t = 0 \sim \Delta T$）。

群周期相位比对和处理中群相位量子变化的规律，一方面，用在频标比对中，它可以提高频率源的频率稳定度、测量精度和自校精度；另一方面，用在原子频标的锁相环电路改进中，可以提高锁相的频率范围和锁相精度。特别是在基于等效鉴相频率的锁相环电路中，实现了不同频率信号的鉴相、锁相，在参数合适的条件下，可以得到很高的锁相精度。群相位量子的应用简化了系统设计，使系统的附加噪声和成本得到了进一步降低，同时系统的可靠性也有了不同程度的提高。以上提出了群相位量子的基本概念及宏观变化规律，下面就群相位量子的基本特点做进一步的阐释。

1. 空间传递性

时频测量中相位比对的方法是具有最高分辨率的处理方法。利用异频信号之间群相位差变化的基本规律和相位量子的脉冲平均处理技术，在射频范围内可以实现相同或者不同频率信号间的精密相位处理，往往能够在吉赫兹到太赫兹的等效鉴相频率下获得皮秒甚至飞秒量级的测量分辨率。与传统的相位比对和处理技术相比，它不再是单纯依靠线路上的改进或微电子器件的发展来提高测量精度，而是利用周期性信号相互间的固有关系及变化规律，把这些规律应用于频率信号相互关系的处理中，无须频率归一化，在异频下便可直接完成相互间的相位比对及处理，从而使高分辨率的空间量的测量成为可能。光和电磁波信号在空间或特定介质中传递速度的高度准确性和稳定性在计量学中被作为一个自然常数，高精度的频标信号之所以能够被测量和应用，就是因为有传输环节的高稳定性作为保证。根据时间-空间关系，将空间量的变化通过频率信号的延时传递转化为两信号间的相对相位关系的变化，也就是将空间量如距离或距离的变化量的测量，利用频率信号在空气或特定介质中的时延传递稳定性和异频信号之间群相位量子变化的高分辨率性，通过对比对信号在时间上的累计变化的高精度采集测量，转换为时间量（相位或相位差）的处理，从而实现群相位量子的空间传递，以此为基础的空间量如长度或者距离的高精度测量，测量分辨率可提高到 0.1 ps 范围之内。另外，自然界中的周期性运动现象是普遍存在的，它们以各自固有的频率出现并交织在一起，在相互联系和相互作用过程中，由于群相位量子的空间传递性，在群周期处会发生严格的相位重合，使各种现象因运动而具有的能量在这一时刻集中于一处，从而导致特定"异常"现象的发生。因此，群相位量子的空间传递性对深入了解自然界的各种特性具有重要作用。

2. 矢量性和可变性

在物理中，矢量是指既有数值大小（包括有关的单位）又有方向才能完全确定的量。群相位量子是具体的，它的大小等于相邻群相位差的差值或相邻群内特定相位差的差值，由式（2-12）可知，它由两异频信号之间的频率关系和相对频率差完全确定。群相位量子是可变的，其变化的方向具有单调性，即当 $\Delta f < 0$ 时，Δt 依次增加，达到 ΔT 时重新返回初始状态；当 $\Delta f > 0$ 时，Δt 依次递减，达到零时再重新返回初始状态，如图 2.22 所示。不仅如此，群相位量子的变化还具有线性和周期性，Δt 是以群周期为间隔线性变化的，也就是说，Δt 从零变化到最大值 ΔT 或从最大值 ΔT 变化到零恰好对应一个群周期。实质上，Δt 变化的过程就是两异频信号发生严格相位重合的过程，在这个过程中充分体现了频率信号间的相位关系和群相位差变化的规律性。在信号的相位比对和处理中，这种规律是普遍的，并不为群相位差所独有，对于一个群内的每个特定的相位差来说，在连续群内，其变化都会具有单调性、线性及周期性等特性，只是起始的时刻不同而已，如图 2.23 所示。

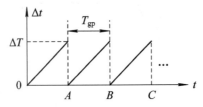

图 2.23　群内特定相位差的变化规律

图中，ΔT 是相位量子；A、B、C 是以群周期 T_{gp} 为间隔的严格相位重合点；Δt 是相邻群内特定相位差的差值或群相位量子。

3. 不可分割性和统一性

群相位量子是构成相位量子的最小的不可分割的基本个体，其不可分割性具有两方面的含义：一方面是指群相位量子在空间传递的过程中，其变化量是 Δt 的严格整数倍，也就是说，由微小频差引起的群相位差或以 T_{minc} 为间隔的群内的每个相位差，在空间传递的过程中都依次增加或减小了 Δt，它具有量子传递的基本特征；另一方面是指在一个孤立的 T_{minc} 或群内，无法找到群相位量子 Δt 在空间传递过程中的变化规律。为此，常常需要多个连续的 T_{minc} 或群，甚至是多个连续的群周期作为样本，才能发现 Δt 的规律性。如果在研究过程中割断多个 T_{minc} 之间相位差之间的联系或群周期之间 T_{minc} 的联系，则将不能体现如群相位量子 Δt 变化的连续性，更重要的是，所得 Δt 的变化规律不具有普遍意义。另外，为了进行高精度的测量和对某些周期性自然现象作本质性的解释，往往需要对不同频率信号间的周期性关系进行探索，而体现异频周期信号之间相互关系的精密基础恰恰是存在于它们之间的群相位量子。这样，自然界中的周期性信号或周期性运动现象通过群相位量子的空间传递联系在了一起，使时间和空间在群相位量子基础上达到了完美统一，同时也为空域量子转化为时域量子奠定了坚实的基础。

4. 普适性

普适性主要是指在多学科相互交叉、相互渗透的情况下群相位量子应用的广泛性和适应性，如频率链和链间群相统及周相交互关系的综合研究，任意周期性信号之间的特定相位状况所对应的物理现象的规律及特性研究，任意周期性信号比对时的群相位及群相移控制，实现信号传递中群相统和随机相统的高精度准确建立及应用，周期性信号分时、有效传递及资源共享，在卫星资源的利用方面建立传统的地面基准、星载钟和用户钟的相位同步区分于时统而体现出精度优势和实用性，实现通信、电力故障检测、交通监管、军事准确打击等领域更加有效的资源的利用和共享并大大拓展精密频标的应用等。群相位量子的基本理论不仅仅局限于时频信号的处理，合理的应用，还可以进一步推广到对自然现象中的若干年一遇周期性及其相互影响的各种异常现象的预测，与相关多学科知识相结合，分析气候、特殊灾害等具有周期性特征的现象。季节、特定的自然灾害等除了极个别的特例之外，都具有明显的周期性的特点。乍一看，这些现象是随机发生的，其发生的时间无规律可循，但是抛弃表面现象分析本质，往往又是由一系列的周期性的"原因"相互作用而产生的。通过分析引发其发生的各个原因，将之量化成离散的信号，根据它们各自的周期性特征和相互关系，就可以将群相位量子的基本概念应用其中并以此为基础进行高精度的处理。在大量周期性自变量的基础上，通过它们的"危险点"的叠加或者在特定相位点的重合，才爆发出特定的结果，这就是自然界中的"异常"现象。实际上，自然界中"异常"现象的出现是极其复杂的，它可能是两个或者多个周期性的原因造成的，但是通过群相位量子的普适性研究，不仅异常现象可以预测，而且异常现象出现时的影响，如水灾、雪灾的规模、地震时向外辐射的能量等也可以大致判断。

"异常"现象的研究尽管需要多个交叉学科，但它出现的本质（从量变到质变）仍是群相位量子，是各种周期性运动现象借助群相位量子的空间传递相互作用所表现出的结果，这也就是世界是普遍联系的哲学原理，自然界中的各种现象表面看来毫无关系，其实牵一动百。因此，群相位量子的基本理论及其相关概念对研究自然界中的周期性运动现象以及它们之间的相互关系和影响具有十分重要的意义。

综上所述，可以看出相位量子、最小公倍数周期、群相位量子、群周期等新概念既有区别又有联系。相位量子和最小公倍数周期是在一段比较短暂的时间内，用近似的方法来反映两异频信号之间相位关系尤其是相位差的变化规律，便于分析两个周期性信号在一个标称最小公倍数周期短时间内的相位关系；而群周期和群相位量子则是在较长时间内，以标称最小公倍数周期作为单位，准确地反映两异频信号之间群相位关系尤其是群相位差的变化规律，便于分析两个周期性信号在长时间内整体的群相位关系。这些概念的细微差别实质上完全取决于两比对信号之间的频率关系，当两异频信号之间的频率关系互成整数倍、在时间传递过程中没有进一步的相对频率变化时，它们之间的相互关系被最大公因子频率、最小公倍数周期、等效鉴相频率、等效鉴相周期及相位量子等准确描述；而当两异频信号之间的频率关系固定并存在一定的相对频差时，它们之间的相互关系被群相移、群周期、群相位差及群相位量子等准确描述。从宏观上讲，这些概念是统一的，只是在不同的频率关系条件下对两异频信号之间的相互关系及相位差变化规律从特殊到更具有普遍意义下的一种科学反映。例如，假设 f_1 标称值为 5 MHz，而 f_2 的标称值为 4 MHz，但由于外界的各种干扰，信号之间会存在一定的频率差异即具有微小的频差，为了便于分析，这里以 f_2 做为频标信号，其频率值是等效不变的，以 f_1 做为被测信号，其频率值是等效可变的，实际等效比对信号的频率为 $f_1 = 5\,000\,000.1$ Hz，$f_2 = 4\,000\,000$ Hz，则它们之间的标称最大公因子频率 $f_{maxc} = 1$ MHz，标称最小公倍数周期 $T_{minc} = 1$ μs，相位量子 $\Delta T = 50$ ns，而实际的最大公因子频率 $f_{max} = 0.1$ Hz，群周期 $T_{gp} = 10$ s，群相位量子 $\Delta t = 0.5$ fs。由此可见，群周期远大于标称最小公倍数周期，群相位量子远小于相位量子，而群周期 T_{gp} 是 f_1 和 f_2 之间实际的最小公倍数周期，群相位量子 Δt 是 f_1 和 f_2 之间实际的相位量子，再次证明了群周期、群相位量子与最小公倍数周期、相位量子在本质上的统一性。在实际的相位比对和处理中，群周期和群相位量子较最小公倍数周期和相位量子是研究任意频率信号之间相位关系的更具有普遍意义的新概念。

2.7　群相位量子化处理的自适应性和智能化

2.7.1　群相位量子化处理存在的问题

基于群相位量子或群相位关系的时频测量方法，主要是利用了群周期和群相位重合点的基本理论,将群周期或其整数倍作为时频测量的闸门,闸门的开启和关闭时刻严格同步于两个群相位重合点。以这样的闸门来进行异频周期信号的时频测量和处理,可以有效地避免传统时频测量系统中所普遍存在的±1个字的计数误差,使测量分辨率在一定程度上得到了很大提高,测量原理如图2.24所示。

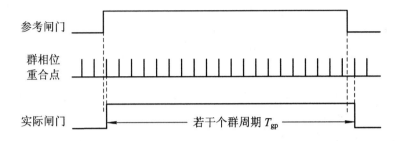

图 2.24　基于群相位量子的时频测量原理

如图 2.24 所示,实际计数闸门的开始是在参考闸门的上升沿到来之后的第一个群相位重合点脉冲来开启的,而实际闸门的关闭是在参考闸门下降沿后的第一个群相位重合点脉冲来关闭的。这样,实际闸门的宽度等于标频信号和被测信号的群周期 T_{gp} 的若干整数倍,而且闸门的起始位置都是群相位的重合点。实际闸门作为计数器的使能信号,控制两路计数器,分别对被测信号和频标信号进行计数,通过式(2 - 11)算出被测信号的频率。这里实际闸门同时同步了被测和标频信号,±1 个字的计数误差被消除,因而具有较高的测量分辨率。具体的测量方案和图 2.15 相似,只不过相位重合检测部分是针对群相位重合点进行的检测。

在异频周期信号的相位比对和处理中,要获得超高分辨率的时频测量,仅靠消除±1 个字的计数误差是不够的,因为±1 个字的计数误差是信号在量化过程中的最大误差,细微的误差主要来源于相位重合检测电路对群相位重合点的捕捉程度。因此,要实现超高精度的时频测量和处理,必须提高群相位重合点捕捉的准确度。但群周期、群相位量子及群相位重合点的基本概念是建立在两异频信号频率关系固定并存在一定频差的基础之上的,如果被测信号的频率不确定,它与频标信号的频率关系也就难以确定,它们之间的群相位差及群相位量子的变化规律也不能得到体现,从这个意义上说,以群相位量子或群相位关系为基础的时频测量,往往更适合于处理某些已知频点的信号,而对任意信号的测量和处理实际上却难以实现。具体这方面的原因主要有以下两点:

(1) 进行比对的两异频信号虽然频率关系固定且具有不变的相对频差,但如果相对频差 Δf 太小则必然导致群相位差的漂移量 Δt 即群相位量子很小,此时所得系统的分辨率虽然很高,但群周期太大,很难形成实际的测量闸门。从式(2 - 14)知,两异频信号频率关系固定,说明相位量子 ΔT 是一个确定的值,群相位量子 Δt 越小,整数倍 n 就越大,从图 2.2 可知,群相位量子 Δt 达到最大值 ΔT 所经历的时间就越长即群周期越长。从另外一个角度来看,由于标称最小公倍数周期 T_{minc} 是固定的,同时群周期 T_{gp} 是 T_{minc} 的 n 倍,所以 n 越大,群周期 T_{gp} 就越大,由图 2.24 可知,作为由若干群周期 T_{gp} 组成的实际闸门的时间就越长,最终导致因闸门时间过长而无法测量。例如，若被测信号 $f_x = 10\ 000\ 000.001$ Hz，而频标信号 $f_0 = 10\ 000\ 000$ Hz，则它们的群周期 $T_{gp} = 1000$ s，群相位量子 $\Delta t = 0.01$ fs。这样出现的结果：一是群周期太大，闸门不可控，甚至可能造成实际闸门无法形成；二是群相位量子太小，实际相检电路的分辨率难以达到，群相位重合点的捕捉准确度不高，最终导致测量速度过慢，测量分辨率不高，甚至无法进行测量。总之，只要两异频周期信号间的群周期太大，相位量子太小，就无法进行正常的高分辨率测量。以此类推，当被测信号和频标信号相互接近对方频率值的整数倍时，群周期的值也很大，相位量子也很小，同样无法进行正常的高分辨率测量。

（2）进行比对的两异频信号，如果它们之间的频率关系复杂，在群周期正常情况下，同样会导致群相位量子的值过小，并且群相位重合点的分布没有规律性，群相位检测的准确度下降，最终使测量的精度和分辨率降低。例如，若被测信号 $f_x = 16.384$ MHz，而频标信号 $f_0 = 10$ MHz，则它们的群周期 $T_{gp} = 1$ ms，群相位量子 $\Delta t = 6$ fs。由此可知，当两异频信号间的频率关系复杂时，群周期不大，但群相位量子却很小，在实际测量闸门中所检测到的不是一个而是一簇不连续近似的且分布没有任何规律的群相位重合点，受系统噪声及检测器件分辨能力的影响，群相位重合点的捕捉准确度会大大下降，以致于使系统在这些频点上获得的测量分辨率很低。

2.7.2　群相位量子化处理的自适应性

从 2.7.1 小节的分析可知，用基于群相位量子或群相位关系的方法实现对异频信号的高分辨率测量和处理，是建立在被测信号与频标信号存在一定关系的基础之上的，如果不满足这个关系将得不到超高甚至高分辨率的测量结果。为了实现对任意频率信号在实际要求的闸门时间内能够进行高分辨率的测量和处理，测量系统本身必须具有智能化处理的功能并对任意被测信号在测量和处理时具有自适应性。具体的测量方案是在图 2.15 的基础上，增加对被测信号的粗测模块和以粗测为参考的自动频标合成模块以及由此带来的附加噪声信号处理模块，如图 2.25 所示。

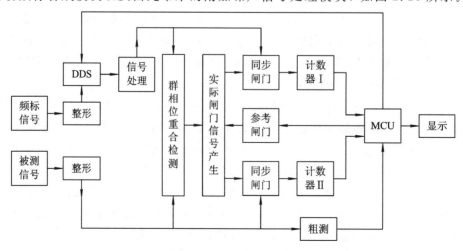

图 2.25　具有自适应能力的时频信号测量方案

在图 2.25 中，测量系统根据被测量信号的粗测值，通过 DDS 自动合成出一个与被测量信号具有一定频率关系且具有相对频率的频标信号，也就是说，让频标信号在 DDS 帮助下智能化地自适应于被测信号，使它们之间的群周期的整数倍接近实际测量闸门的时间值，它们之间的群相位量子的值恰好接近群相位重合检测器件的分辨率——这样做的目的就是使频标和被测信号之间的群周期的值、群相位量子的值都变得比较合适。然后将频标信号和被测信号送入群相位重合检测电路产生实际计数闸门，控制计数器工作，MCU 将根据计数结果计算出被测信号的频率值，最终显示在 LCD 上。借助 DDS 产生自适应频标的方法，可以有效、准确地捕捉到群相位重合点，从而实现对任意被测信号在实际要求的测量闸门下获得超高分辨率的测量。例如，按图 2.25 所示的测量方案，将铯钟输出的 10 MHz 信号作为系统的频标，分别对来自铷钟 X72、频率合成器 HP8662A、高稳度晶体振荡器 8607B 等多种信号源产生的信号进行测量，结果发现不论被测信号与频标信号的关系是简单还是比较复杂，测量稳定度均能达到皮秒量级。由此可见，具有自适应能力的时频测量方案，与原有的仅能对某些频点进行测量和处理的基于群相位关系或群相位量子的时频测量和处理方案相比，在加入 DDS 后，仅需一个高稳定度的频率源，便可实现对任意频率信号的高分辨率测量。由于 DDS 的运用，使得频标信号与任意被测信号的频率关系变得可控，同时也使得它们之间的群相位差或群相位量子的变化具有规律性和可控性，从而提高了群相位重合点检测的分辨率，最终使超高精度、超高分辨率的时频测量得以实现。

2.8　本 章 小 结

本章首先从异频信号之间最基本的相位关系入手，研究了能体现信号之间相互频率关系的最大公因子频率、最小公倍数周期、等效鉴相频率、等效鉴相周期、相位量子、群相移、群周期、群相位差及群相位量子等新概念，并深入分析了群相位差变化的基本规律、群相位量子的特点和基于群相位重合检测消除 ±1 个计数误差的根源。其次将这些新概念及其特点和规律用于时频信号的测量和处理中，结合相位重合点及其检测的基本理论，可获得高的测量分辨率。本章最后根据实际信号比对和处理中存在的问题及对问题的分析，提出了具有自适应能力的时频信号测量方案，通过引入 DDS，以被测信号的粗测值为参考自动合成一个与被测信号具有一定频率关系的频标信号，使系统最终实现了在宽范围内任意频率信号的高精度测量。在此基础上，如果改进 DDS 输出信号的稳定度，降低系统的本底噪声，提高群相位重合点捕捉的准确度，进一步完善群相位量子处理中存在的问题，则获得皮秒量级以上的超高测量分辨率是完全有可能的。因此，基于异频信号的群相位量子化处理研究不仅符合了高精度时频测量的各项指标，而且还能进行频标比对、相位噪声测量、时间同步、原子频标的改造及周期性运动现象的解释和预测等，具有一定理论意义和应用价值。

第3章

基于异频相位处理的相位噪声测量方法研究

3.1　概　　述

随着航空航天、精密定位、通信、计量、天文及其它高科技领域的迅速发展，对标准信号（如时间基准、通信载波等）使用的高精密频率源，特别是对频率源的频率稳定度（主要表现为相位噪声）指标提出了越来越高的要求。不论是做发射激励信号，还是接收机本振信号以及各种频率基准，相位噪声在解调过程中都会和有用信号一样出现在解调终端，引起基带信噪比下降；在通信系统中使话路信噪比下降，误码率增加；在雷达系统中影响目标的分辨率。所以，随着通信、雷达、导航等现代电子系统的广泛应用，对频率源的稳定度的要求越来越严格[6-8]。因此，低的相位噪声在物理、天文、无线电通信、航空航天以及精密计量、仪器仪表等各种领域都普遍受到重视。

3.1.1　频率准确度、频率稳定度及相位噪声

频率准确度是指频率源的实际输出频率值与标称频率值的偏差或符合程度，它表示频率源输出的正确性。频率源在使用之前必须经过频率准确度的评定和校准，之后要使频率准确度不变则需要频率源的频率稳定度来保证。所谓频率稳定度，是指频率源在一定的时间间隔内，其频率准确度的变化，即在一定的时间内的频率偏差相对于平均频率偏差的波动。它表征了一个频率源保持频率恒定的能力[9]。因此，频率稳定度并不表明频率的正确与否，而只说明是否是同一值。根据产生频率不稳定的原因，对频率稳定度一般有以下三种描述。

1. 长期稳定度

长期稳定度是指标准频率源经历长时间后频率发生的变化。长期稳定度的测量间隔大于 100 s，通常是指每小时、每天、每月或每年频率准确度的变化量或频率的波动，如每天或每年变化百万分之几等。其主要原因是温度、老化所引起的频率慢漂移，如晶体振荡器，晶体的老化起了决定作用[10]。长期稳定度在相当程度上是可以预测的。

2. 频率漂移

频率漂移[11-12]是指由外界环境条件如温度、压力、重力等的综合变化或某一种因素为主的变化所引起的频率的变化量，一般用准确度的变化量来表示。这种影响可以通过合理的设计得到解决。如采用恒温的方法，可以使温漂减小到符合要求的程度。

3. 短期稳定度

短期稳定度，也称秒级稳定度，是指在秒级时间间隔内产生的频率或相位的变化，以及引起频率准确度的起伏。在实际测量中，短期稳定度通常是指 100 s 以内时间段的频率波动。引起短稳的主要原因有两类：一类是确定性因素，如电力线频率、地震频率或交流电磁场等离散信号，其表现是对基本信号产生离散的边带调制。这类影响也可以通过合理的设计得到减免。另一类是随机起伏，主要是由频率源的内部噪声引起的，如白噪声、闪烁噪声、散弹噪声等，具有随机性质，需按数理统计的方法描述和处理[13-14]。这种频率的随机起伏，称为相位噪声。它描述的是在短期时间间隔内引起频率源输出频率不稳定的所有因素，是频率信号边带谱噪声的度量，也是频率源短期频率稳定度的直接反映。

3.1.2　相位噪声的表征

任何信号的频谱都不是绝对的纯净，或多或少带有随机性的相位噪声和周期性的杂散干扰，总称为相位噪声。如果把不是很纯净的正弦信号作为发射机的激励源或外差接收机的本振信号时，其危害性会充分暴露出来，严重时可使通信中断，所以必须力求减小信号的相位噪声和杂散干扰。相位噪声测试的目的就是确定信号频谱的纯度，然后根据相位噪声的含量，衡量信号的质量，并对系统进行适当的修正。

相位噪声的表征分为时域表征和频率表征[15]。时域表征以阿仑方差为代表，它表现为频率平均值的随机起伏。频域表征以相位噪声功率谱为代表，它表现为信号的频谱不纯。两者在数学上是一对傅里叶变换。

1. 频域表征

对于理想的振荡器，其输出是理想的正弦信号，可表示为

$$V_0(t) = A_0\cos(\omega_0 t + \theta) \qquad (3-1)$$

式中，频率 ω_0、振幅 A_0 和相位 θ 都是常数。它的功率谱密度 $S_v(\omega)$ 可以由其自相关函数 $R(\tau)$ 的 Fourier 变换得到。

自相关函数

$$R(\tau) = E[V(t)V(t-\tau)] = E\{A_0^2\cos\omega_0 t\cos[\omega_0(t-\tau)]\} = A_0^2\cos\omega_0\tau \qquad (3-2)$$

所以，功率谱密度

$$S_v(\omega) = \mathrm{FT}[R(\tau)] = \mathrm{FT}[A_0^2\cos\omega_0 t] = \frac{A_0^2}{2}\mathrm{FT}[e^{j\omega_0 t} + e^{-j\omega_0 t}]$$

$$= \frac{A_0^2}{2}[2\pi\delta(\omega - \omega_0) + 2\pi\delta(\omega + \omega_0)]$$

$$= \pi A_0^2[\delta(\omega - \omega_0) + \delta(\omega + \omega_0)] \qquad (3-3)$$

如图 3.1 所示。

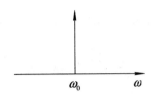

图 3.1　理想时钟的功率谱

但是，对于实际的振荡器来说，它的输出信号通常表示为

$$V_0(t) = A(t)\cos[\omega_0 t + \theta(t)] \tag{3-4}$$

式中，振幅 $A(t)$ 和相位 $\theta(t)$ 都是时间的函数，它们表示信号幅度和相位随时间的涨落。在振荡器中有一个控制振幅的机构，用来极大地抑制振幅的波动。振荡器中还有一个可以对相位累加的机构。所以在大多数情况下，相位噪声的影响远大于振幅噪声的影响。于是假设信号振幅为常数 $A(t) = A_0$，相位 $\theta(t)$ 可表示为 $\theta(t) = \Delta\omega(t)t$ 且 $\Delta\omega(t)$ 变化较慢，此信号可以写成式(3-5)的形式

$$\begin{aligned}V_0(t) &= A_0\cos[(\omega_0 + \Delta\omega(t))t]\\ &= A_0\{\cos\omega_0 t\,\cos[\Delta\omega(t)]t - \sin\omega_0 t\,\sin[\Delta\omega(t)]t\}\end{aligned} \tag{3-5}$$

显然，式(3-5)中第一项即近似为不存在噪声时的正弦信号，与理想信号不同的是中心频率 ω_0 的功率略有降低；这些功率分配到第二项中，可以理解为存在频率不稳定时，时钟信号的总功率不变。为了考察第二项的频谱特性，单独对其求功率谱密度，即

$$\begin{aligned}R(\tau) &= E\{A_0^2\sin[\Delta\omega(t)t]\sin\omega_0 t\,\sin[\Delta\omega(t-\tau)]\sin\omega_0(t-\tau)\}\\ &= A_0^2 E\{\sin[\Delta\omega(t)t]\sin[\Delta\omega(t-\tau)]\}E[\sin\omega_0 t\,\sin\omega_0(t-\tau)]\\ &= \frac{A_0^2}{2}R_\theta(\tau)\cos\omega_0\tau\end{aligned} \tag{3-6}$$

式中，$R_\theta(\tau)$ 代表噪声信号，在频域它和 $\cos\omega_0\tau$ 卷积，就可得到噪声的频谱。将中心频率信号和噪声信号画在同一张图上，可以看到信号的频谱被展宽了(如图 3.2 所示)，但总的功率保持不变。

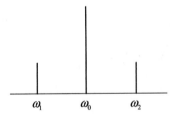

图 3.2　含噪时钟的功率谱

在频谱分析仪上观察到信号相位噪声边带，噪声对称分布在载波的两边，实际研究中，常取单边带(SSB)相位噪声来分析，定义 SSB 相位噪声的符号是 $\pounds(f)$。它的定义是：距离中心频率一定频率偏移处 1 Hz 带宽内信号功率与中心频率功率之比，单位是 dB/Hz。

$$\pounds(f) = \frac{P_{\text{SSB}}}{P_{\text{S}}} = \frac{\text{单边带在偏离载波 1 Hz 处的功率密度}}{\text{载波功率}} \qquad (3-7)$$

2. 时域表征

随着人们对频标内噪声调制特性的逐步了解，频率稳定度的时域表征定义式也由经典方差演变成一种特殊的方差——阿仑方差，其有限次测量的最佳估值表达式为

$$\sigma_y^2(\tau) = \sqrt{\frac{1}{2m}\sum_{i=1}^{m}\left[y_{2i}(\tau) - y_{2i-1}(\tau)\right]^2} \qquad (3-8)$$

式中，$y(\tau)$ 是相对平均频率偏差的实际测量值，每两次测量为一组，且两次测量之间无间隙；m 是测量组数。

为了节省测量时间，也可以采用另一种形式，即取样个数为 $m+1$，这样可以大大简化测量设备。由此我们可以得到频率稳定度的另一个计算公式

$$\sigma_y^2(\tau) = \sqrt{\frac{1}{2m}\sum_{i=1}^{m}\left[y_{i+1}(\tau) - y_i(\tau)\right]^2} \qquad (3-9)$$

由于阿仑方差容易计算，因此获得了广泛的应用，是目前最常用来作为衡量频率起伏的一个量。对于目前所用到的绝大多数频率源来说这个方差都是适用的，是频率稳定度在时域的定义。

3.1.3　时域、频域相互转换

时域表征和频率表征虽然是表征相位噪声的不同方法，但是所有这些衡量相位噪声的方法之间都可以通过合适的数学公式相互转换。当知道相位起伏频谱密度时，可以通过式（3-10）计算阿仑方差。

$$\sigma_y^2(\tau) = \int_0^{\infty} \frac{f^2 S_\varphi(f)}{f_0^2}\left[\frac{2\sin^2(\pi f\tau)}{\pi f\tau}\right]\mathrm{d}f \qquad (3-10)$$

式中，$\sigma_y(\tau)$ 是阿仑方差；τ 是取样时间；f 是偏置频率；f_0 是载波频率；$S_\varphi(f)$ 是相位起伏谱密度。取样时间 τ 与偏置频率 f 的对应关系是 $f < 1/2\tau$，因为阿仑方差主要响应于偏置频率分别为 $1/2\tau、3/2\tau、5/2\tau$ 等处的频率起伏，而对 $1/\tau、2/\tau、3/\tau$ 等处不敏感。该公式计算非常麻烦，必须借助数学工具。这里只知道某一点的相位起伏谱密度是不能计算的，必须知道偏置频率从 $1/5\tau$ 到 f_{H} 范围内的完整数据。计算时公式中的积分下限变成测量时的最小偏置频率，积分上限变成 f_{H}，f_{H} 由测试系统带宽决定。

通常情况下，时域阿仑方差的测量是通过使用频率计计算多次测量的平均相对起伏的方差，来得到频率的不稳定度，而频域的相位噪声功率谱密度的测量方法和测试设备比较多样，同时采用频域表征能够较好地测出信号的频谱纯度。因此，常常通过对相位噪声进行测量来表征信号的频率稳定度特性[16]。近年来由于频谱测试仪器的性能日臻完善，频域表征的测量技术在短期频率稳定度测量方面已占主导地位。

3.1.4　传统相位噪声测量方法及其特点

　　传统的相位噪声测量方法有检相法、鉴频法、差拍法、直接数字化测量法等[17-19]。检相法是应用广泛、灵敏度高、分析频率范围宽、测量准确度最高的一种测量方法。它用相位检波器把信号的相位起伏变换为电压起伏，由频谱仪测量相位起伏谱密度，再由相位起伏谱密度在小角度条件下，计算得到单边带相位噪声。由于采用了正交检相技术，对调幅噪声有较大的抑制。不仅能测频率源的相位噪声，也可测晶体振荡器的相位噪声和两端口频率器件的附加相位噪声等。该方法测量比较复杂，要求要有一个能够进行频率调整的低相噪参考源，参考源的相位噪声决定了系统的测试能力。目前，市面上用得较多的相位噪声测试系统，如 HP3048A、E5500、PN9000 系列，均采用了该测量方法。鉴频法是用鉴频器将被测源的频率起伏变换为电压起伏，由频谱仪测量频率起伏谱密度，再由频率起伏谱密度换算成相位起伏谱密度，最后由相位起伏谱密度在小角度条件下，计算得到单边带相位噪声。相对于检相法，该方法不需要参考源，但近载频灵敏度较低，适用于频率稳定度较差的频率源和 VCO 等的测试。差拍法是一种时域分析法，适用于测量精密频率源的近载频相位噪声，在很靠近载频处，其灵敏度是最高的。它采用时域测量阿仑方差的方法，通过时频域转换得到相位噪声，一般应用较少。直接数字化测量法是通过直接对待测信号进行取样，再经过先进的数字信号处理技术来测量待测信号的相位噪声。这种测量系统需要高速的、转化精度高的 A/D 转换器。该方法的优点是系统不需要锁相环，不需要复杂的环路修正；采用的数字滤波器可以有相当高的平坦度，不需要单独校准；可以通过互相关处理，降低受 A/D 限制的系统底部。其缺点是相位噪声测量系统受 A/D 取样速率的限制，它的测量输入频率的带宽较窄；尽管采用互相关处理，降低受 A/D 限制的系统底部，但在测量高稳晶体振荡器时，仍受底部的限制，载频为 5 MHz 时，底部噪声小于 −169 dB/Hz。以上这些测量方法虽然具有很高的测量精度，但电路设计复杂而且价格昂贵。直接频谱仪测量法是一种简便、有效并在工程测试中经常用到的测量方法，特别是现在高档的频谱仪一般都具有直接测量单边带相位噪声的功能，一个按键即可解决问题。但是由于受频谱仪自身的噪声、动态范围、滤波器的波形因素等的限制，其测量范围是受限的，一般用于测量相位噪声指标不是很高的频率源的相位噪声，在偏离载波 1 kHz 以上的情况下，其测量结果的可信度比较高；1 kHz 以内可信度较差。该方法一般不能用来测晶体振荡器的相位噪声，且测量结果中不能分离调幅噪声和相位噪声。因此，直接频谱仪测量法虽然操作简单方便，但测量误差很大，而且只适宜测量漂移较小且相位噪声相对较高的信号源，不能用于频谱纯净的源。

3.1.5　传统相位噪声测量方法存在的问题及新相位噪声测量方法的提出

　　目前，传统相位噪声测量系统中普遍采用了水平较高的锁相处理的方法，即被测源把一个同频率的高精密的参考源相位锁定，能够抑制载频的同时又从锁相电压中提取被测源放大了的相位噪声信息[20-21]。为了在宽的频率范围内使得不同的频率信号都能够被测量，这里高精度的频率合成器是必需的。而恰恰这部分不但成倍地提高了测量系统的价格，而且其本身的噪声也对系统的精度造成了影响。为了降低频率合成器给测量系统带来的影响，近年来，国内外一方面从线路上改进，另一方面从算法上进行优化。但是传统的相位噪声测量技术和设备都是采用通常的相位处理的方法或者辅助差拍的方法。无论采用了哪些算法和处理方法，都是建立在同频信号的基础上才能进行相位比对的；对于有频率差别的信号只能通过频率变换等方法进行处理。因此，如果在宽的频率范围要完成测量中所必须的相位比对就必须结合使用高精度的频率合成器，这样不但设备复杂，而且在各变换环节容易引入合成线路的附加误差。针对传统相位噪声测量方法存在的问题，结合群相位量子的基本理论，本章阐述了异频鉴相的基本途径，实现了任意频率信号之间相位的可比性，在此基础上，提出了一种以等效鉴相频率为基础的新型相位噪声测量方法。这样，对于相位噪声测量系统中的锁相环无需频率归一化便可以完成异频信号之间的线性鉴相、锁相；不必借助高精度的频率合成器，就可以组建出基于单一参考源的新型相位噪声测量系统。由于摆脱了传统相位比对和控制中必须频率归一化的复杂变换，使得这种新型相位噪声测量系统变得更加简洁和高精度。新方法不仅简化了电路结构，降低了成本，而且还解决了高精度与窄测量范围之间的矛盾。结合CPLD片上技术，测量系统的稳定性同时也得到了极大提高。为了新相位噪声测量方法研究的进一步发展，本章也提出了用相关算法代替频谱分析仪进而直接得出相位噪声图形的无间隙数字化相位噪声测量方法，使相位噪声测量系统的精度更高、成本更低。

3.2 异频相位噪声测量方法的基本原理

由于 f_1 和 f_2 之间存在着频差，必然引起它们之间相位差的变化，相位差状况的变化规律在最小公倍数周期内不是相邻周期连续的，也不是绝对单调的，其单调性取决于两信号间的频率关系。在 f_1 和 f_2 频率关系固定的情况下，一个最小公倍数周期内的相位差状况呈现线性关系且以等效鉴相频率作为频率，以相位量子作为周期。通常情况下，这种由等效鉴相频率所表现出来的相位比对状况被称为参差鉴相，它是不同频信号之间的一种鉴相，常常也被称为异频鉴相，其鉴相原理在第2章已有详细论述。实现不同频鉴相的电路被称为参差鉴相器或异频鉴相器，其验证性原理电路如图3.3所示。

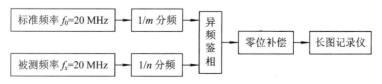

图 3.3 异频鉴相实验电路

由图 3.3 可知，这是一个以异频鉴相原理为基础的线性比相电路。其中 f_0 和 f_x 是具有相同标称频率值（如 20 MHz）的高稳定度标准频率源。两分频器的分频数 m 和 n 是大于零的正整数且 m 和 n 保持互素的关系（这里取 $m=5$ 和 $n=4$）。其输出经过一个适当的零电位补偿后由记录仪记录。只要 m 和 n 的互素关系不变即 f_0 和 f_x 的频率关系不变，鉴相的相对相位变化满周期就会始终等于被比对频率信号的周期值，即等效鉴相频率符合 $f_{equ}=f_x$。图 3.3 中 m 和 n 越大，输出电压就越小。

在相位噪声测量系统中，发挥重要作用的是锁相环，而锁相环最核心的部分是鉴相器[22-24]。所以，采用新的原理对鉴相器和锁相环进行设计是简化电路、降低成本和提高相位噪声测量精度的关键。

3.3　异频相位噪声测量方法的设计

3.3.1　传统锁相环

锁相环是实现相位自动控制的负反馈系统，它使振荡器的相位和频率与输入信号的相位和频率同步。传统的锁相环通常由鉴相器（PD）、环路滤波器（LF）和压控振荡器（VCO）三部分组成[6]，如图 3.4 所示。其中 f_{in} 是参考输入信号；f_{out} 是振荡输出信号；f_A、f_B 是经频率变换后进入鉴相器的同频信号；U_{os} 是 f_A 和 f_B 的鉴相输出电压。

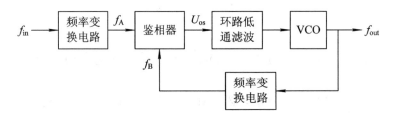

图 3.4　传统锁相环的基本原理

鉴相器把输入信号作为标准，将它的频率和相位与从 VCO 输出端送来的信号进行比较。如果在它的工作范围内检测出任何相位（频率）差，就产生一个误差信号，这个误差信号正比于输入信号和 VCO 输出信号之间的相位差，通常是以交流分量调制的直流电平，由低通滤波器滤除误差信号中的交流分量，产生直流信号去控制 VCO，强制 VCO 朝着减小相位（频率）误差的方向改变其频率，使输入基准信号和 VCO 输出信号之间的任何频率或相位差逐渐减小直至为零，此时环路已被锁定。由此可知，传统的锁相环是通过频率变换将参考信号和 VCO 输出信号转换成相同的频率较低的信号后再进行鉴相的，这样，不但电路结构复杂，而且不易提高锁相精度[25-26]，这是传统锁相环不可避免的缺陷。

锁相环的基本特点是利用外部输入的参考信号控制环路内部振荡信号的频率和

相位，具体控制过程如图 3.5 所示。

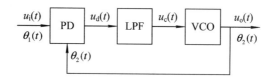

图 3.5　传统锁相环的锁定过程

这里，$u_i(t) = U_i \sin[\omega_i t + \theta_1]$，$u_o(t) = U_o \cos[\omega_o t + \theta_2]$，其部分组成功能如下。

1. PD——鉴相器

鉴相器的作用相当于一个乘法器。它把两个信号 $u_i(t)$ 和 $u_o(t)$ 相乘，所得乘积 $u_d(t)$ 为

$$
\begin{aligned}
u_d(t) &= K_m u_i(t) u_o(t) \\
&= K_m U_i \sin(\omega_i t + \theta_1) U_o \cos(\omega_o t + \theta_2) \\
&= \frac{K_m U_i U_o}{2} \{\sin[(\omega_i + \omega_o)t + \theta_1 + \theta_2] + \sin[(\omega_i - \omega_o)t + \theta_1 - \theta_2]\}
\end{aligned}
$$

$$(3-11)$$

式中，K_m 是与乘法器有关的常数；$K_d = K_m U_i U_o/2$，称为鉴相灵敏度。式(3-11)中右边的一项叫和频项，因其频率高，假设可以被鉴相器的输出低通滤波器滤掉；第二项叫差频项，差频 $\omega_i - \omega_o$ 比鉴相器的输出低通滤波器的截止频率低，没有被滤掉。于是鉴相器的实际输出为

$$
u_d(t) = K_d \sin[(\omega_i - \omega_o)t + \theta_1 - \theta_2]
$$

$$(3-12)$$

如果 $\omega_i = \omega_o$，则

$$
u_d(t) = K_d \sin[\theta_1 - \theta_2] = K_d \sin\theta_e \quad (3-13)
$$

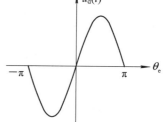

图 3.6　鉴相器的鉴相特性

式中，$\theta_e = \theta_1 - \theta_2$ 是参考信号和振荡信号的初相位差。由此可得到鉴相器的鉴相特性，如图 3.6 所示，它具有正弦的形式。

当 $\theta_e \leqslant 30°$ 时，$\sin\theta_e \approx \theta_e$，于是

$$
u_d(t) = K_d \theta_e \tag{3-14}
$$

从式(3-14)得出结论：当 θ_e 较小时，例如 $\theta_e \leqslant 30°$，鉴相器等效于一个相位减法器，此时鉴相器具有近似线性特性。减法器输出电压的大小表示相位差 θ_e 的大小，输出电压的极性代表 $u_i(t)$ 是超前 $u_o(t)$ 或者是滞后于 $u_o(t)$。这里超前和滞后是指 θ_1 和 θ_2 比较，不考虑正弦和余弦波相差的相位 $\pi/2$。由式(3-14)可知，当 $\theta_e(t)$ 较大（如大于 $30°$）时，鉴相器具有正弦非线性特性。

2. LPF——环路滤波器

环路滤波器是一个比例积分器，分为有源和无源两种。无源滤波器简单，有源滤波器是用直流放大器来改善无源滤波器的性能的。与无源滤波器相比较，它对直流有放大作用，可使滤波器更接近理想比例积分器的性能。

3. VCO——压控振荡器

压控振荡器其实就是一个振荡器,如晶体振荡器、LC振荡器、RC振荡器、多谐振荡器等,只不过振荡频率随输入控制电压的变化而变化。这个控制电压就是环路滤波器的输出电压。如果控制电压为0,则振荡器以静态频率 ω_0 振荡。

由图3.5可知锁相环的具体锁定过程:环路的输入信号 $u_i(t)$,其相位为 $\theta_1(t)=\omega_i t+\theta_1$;压控振荡器的输出信号 $u_o(t)$,其相位为 $\theta_2(t)=\omega_0 t+\theta_2$;鉴相器的输出电压 $u_d(t)$ 是 $u_i(t)$ 与 $u_o(t)$ 的相位差 $\theta_e(t)=\theta_1(t)-\theta_2(t)$ 的函数; $u_d(t)$ 经过低通滤波器取出直流和低频信号 $u_c(t)$;在电压 $u_c(t)$ 的控制下,压控振荡器的频率向输入信号的频率靠拢,直至达到相等,鉴相器输出电压 $u_d(t)$ 恒定不变,此时环路处于稳定状态,称其为锁定状态。

根据锁相环的锁定过程,可把环路的工作分为捕获和跟踪两种状态。当没有输入信号时,VCO以静态频率 ω_0 振荡。如果环路有一个输入信号 $u_i(t)$,开始时输入频率总是不等于VCO的静态振荡频率,即 $\omega_i\neq\omega_0$ 。如果 ω_i 与 ω_0 相差不大,在适当范围内,鉴相器输出一个误差电压,经环路滤波器变换后控制VCO的频率,使其输出频率变化到接近 ω_i ,这叫做频率牵引。经过一段时间的牵引过程,最后使VCO输出频率 ω_0 变到与 ω_i 完全相等,这称为环路的锁定。从信号加入到环路锁定,称为环路的捕获过程。环路锁定后,如果输入相位 $\theta_1(t)$ 有一变化,检相器检出 $\theta_1(t)$ 与 $\theta_2(t)$ 之差,产生一个正比于这个相位差的电压,并反映相位差的极性,经过环路滤波器变换以后去控制VCO的频率,使 $\theta_2(t)$ 改变,减小其与 $\theta_1(t)$ 之差,直到保持 $\omega_i=\omega_0$,这一过程叫做环路的跟踪过程。

当环路锁定后,控制电压把VCO频率的平均值调整到与输入信号频率的平均值完全一样。对于输入信号的一个周期,振荡器仅输出一个周期。锁相并非意味着零相位误差,恒定的相位误差和起伏的相位误差都可能存在于锁相环中。过大的相位误差会导致失锁。

随着国内IC产业的迅速发展,对锁相环的需求也将越来越广泛。因此,对锁相环进行较深入的研究,掌握其设计和分析方法,并完善IP库,为系统设计提供单元模块,是非常有必要的。本章在传统锁相技术的基础上,将等效鉴相频率的概念、相位量子及群相位量子化的理论应用于锁相环的研究中。与传统锁相技术相比,由于不需要频率合成器来保证两路输入信号必须同频,实现了不同频信号之间的鉴相——异频鉴相,其验证电路如图3.3所示。将异频鉴相技术应用于相位噪声测量系统中,可大大简化线路、降低成本和提高精度。

3.3.2　基于等效鉴相频率的异频鉴相处理电路

基于等效鉴相频率的鉴相处理电路如图3.7所示。

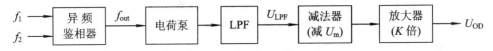

图3.7　基于等效鉴相频率的鉴相处理电路

　　将两个不同频率的信号 $f_1 = Af_{maxc}$、$f_2 = Bf_{maxc}$（这里，A、B 为互素的正整数且 $A > B$，取 $A = 5$，$B = 4$，f_1 上升沿使输出置 1，而 f_2 上升沿使输出清零）送入异频鉴相器，鉴相输出的波形 f_{out} 如图 3.8 所示。

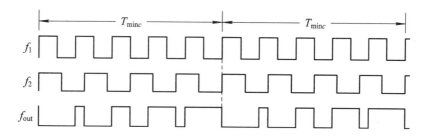

图 3.8　异频鉴相的输出波形

　　图 3.8 给出的是两个不同频率信号等效相位重合时的情况。如果两个信号频率始终准确地保持 $f_1 : f_2 = A : B$，则鉴相输出波形不变。但 $f_1 : f_2$ 往往不能严格保持 $A : B$，即 f_1 和 f_2 之间存在着微差，所以产生相位漂移，使得鉴相输出波形发生变化，其变化周期为它们之间的等效鉴相周期。实验证明鉴相输出经低通滤波后的波形为锯齿波[27]，如图 3.9 所示。

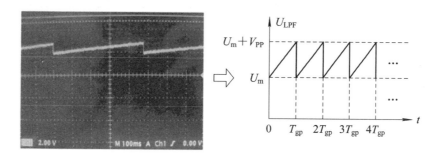

图 3.9　基于脉冲平均法的鉴相低通输出波形

　　由图 3.8 和图 3.9 可知，低通滤波器的输出 U_{LPF} 是对每个 T_{minc} 中的 f_{out} 进行电压平均的结果，即通过脉冲平均法得到的结果；U_m 是当两个频率信号等效相位重合时 U_{LPF} 的最小值；每个 T_{minc} 中含有 B 个正脉冲，而每个正脉冲的脉宽最大变化量为一个相位量子 ΔT，所经历的时间为一个群周期 T_{gp}。所以可以计算出异频鉴相输出时锯齿波的峰峰值为

$$V_{PPD} = V_{PPS} \frac{B\Delta T}{T_{gp}} = V_{PPS} \frac{B\Delta T}{T_{minc}} = V_{PPS} B \frac{\dfrac{1}{f_{equ}}}{\dfrac{1}{f_{maxc}}}$$

$$= V_{PPS} B \frac{\dfrac{1}{ABf_{maxc}}}{f_{maxc}} = V_{PPS} B \frac{1}{AB} = \frac{V_{PPS}}{A} \tag{3-15}$$

式中，V_{PPS} 是图 3.4 中将 f_{in} 和 f_{out} 转换成同频（$f_A = f_B$）后再进行鉴相输出的锯齿波的峰峰值。由于 $A > B$，有 $V_{PPD} = V_{PPS}/A$；同理当 $A < B$ 时，有 $V_{PPD} = V_{PPS}/B$。如图

3.7 所示,将 U_{LPF} 减去 U_m,再放大 K 倍($K = \max[A, B]$),则其最终输出电压 U_{OD} 的峰峰值 V'_{PPD} 与将异频信号转换成同频后再鉴相的输出电压 U_{OS} 的峰峰值相同,即 $V'_{PPD} = V_{PPS}$。这样,异频鉴相输出电压 U_{OD} 就相当于两个频率为 f_{equ} 的信号进行同频鉴相时的输出。

相位噪声测量系统的测量精度主要取决于锁相环的锁相精度,而锁相环的锁相精度由鉴相器的鉴相灵敏度来决定。所谓鉴相灵敏度[28],是指单位相位差所对应的鉴相输出电压,一般用 S 表示。假设两频率信号 $f_1 = 5$ MHz、$f_2 = 4$ MHz,其 $V_{PPS} = 10$ V,则可算出 $f_{maxc} = 1$ MHz,$A = 5$,$B = 4$,$T_{gp} = 1000$ ns,$\Delta T = 50$ ns,$U_m = 5$ V,$V_{PPD} = 2$ V,$V'_{PPD} = 10$ V。若 f_1 与 f_2 直接进行异频鉴相,其鉴相灵敏度 $S_D = V'_{PPD}/\Delta T = 0.2$ V/ns;如果将它们转换成最大公因子频率 f_{maxc} 之后再鉴相,其鉴相灵敏度 $S_S = V_{PPD}/T_{gp} = 0.01$ ns/V。则有

$$\frac{S_D}{S_S} = \frac{V'_{PPD}}{T_{equ}} \Big/ \frac{V_{PPD}}{T_{minc}} = \frac{T_{minc}}{T_{equ}} = AB \tag{3-16}$$

3.3.3 基于等效鉴相频率的锁相处理电路

由 3.3.1 小节关于传统锁相环的论述可知,输入鉴相器的两路信号必须是同频信号,所以信号首先必须经过复杂的频率变换线路或利用高精度频率合成器将其变换成相同的低频信号[29-31]。这无疑增加了线路的复杂度和成本,而且不易提高锁相精度。与传统锁相环不同,基于等效鉴相频率的锁相环,鉴相器的两个输入信号是异频的,可以实现异频信号之间的锁相,突破了传统锁相环必须同频鉴相的限制,如图 3.10 所示。

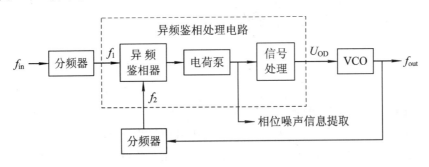

图 3.10 基于等效鉴相频率的锁相环

基于等效鉴相频率的锁相环与传统的锁相环最大的区别在于输入鉴相器的两个信号是不同频的。图 3.10 中的 f_1、f_2 分别是输入信号 f_{in} 和输出信号 f_{out} 经过适当分频得到的(其中 $f_1 = A f_{maxc}$,$f_2 = B f_{maxc}$)。用鉴相处理电路的输出电压 U_{OD} 控制 VCO 的压控端,产生负反馈,从而锁定 f_{out}。由式(3-16)可知,异频鉴相的灵敏度是转换成同频后鉴相的 AB 倍。由异频鉴相器所构成的锁相环即异频锁相环的锁相精度较传统锁相环也提高了 AB 倍。采用脉冲平均的方法,虽然鉴相灵敏度及锁相精度提高了很多,但同时也带来了新的问题:

（1）虽然 AB 的值越大，鉴相灵敏度越高，锁相精度越高，但鉴相器线性度受损，同时也会减小锁相环的跟踪范围和 U_{LPF} 的峰峰值。如果 U_{LPF} 的峰峰值太小，它的放大就有困难，并且放大器的放大倍数越大，引入的噪声也越大。因此，为了充分发挥异频鉴相锁相环的优势，必需合理选择两个分频器的分频值。大量实验表明，两分频器的分频值使等效鉴相频率在 5 MHz 左右效果较好。另外，为了增大锁相环的跟踪范围并使异频鉴相器保持良好的线性度，应使 f_{in} 和 f_{out} 锁定后的等效相位处于正交状态，即当这两个信号发生等效相位重合时，将它们的初始相位进行 $\Delta T/2$ 的移动，此时两异频信号处于等效相位正交状态。

　　（2）因为低通滤波器输出的起始电压不为 0 V，而且随着 f_1 和 f_2 频率关系的复杂变化，必需引入电压相减器。但作为相减器的输入的参考电压是不可能很稳定的（一般只能到 $10^{-6}/s$ 量级），从而影响了最终的鉴相和锁定精度。这是采用脉冲平均的方法不可避免的缺陷[32-34]。针对这一问题，可对锁相环的鉴相结果采用脉冲取样的方法进行改善。改善后的的鉴相处理电路如图 3.11 所示。

图 3.11　基于脉冲取样法的异频鉴相处理电路

　　事实上，由于外界的各种干扰，异频信号 f_1 和 f_2 并不能严格地保持 $A:B$，一个最小公倍数周期内相位状况如图 2.19 所示，脉冲取样的方法更符合实际信号比对和处理的情况，它是建立在群相位量子理论基础之上的。关于脉冲取样的原理已在第 2 章中有详细论述。对取样后的脉冲进行滤波处理的结果如图 3.12 所示。在一个 T_{gp} 内，群相位量子变化量为一个相位量子 ΔT，对应的相位噪声电压的最大值为 V_{PP}。

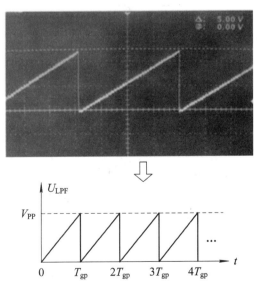

图 3.12　基于脉冲取样法的鉴相低通输出波形

从图 3.9 和图 3.12 中可看出，脉冲平均后锯齿波的周期为 T_{minc}，而脉冲取样后锯齿波的周期为 $T_{\mathrm{gp}} = BT_{\mathrm{minc}}$（其中 $A > B$；若 $A < B$，则周期为 $T_{\mathrm{gp}} = AT_{\mathrm{minc}}$），它们的幅值是相等的。从理论上看，脉冲取样的方法使鉴相精度减小为不取样的 $1/B$，但是鉴相输出的电压是从 0 V 开始的。相反，脉冲平均法虽然灵敏度度高，但是其起始电压不为 0 V，而且相减器的输入参考电压的不稳定性最终会影响鉴相和锁定的精度。由于脉冲取样的方法鉴相输出的电压是从 0 V 开始的，只需对其进行低噪放大，无需使用电压相减电路，从而避免了参考电压的影响，可以大大提高鉴相和锁定的精度。

3.3.4　基于群相位量子化处理的新型相位噪声测量系统设计

由图 3.10 可知，当电路处于锁定状态后，电荷泵输出端波形占空比的扰动就代表着相位噪声信息。要将其提取出来，首先要低通滤波，然后隔离掉其中的直流成分，再将交流信号差分放大到合适的电压幅度，然后送至频谱分析仪进行频谱分析，利用一定的算法得到相位噪声的具体指标[35-39]（主要是 $\mathcal{L}(f)$、$S_\varphi(f)$、$S_v(f)$ 和 $S_y(f_m)$），具体设计方案如图 3.13 所示。

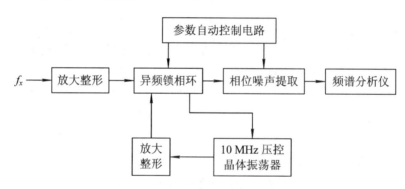

图 3.13　新型相位噪声测量系统方案

这里，异频锁相环就是图 3.10 中的基于等效鉴相频率的锁相环，它是异频相位噪声测量系统的核心，f_x 为被测信号。下面就系统的组成及功能做以简要说明。

1. 电荷泵

基于等效鉴相频率的相位噪声测量系统是在对参差鉴相器输出信号积分的基础上提取相位噪声信息的，所以对信号电平的稳定性要求很高。由于参差鉴相器和其它电路模块共用一个电源，其它模块工作时所产生的噪声会叠加在电源上，使得参差鉴相器的电源电压存在随机扰动[40-41]。虽然这样的扰动不会影响参差鉴相器的输出逻辑状态，但是会影响输出的逻辑电平值，从而使后续低通滤波器的输出电压值受到干扰。这样会直接影响最终相位噪声指标的测量结果。为了能够抑制这种干扰，系统在设计时使用了电荷泵。电荷泵主要是用来改善由参差鉴相器输出的信号的质量。其工作原理为：当输入信号电平大于某一值时，其输出为电压稳定高电平；当输入信号低于某一值时，其输出为电压稳定的低电平。在本系统中，当参差鉴相器的上升沿出现时,从其输出上升至某一电平值,到达平稳的高电平的时间内,经过电荷泵的整形,其输出总为平稳的高电平。经整形后的信号,其正脉冲的宽度才能有效地反应两个信号相位差的信息。对电荷泵输出信号积分,可以消除其它电路模块的干扰和由于器件本身的特性所引起的上升沿过冲太大的影响。

2.相位噪声信息的提取

先将电荷泵模块输出的方波信号用一截止频率较高的低通滤波器进行低通滤波,然后用一个组容网络实现将单路信号转换为差分输出的信号,差分信号进行差分放大,再将放大输出的差分信号转换成单端输出。由于电荷泵模块输出经低通后得到的相位噪声信息非常小,都是毫伏量级甚至更低,所以要进行 1000 倍以上的放大,才能符合后续的测量要求。进行如此大倍数的电压放大,如果选用一般的单端输入单端输出的方法进行放大,会由于电路本身的噪声,使放大结果失真严重。因此,此处使用差分放大,差分放大可以很好地抑制电路共模噪声的干扰,只对差模信号有放大作用。由于要求相位噪声的测量频带宽度在 100 kHz 以上,因此要求电路中使用的运算放大器要有很高的截止频率,故在本系统中选用了 OP27 高精度低噪声的运算放大器。最终,由此模块将提取出的相位噪声信息送至频谱仪进行频谱分析,利用一定的算法得到相位噪声的具体指标。

3.系统自动测量控制

在基于等效鉴相频率的相位噪声测量系统中,只需一个高指标的参考源,就可以完成对频率不同的源进行相位噪声的测量[42-46]。但在进行鉴相之前,必需对分频器进行分频值的选择。分频器的引入对等效鉴相的信号经低通后输出电压值的影响是由选定的分频值所决定的。基于这种情况,为了使不同频相噪测量简单易行,系统加入了智能控制部分,采用单片机对系统参数设置进行控制以实现测量过程的自动化。在本系统中要进行自动控制的参数主要有两个分频器的分频值、电压相减器的 U_m、锁相环路中放大器的放大倍数 K、相位噪声提取电路中的差分放大器的放大倍数 K_N。系统自动测量控制方案如图 3.14 所示。

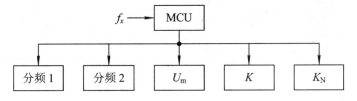

图 3.14　系统自动测量控制方案

3.4　实验结果及分析

3.4.1　实验原理

异频相位噪声测量系统主要在 CPLD 中完成,目前已做出样机,结合数字示波器可以实现对相位噪声指标的定性测量。具体实验中，参考频率源采用 10 MHz 高稳定度压控晶体振荡器 OCXO，用以锁定基于等效鉴相频率的锁相环即异频锁相环。利用 HP8662A 产生具有代表性频点如 10 MHz、12.8 MHz、16.384 MHz、38.88 MHz 的频率信号作为相位噪声测量系统的待测信号。将相位噪声提取电路的输出接到数字示波器 TDS3032B 上，进行频谱分析，实验原理框图如图 3.15 所示。

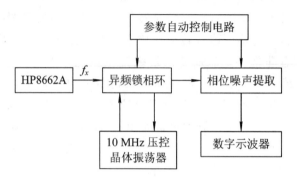

图 3.15　异频相位噪声测量系统实验原理框图

3.4.2　实验结果

1. 被测频率 $f_x = 10$ MHz

图 3.16 为被测信号为 10 MHz 时相位噪声测量的情况。图 3.16(a) 为锁定前鉴相输出的锯齿波，图 3.16(b) 为锁定后所提取的相位噪声的波形。

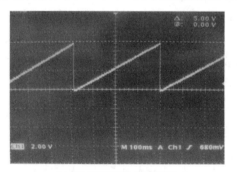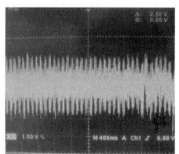

（a）异频鉴相输出锯齿波　　　　（b）所提取的相位噪声波形

图 3.16　异频鉴相输出锯齿波和所提取的相位噪声波形

根据图 3.16 的测量情况，对锁定后的相位噪声信号进行频谱分析，得到图 3.17 所示的波形。

用 PN9000 相位噪声系统对 $f_x = 10$ MHz 信号进行测量，结果如图 3.18 所示。

在图 3.18 中能够定性的看出锁定后所提取出的相位噪声的波形，与图 3.17(a) 相比，用 PN9000 系统对同一被测信号的测量结果在整体上相符。图 3.17(b) 对其频谱在低频段上展开后可以观察到各频率分量的幅度趋势，也与 PN9000 系统测量结果相符。

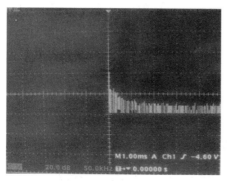

(a) 相位噪声频域波形

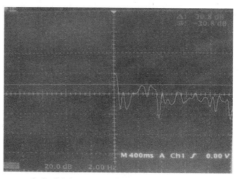

(b) 在低频段展开后的相位噪声频域波形

图 3.17　相位噪声频域波形

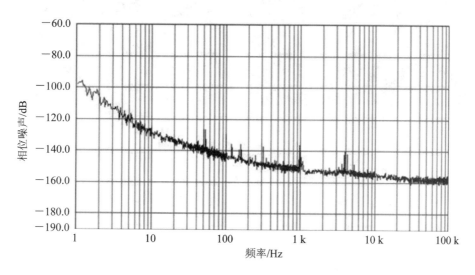

图 3.18　PN9000 相噪测量系统的测量结果

2. 被测频率 $f_x = 12.8$ MHz

图 3.19 为被测信号为 12.8 MHz 与 10 MHz 参考源锁定后，提取出的相位噪声信息的时域波形和该信号经过频谱分析后得到的频域波形图。

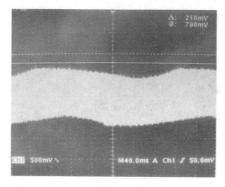

(a) 时域波形

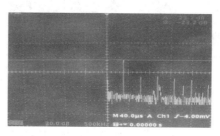

(b) 频域波形

图 3.19　时域和频域波形（被测信号为 12.8 MHz 与 10 MHz）

从图 3.19 可以看出，时域的波形与正确的相位噪声的时域波形很相似，但是从频域上观察，可以发现有 400 kHz 的干扰，除了 400 kHz 及其谐波处的频谱不正确外，其它频率处的频谱图与实际的相位噪声图相符。但仔细观察会发现，除了 400 kHz 及其谐波处的频谱不正确外，其它频率处的频谱图与实际的相位噪声图相符，可见当最大公因子频率较高时，本系统可以实现相位噪声的测量。

3. 被测频率 $f_x = 38.88$ MHz

图 3.20 为被测信号为 38.88 MHz 与 10 MHz 参考源锁定后，提取出的相位噪声信息的时域波形图和该信号经过频谱分析后得到的频域波形图。

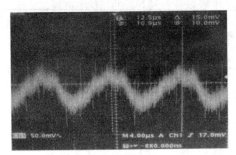 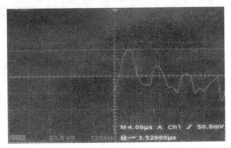

(a) 时域波形　　　　　　　　　　　　　(b) 频域波形

图 3.20　时域和频域波形（被测信号为 38.88 MHz 与 10 MHz）

同样地，这里 38.88 MHz 与 10 MHz 的信号，其最大公因子频率为 80 kHz。由实验结果可以看到 80 kHz 的波形。低通滤波器截止频率为 100 kHz，无法将该频率分量全部滤除。80 kHz 的波形影响了相位噪声的输出，使得测量结果不能完全反映相位噪声的波形。

4. 被测频率 $f_x = 16.384$ MHz

如图 3.21 所示为被测信号为 16.384 MHz 与 10 MHz 参考源锁定后，提取出的相位噪声信息的时域波形及该信号经过频谱分析得到的频域波形。

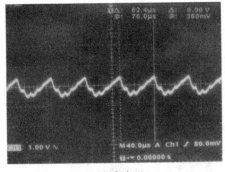 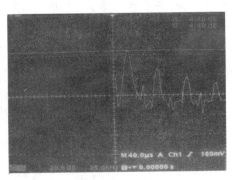

(a) 时域波形　　　　　　　　　　　　　(b) 频域波形

图 3.21　时域和频域波形（被测信号为 16.384 MHz 与 10 MHz）

从图 3.21 中可以看出，存在最大公因子频率 16 kHz 的干扰。10 MHz 与 16.384 MHz

的最大公因子频率是 16 kHz，低通滤波器截止频率为 100 kHz，无法将该频率分量滤除。16 kHz 的波形严重影响了相位噪声的输出，使得测量结果不能反应相位噪声的波形。

3.4.3　误差分析

被测频率信号为 $f_x = 10$ MHz 和 $f_x = 12.8$ MHz 的测量结果与 PN9000 实际测量情况基本相符，而被测频率信号 $f_x = 38.88$ MHz 和 $f_x = 16.384$ MHz 的测量结果却与 PN9000 所测相位噪声情况有很大的误差，分析其原因主要是最大公因子频率的干扰。大量实验证明，最大公因子频率较高时，对相位噪声信号的影响较小；最大公因子频率较低时对相位噪声信号的干扰比较严重。这主要是因为在相位噪声提取电路中使用了一个低通滤波器，在不同频鉴相时，两频率信号之间的最大公因子频率可能比较低，很容易落在低通滤波器的截止频率范围内。这样，在进行低通滤波时，原本表征相位噪声的正脉冲宽度经过低通取平均后，引入了最大公因子频率的影响，使得低通滤波器的输出信号在锁定后不再是在一个平稳电平上的噪声起伏，而变成了附加在最大公因子频率信号上的噪声起伏。最大公因子频率越低，这种趋势越明显，相比之下使得相位噪声的起伏对输出的影响十分微弱，测量起来非常困难。以 $f_1 = 800$ kHz 和 $f_2 = 500$ kHz 为例，它们的最大公因子频率为 $f_{maxc} = 100$ kHz，鉴相输出波形 f_{out} 以最小公倍数周期 T_{minc} 为周期。对鉴相输出进行低通滤波的波形取决于低通滤波器的截止频率，如图 3.22 所示。

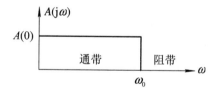

图 3.22　理想低通滤波器频率响应

如果最大公因子频率落在阻带上（即 $f_{maxc} \gg 2\pi\omega_0$），则对相位噪声的提取没有影响，但如果落在通带上（即 $f_{maxc} < 2\pi\omega_0$），就有非常严重的影响。如图 3.23 所示，红色的曲线是 $f_{maxc} < 2\pi\omega_0$ 时鉴相低通输出的结果，经过测量此输出波形扰动的幅度是百毫伏量级，而附加在其上的相位噪声电压的幅度仅为它的 1/100 甚至 1/1000，所以相位噪声信息被最大公因子频率的干扰覆盖了，无法正常测量。因此，必须采用合理的措施排除最大公因子频率的干扰，才能得到有效携带相噪信息的输出信号。

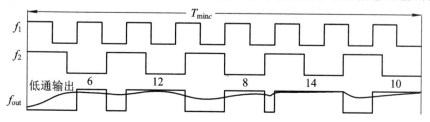

图 3.23　鉴相低通输出结果

3.4.4　系统完善

传统相位噪声测量系统的锁相环使用是松锁相，所以无法抑制最大公因子频率的干扰[24-29]。本相位噪声测量系统的锁相环是基于等效鉴相原理的，采用的是紧锁相，可以将低通滤波器的截止频率 ω_0 降得很低，在锁定的过程中可以避免最大公因子频率的干扰，但这会把高于 ω_0 的频率信号抑制掉，而相位噪声指标要求的测量频带为 0.1 Hz～1 MHz，这样就会产生矛盾。因此，必需寻求一种合理的解决方案，既要消除最大公因子频率影响同时又不会影响测量范围，这就需要在所要求的测量频带内进行分段处理。经过大量实验，系统引入了一组带通滤波器，这些滤波器各有自己的通带，并且它们的通带能够组合起来覆盖所要求的测量范围。将相位噪声指标分段处理，既可以最大程度地避免最大公因子频率落在滤波器的带宽范围内，又可以增大测量范围，有效地抑制了最大公因子频率带来的影响，从而实现了相位噪声的高精度测量。系统引入带通滤波器组后的相位噪声提取电路如图 3.24 所示。

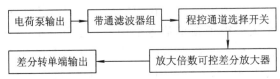

图 3.24　引入带通滤波器组后的相位噪声提取电路

引入带通滤波器后，各带通滤波器通带的分布如图 3.25 所示。带通滤波器组将电荷泵输出的信号从频域上进行分段滤波处理，图 3.25 中的七个带通滤波器分别负责各个频段的滤波。通过"程控通道选择开关"选择各个频段的信号进行放大分析，最后将各个频段所得到的频谱进行叠加，就得到了相位噪声图。显然，对于某个频段的测量，如果最大公因子频率及其谐波不落在该频段内，那么对落在这个频段上的相位噪声的测量结果无影响，但当最大公因子频率及其谐波落在该频段内时，这个频段上相位噪声的测量结果将受到严重的影响[30-38]。因此，为了最大程度地避免最大公因子频率对最终的相位噪声测量结果的影响，要做出尽量多的带通滤波器，并且其频率响应的过渡带越短越好。

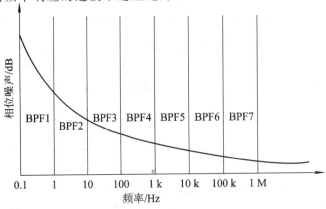

图 3.25　各个带通滤波器通带的分布

3.5　异频相位噪声测量方法的关键技术问题

3.5.1　分频控制问题

对分频的控制，可以通过计算机的软件部分计算出合理的值，然后由控制器控制分频器完成。为此，需要制定等效鉴相频率大小的原则和合理的分频取值方法，这里，更需要能够普遍适用于不同输入频率信号完成合理分频的计算软件。当参考源被相位锁定后，输出的锁定电压能够保证锁定参考振荡器在固定的相位上。此时锁定电压在直流上是基本固定的。被测信号的噪声可以反映在其交流分量中。

3.5.2　噪声底面问题

先前将基于等效鉴相频率及群相位量子化的方法应用于时域的频率稳定度分析中，在秒级稳定度测量中得到了 10^{-12} s 的测量分辨率。因此，关于这种方法的噪声底面问题，满足 -170 dB 的本底噪声是完全可能的。但是，处理过程和线路的低噪声是必需的，对于信号整形的触发噪声、参考源的锁定等都有很大的关系。另外，对最后数据的处理和算法进行优化设计，并除去因为分频等原因产生的误差。经过一系列合适的处理，传统仪器的 -170 dB 的本底噪声是完全能够保证的。

3.5.3　等效鉴相频率和远端噪声的保持问题

关于等效鉴相频率和远端噪声的保持问题，由于本章所提方案是宽带的，所以并不影响对被测信号远端噪声的反映。等效鉴相频率的周期即群相位量子变化的最大值决定了比对的满周期，在技术上要考虑的是在鉴相过程中信号实际上工作在其间的最大公因子频率下。因此，频率较低的最大公因子频率会对鉴相电压形成干扰。为此，窄带滤波和必要的微分处理以及软件处理是很必要的。

3.5.4　关键技术实验验证问题

对异频相位噪声测量系统的关键部分——基于等效鉴相频率的锁相环进行测试[39-46]。本方案使用高稳定度的 5 MHz、12.8 MHz、16.384 MHz 和 38.88 MHz 信号，分别作为相位噪声设备中异频锁相环的参考信号，对设备中基准为 10 MHz 的压控 OCXO 进行锁定，锁定前 10 MHz 的压控 OCXO 的秒级稳定度为 3.7×10^{-11}/s。锁定后 10 MHz 的压控 OCXO 的秒级稳定度如表 3.1 所示。

表 3.1　基于等效鉴相频率的锁相环测试结果

输入的参考信号/MHz	5	12.8	16.384	38.88
输出的秒级稳定度/s^{-1}	5.1×10^{-12}	5.3×10^{-12}	6.0×10^{-12}	5.6×10^{-12}

　　表 3.1 中的数据表明，锁定后该 10 MHz 的晶体振荡器的秒级稳定度都进入了 $10^{-12}/s$ 量级。可以看出，基于等效鉴相频率的锁相环使被锁定的振荡器的指标都得到了很大的提高。如果再进一步降低电子线路的噪声，选用更为高速的器件，并允许两信号在更高的等效鉴相频率下进行重合点检测，可以获得更高的指标，使输出信号的指标更接近输入参考信号的指标。

3.6　异频相位噪声测量方法的进一步研究

　　由 3.5 节分析可知，在基于等效鉴相频率的异频相位噪声测量系统中，对异频鉴相信号的处理主要采用了脉冲平均及脉冲取样的方法。信号经环路滤波后，对相位噪声测量结果造成严重影响（主要是来自于最大公因子频率的干扰）。虽然可以通过降低滤波器截止频率的方法来改善相位噪声测量的结果，但终究不能从根本上解决这方面的技术问题——低的最大公因子频率对相位噪声测量结果的影响。针对异频相位噪声测量中存在的问题，结合等效鉴相频率、群周期及群相位量子的基本理论，在异频相位噪声测量原理的基础上，提出了一种无间隙数字化相位噪声测量新方法。该方法主要包括相位重合点检测和无间隙门时测量两部分，其主要原理是基于异频信号之间以变化着的最小公倍数周期表现的相位差变化的周期性特征实现相噪测量。根据参考信号经过合适倍频及简单合成变换后与被测信号的频率进行相位重合点检测，通过对重合点之间的时间进行无间隙门时测量，由两相邻重合点之间相位起伏的变化来反映相位噪声的变化，用计算机数据处理和相关算法来计算相位噪声，实现数字化高精度测量。无间隙数字化相位噪声测量方法较传统的锁相处理方法具有电路简单、精度高、可以对异频信号直接进行相位重合点检测等特点，进而实现以异频信号相位重合点的无间隙门时测量取代传统的模拟化处理和同频鉴相、锁相，测量原理如图 3.26 所示。图中，A、B、C 为群相位重合点；f_{out} 为鉴相输出波形；ΔT_{gpd} 为群相位差的变化量即群相位量子；ΔT 为群相位量子的最大值即相位量子。

　　由图 3.26 可知，基于等效鉴相频率的无间隙数字化相位噪声测量方法在原理上要明显比国外传统的相位噪声测量方法更简单。参考信号不一定和被测信号频率相同也能够完成对不同被测信号源信号的抑制载频和噪声测量。同样，通过对参考信号的控制电压的频谱分析，可以得到被测信号的相位噪声结果。参考信号的控制电压的产生利用了信号之间的等效鉴相频率的原理，其中这两个比对信号分别为 $f_1=Af_{maxc}$、$f_2=Bf_{maxc}$，A 和 B 是两个互素的正整数，f_{maxc} 就是它们之间的最大公

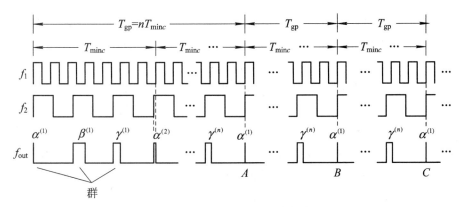

(a) 无间隙数字化相噪测量鉴相波形

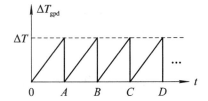

(b) 无间隙相噪测量中群相位量子的变化波形

图 3.26　异频相位噪声测量原理

因子频率。这是高线性度的鉴相技术，它解决了任意频率信号不经合成和变换就可以完成相互相位比对的问题，可以完全取代传统设备中必须使用的频率合成器，不但降低了成本，简化了电路结构，而且更有利于精度的进一步提高。该测量方法的具体实施方案主要有异频群相位重合点检测、无间隙测量、PC 机、控制器、倍频及频率变换和结果显示六部分构成，如图 3.27 所示。

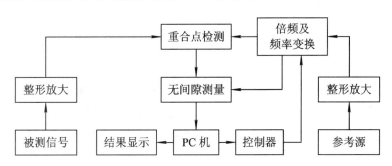

图 3.27　无间隙数字化相位噪声测量方案

由图 3.27 可知，参考源是能在一定范围内可调的低相位噪声的频率较高的信号，在小信号下整形后（减小触发误差），根据频率关系经倍频及频率变换再输入到异频群相位重合点检测电路进行群相位重合点检测。群相位差的平均变化严格反映了信号间除原来信号标称值关系基础上的附加频差（其中含有噪声的影响）。由于周期信号群之间频率关系的不固定性即它们之间存在着频差和噪声引起的起伏，这种由群相移引起的邻近相位重合点之间的变化值就构成了一个等效的相位比对周期或一个相位量子，其倒数就是对应的等效鉴相频率。它的应用解决了任意频率信号不经合成和变换就可以完成相互相位比对的问题。倍频及频率变换的目的是为了调整等效鉴相频率来保证重合点检测达到最优化，增加重合点出现的机率，从而保证优良的相位重合的捕捉范围和相位比对的分辨率。因此，对于相位重合状态的检测分辨率要求是很高的。针对不同的输入信号频率，要通过控制器的计算处理来控制参考源信号的倍频变换等。无间隙门时测量通过对重合点之间的时间的无间隙计数，两相邻重合点之间计数值的变化或相位起伏的变化反映了相位噪声的变化，最后由计算机数据处理和离散傅立叶变换算法来计算单边带相位噪声。频率稳定度和相位噪声测试结果可以同时得到，但算法不一样。

　　基于等效鉴相频率的无间隙数字化相位噪声测量方案，虽然克服了异频相位噪声测量中信号处理方法的不足，但也存在一些技术难题。

　　1. 高频相位重合点的检测问题

　　在实际的测量中，由于存在虚假相位重合点的误捕捉，测量精度会大大地降低。主要是发生理想群相位重合的时间较长，由于系统本身受电路相位噪声的干扰，出现虚假的重合点的机率也随之增加。还有就是标频 f_0 和被测 f_x 的最小量化相移分辨率非常小，常常只有几十个飞秒，远远超出了现有的任何一种器件的分辨率，所以捕捉到的相位重合点不是一个而是一簇。在重合点附近存在虚假的相位重合点，不能保证每次都捕捉到最佳的群相位重合点，所以需要增加误检出的判断，以达到高精度的目的。同时，绝对分辨率的提高也是必需的，要求利用信号间的频率关系和线路的稳定性(而不是分辨率)实现 100 飞秒的分辨率。

　　2. 算法问题

　　算法的应用，根据测出的相位关系，用离散傅立叶变换算出相应的单边带相位噪声，要保证高精度，算法难度大。

　　3. 等效鉴相频率和对远端噪声的保持问题

　　和异频相位噪声测量方案一样，数字化无间隙相位噪声测量方案也是宽带的，也不影响对被测信号远端噪声的反应。等效鉴相频率的周期决定了比对的满周期，在技术上要考虑的是在鉴相过程中信号实际上工作在其间的最大公因子频率。为避免低的最大公因子频率对测量响应时间的影响，高的参考频率及高速重合检测是必需的。

3.7　本　章　小　结

　　根据信号间的频率关系及群相位差周期性变化的规律性，提出了一种基于异频相位处理的相位噪声测量方法。将异频鉴相原理应用于相位噪声测量系统中，这在相位噪声测量领域是一个新的突破，它不再是单纯依靠线路上的改进来提高测量精度，而是利用自然界中周期性信号相互间的固有关系及变化规律，把这些关系和规律应用于相位噪声测量中，不必使它们频率相同也可完成相互间的线性相位比对，进而在抑制载频的情况下提取被测信号的噪声信息。在此基础上，作为异频相位噪声测量方法的进一步研究，提出了基于群相位量子的无间隙数字化相位噪声测量方案，初步实验证明该方案具有一定的科学性和先进性。总之，基于异频相位处理的相噪测量方法实现了以下几个方面的创新：

（1）等效鉴相频率的基本理论实现了不同频率信号之间的相位比对和控制。传统相位噪声测量技术在测量时参考源必需和被测源的频率一样，使测量很不方便，并且设备的造价很高。引入等效鉴相频率的基本理论后，利用频率信号之间周期性相位差变化的规律，不必使得它们频率相同就可以完成相互间的线性相位比对。进而在抑制载频的情况下提取被测信号的噪声信息。所设计的方案可以用一个参考源完成任意频率信号的相位噪声测量，且该参考源必须满足低的相位噪声和高的频率稳定度指标以及宽的压控范围。这个原理尤其可以更灵活地改造锁相技术和线路，有更广泛的应用价值。

（2）群相位量子化的基本理论把相位比对和控制的思想推广到了任意频率信号间。频率标称值不同的信号之间通常相互连续的相位差变化是很难发现它们的规律性的。此时通过以信号之间的最小公倍数周期 T_{minc} 为周期所表现出来的相位变化状况发现，以一个 T_{minc} 内的若干个相位差为一群，群内绝不会出现完全相同的信号间的相位差状况。但是严格按照 T_{minc} 为间隔来看，当两个信号频率关系固定、没有进一步的相对频率变化时，这种间隔前后对应的相位差值是完全一样的。以前后两个 T_{minc} 为群，这样各群对应的周期之间以 T_{minc} 为间隔的所有相位差值都有严格的对应关系。这样的思路如果能够推广到具有任意频率关系的信号之间，一方面信号之间的比对精度将大大提高，另一方面在频率控制的诸多方面由于许多复杂的频率变换及合成是没有必要的。因此，能够把原来复杂的线路和系统变得更加简洁，大量的测量、控制和变换系统的构成将发生明显的变化。引入群相位差及群相位量子的基本理论后对于任意频率信号间的相位处理就有了依据，传统的相同频率标称值间的相位处理技术也就可以被方便地搬用到任意频率信号间。

（3）数字化相位处理的方法使得复杂信号之间的比对更加简单和有效。基于异频相位处理的相位噪声测量系统的设计方案在本质上采用的是数字化处理的途径。信号间的最大公因子频率和等效鉴相频率等与信号的调理的适应性处理，需要数字化的分别分频处理来满足合理的相位比对等效鉴相频率。这相比于频率合成处理的途径更简洁，大大简化了相噪测量设备的成本和复杂性。

（4）群相位量子化的基本理论的应用带来设备结构的重大创新。在传统的单边带相位噪声测量中，频率合成器是其核心构件，而频率合成器结构复杂，且对结构中的其它部件要求的技术指标很高。而基于异频相位处理的相位噪声测量方法由于不需要采用频率合成的方法来进行相位噪声的测量，因此，测量设备的复杂性大大降低，同时测量设备的本底噪声也减小了，大大降低了使用和维护的难度。

（5）群相位量子的基本理论创新的同时保证了测量的精度。在基于等效鉴频率的相位噪声测量中，由于信号被调理到 5 MHz 附近的等效鉴相频率下进行处理，异频重合点检测仅仅针对较窄的几个兆赫兹的频率范围。而传统相位噪声测量中的关键线路——鉴相器，必须工作在几兆赫兹到几千兆赫兹的相当宽的频率范围内，因此会产生相当大的测量误差。

因此，基于异频相位处理的相位噪声测量方法是一种不同于已有技术途径的新的测量方法，与传统的相位噪声测量方法相比，具有更好的稳定性和更高的测量精度。它将有可能成为新一代相位噪声测量仪器的技术基础，因而对具有高精度的现代相位噪声测量技术的进一步发展具有十分重要的理论和现实意义。

基于群相位量子化处理的频率测量方法研究

4.1　概　　述

用于频率测量的方法有很多，频率测量的准确度主要取决于所测量的频率范围以及被测对象的特点。而测量所能达到的精度，不仅仅取决于作为标准器使用的频率源的精度，也取决于所使用的测量设备和测量方法。

4.1.1　常见的频率测量方法

1. 直接测频法

直接测频法即脉冲填充法[47-49]，它是最简单的频率测量方法。其主要测量原理是在给定的闸门信号中填入脉冲，通过必要的计数线路，得到填充脉冲的个数，从而算出待测信号的频率或周期，如图 4.1 所示。

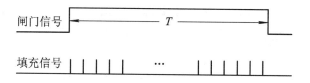

图 4.1　脉冲填充法基本原理

根据图 4.1 的测量原理，在具体的测量过程中，依据被测信号频率高低的不同，可将该测量方法分为以下两种情况。

1）被测信号频率较高时的情况

在这种情况下，通常选用一个频率较低的标频信号作为闸门信号，而将被测信号作为填充脉冲，在固定闸门时间内对其计数。设闸门宽度为 T，计数值为 N，则被测频率 f_x 为

$$f_x = \frac{N}{T} \tag{4-1}$$

在这种测量方法中，测量误差取决于闸门时间 T 和计数值 N 是否准确，根据

误差合成方法，可得

$$\frac{\Delta f_x}{f_x} = \frac{\Delta N}{N} - \frac{\Delta T}{T} \tag{4-2}$$

式中，$\Delta N/N$ 称为量化误差，这是数字化仪器所特有的误差。在测频时，闸门的开启时刻与计数脉冲之间的时间关系是不相关的。这样，在相同的主闸门开启时间内，计数器所得的数并不一定相同，这就产生了量化误差。当主闸门开启时间 T 接近甚至等于被测信号周期的整数倍时，量化误差为最大，最大量化误差为 $\Delta N = \pm 1$ 个数。因此，最大量化误差的相对值可以写成

$$\frac{\Delta N}{N} = \frac{\pm 1}{N} = \pm \frac{1}{T f_x} \tag{4-3}$$

而 $\Delta T/T$ 是闸门时间的相对误差，它取决于标准频率 f_0 的频率准确度。所以，闸门时间的准确度在数值上等于标准频率的准确度，即

$$\frac{\Delta T}{T} = -\frac{\Delta f_0}{f_0} \tag{4-4}$$

式中，负号表示由 Δf_0 引起的闸门时间的误差为 $-\Delta T$。

通常，对标准频率的准确度 $\Delta f_0/f_0$ 的要求是根据所要求的测频准确度而提出来的。因此，为了使标准频率误差不对测量结果产生影响，标准频率的准确度应高于 1 个数量级为好。

因此，总误差可以采用分项误差绝对值线性相加来表示，即

$$\frac{\Delta f_x}{f_x} = \pm \left(\frac{1}{T f_x} + \frac{|\Delta f_0|}{|f_0|} \right) \tag{4-5}$$

由此可知，在 f_x 一定时，闸门时间 T 选的越长，测量准确度越高；当 T 选定后，f_x 越高，则 ± 1 个字计数误差对测量结果的影响就越小，测量准确度就越高。

2）被测信号频率较低时的情况

在这种情况下，通常选用被测信号作为闸门信号，而将频率较高的标频信号作为填充脉冲，进行计数。设计数值为 N，标频信号的频率为 f_0，周期为 T_0。则这种方法的频率测量值为

$$f_x = \frac{1}{N T_0} \tag{4-6}$$

误差主要为对标频信号计数产生的 ± 1 个字计数误差，在忽略标准频率信号自身误差的情况下，测量精度为

$$\frac{\Delta f_x}{f_x} = \pm \frac{f_x}{f_0} \tag{4-7}$$

直接测频法的优点是测量方便、读数直接，在比较宽的频率范围内能够获得较高的测量精度。它的缺点是由于计数器测量频率时受 ± 1 个字的计数误差影响，所以在尽量高的测试频率和尽可能长的闸门时间下测频时，它可以获得尽可能高的测试精度。但对于较低的被测频率来说，测频精度较差。

2. 多周期同步测频法

多周期同步测频法[50-56]是在直接测频法的基础上发展而来的，在目前的测频

系统中具有广泛的应用。在这种测频方法中，实际闸门不是固定的值，而是被测信号的整周期倍，即与被测信号同步。因此，消除了对被测信号计数时产生的 ±1 个字计数误差，测量精度大大提高，达到了在整个测量频段的等精度测量。测量原理如图 4.2 所示。

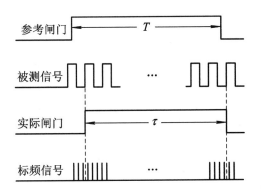

图 4.2　多周期同步测频法测量原理

这里，参考闸门由单片机或相应控制线路给出。首先，当参考闸门开启后，计数器并不开始计数，而是等到被测信号的第一个脉冲上升沿到来时，才真正开始计数。其次，两组计数器分别对被测信号和标频信号进行计数。当参考闸门关闭后，计数器并不立即停止计数，而是由随后到来的被测信号脉冲关闭两个计数器的闸门，停止计数，至此完成一次测量过程。这里实际闸门打开的时间为 τ，它与单片机或相应控制线路给出的参考闸门时间 T 有差异，但最大差值不超过被测信号的一个周期。最后，MCU 对两个计数器的结果进行运算，求出被测频率 f_x。具体计算如下：

设 N_0 和 N_x 分别表示两计数器标频信号和被测信号的计数值，则

$$N_x = \tau f_x \tag{4-8}$$

$$N_0 = \tau f_0 \tag{4-9}$$

$$f_x = \frac{N_x}{N_0} f_0 \tag{4-10}$$

由于计数器的开启和关闭完全与被测信号同步，即在实际闸门中包含整数个被测信号的整周期，因而不存在对被测信号计数的 ±1 个字的计数误差，由式（4-10）微分可得

$$\mathrm{d}f_x = -\frac{N_x f_0}{N_0^2} \mathrm{d}N_x \tag{4-11}$$

这里，由于 $\mathrm{d}N_x = \pm 1$，结合式（4-9）和式（4-10），得到测量分辨率

$$\frac{\mathrm{d}f_x}{f_x} = \pm \frac{1}{\tau \cdot f_0} \tag{4-12}$$

由式（4-12）可以看出，测量分辨率与被测频率的大小无关，仅与取样时间 τ 及标准信号的频率 f_0 有关，即实现了被测频带内的等精度测量。取样时间越长，标准

信号的频率越高，分辨率越高。

可以看出，在整个测量频率范围内，多周期同步测频方法较之直接测频法有了很明显的进步，但也有其缺点：一是它不能够进行连续的频率测量；二是在快速测量的要求下，由于要求较高的测量精度，所以必须采用较高的标准频率，这样使得标频计数的位数较多（通常为 24 位或 32 位），这不但使硬件资源消耗量大，而且当采用 8 位或 16 位的单片机处理数据时，乘除运算需要较多的指令周期和循环。

3．模拟内插法

模拟内插法[57-59]是以测量时间间隔为基础的测量方法，它主要解决的问题是测出量化单位以下的尾数，如图 4.3 所示。

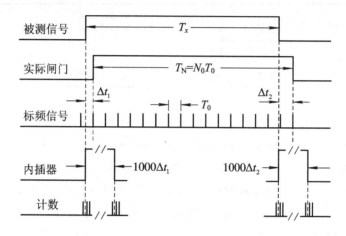

图 4.3　模拟内插法原理图

模拟内插法主要包括两部分：一是粗测；二是细测。粗测就是运用脉冲计数法对实际闸门 T_N 的测量；细测就是运用内插法对量化单位以下的尾数 Δt_1 和 Δt_2 的测量。细测时运用"起始"内插器（内插时间扩展器）将 Δt_1 扩大 1000 倍，即在 Δt_1 时间内用一个恒流源对一个电容器充电，随后以充电时间 $999\Delta t_1$ 的时间放电至电容器原电平。内插时间扩展器控制门由被测起始脉冲开启，在电容器 C 恢复至原电平时关闭，如图 4.4(a)所示。

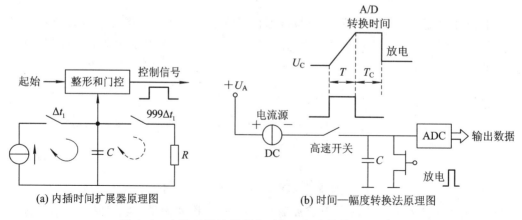

(a) 内插时间扩展器原理图　　　　(b) 时间—幅度转换法原理图

图 4.4　内插时间扩展器和时间—幅度转换法原理图

由图 4.3 可知，内插时间扩展器控制的开门时间为 Δt_1 的 1000 倍。若计数器在 $1000\Delta t_1$ 时间内的计数值为 N_1，则 $1000\Delta t_1 = N_1 T_0$，所以有

$$\Delta t_1 = \frac{N_1 T_0}{1000} \tag{4-13}$$

同样，中止内插器将实际测量时间 Δt_2 扩展 1000 倍。若计数器在 $1000\Delta t_2$ 时间内的计数值为 N_2，则 $1000\Delta t_2 = N_2 T_0$，故有

$$\Delta t_2 = \frac{N_2 T_0}{1000} \tag{4-14}$$

由图 4.3 可知，粗测计数为 N_0，实际闸门 T_N 和被测时间间隔 T_x 的区别仅在于多计了 Δt_2 而少计了 Δt_1，故

$$T_x = T_N + \Delta t_1 - \Delta t_2 = \left(N_0 + \frac{N_1 - N_2}{1000} \right) T_0 \tag{4-15}$$

由式（4-15）可知，若在闸门时间内计数器对被测信号的计数值为 N_x，则可得出被测信号的频率 f_x 为

$$\frac{N_x}{f_x} = \left(N_0 + \frac{N_1 - N_2}{1000} \right) T_0$$

$$f_x = \frac{1000 N_x}{(1000 N_0 + N_1 - N_2) T_0} \tag{4-16}$$

模拟内插法的主要优点是使测量分辨率提高了三个量级，缺点是 ± 1 字的计数误差依然存在，另外还存在转换时间过长、非线性难以控制等问题。

4. 时间-幅度转换法

时间-幅度转换法[60-63]由时间间隔扩展法改进而来，它克服了时间间隔扩展法转换时间过长、非线性难以控制等问题。图 4.4(b) 是时间—幅度转换法的原理图。从图 4.4(b) 可以看出，与时间间隔扩展法不同，时间—幅度转换法把放电电流源改成了一个高速 A/D 转换器加一个复位电路。

与图 4.4(a) 相比，图 4.4(b) 中用 A/D 过程代替了放电过程，极大地减少了转换时间。因为 A/D 转换过程所需时间与充电时间本来就是在同一个数量级上，而不像放电时间远远大于实际输入间隔，所以，这样的电路少了一个放电过程，能够减少它的非线性。利用现代高速的 ADC，该方法可以得到 $1 \sim 20$ ps 的分辨率。传统上，该方法都是用离散器件来实现的，但近年来也有人用 ASIC 替代离散器件，且与 ECL 电路配合使用，使精度达到 10 ps。SR620 就是用该方法实现了最高达 25 ps 的分辨率。

5. 游标法

游标法[64-70]是一种典型的以时间为基础的频率测量方法。这种测量方法用类似于机械游标卡尺的原理，能较为准确地测出整周期数外的零头或尾数，以提高测量的分辨率和准确度。时间游标法比脉冲计数法具有更高的测量精度，传统的脉冲计数法如图 4.5 所示。

由图 4.5 可知，被测时间间隔 $T_x = N T_0$，从时间上来看，它少计了 T_B，多计了 T_S，明显存在 ± 1 个字计数误差，故其分辨率为 T_0。若采用时间游标法，则可以避

免±1 个字计数误差，提高测量精度。时间游标法测量原理及具体实现方案分别如图 4.6 和图 4.7 所示。

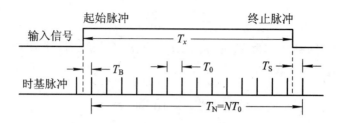

图 4.5　脉冲计数法测量原理

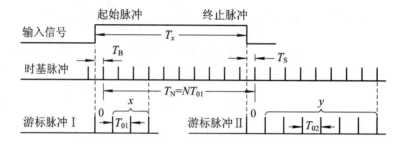

图 4.6　时间游标法测量原理

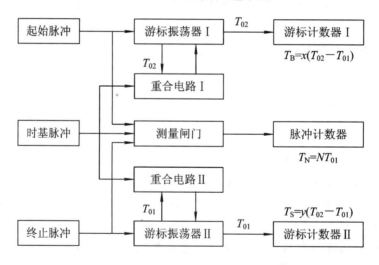

图 4.7　时间游标法实现方案

由图 4.6、图 4.7 可知，起始脉冲同时打开测量闸门和触发游标振荡器 I，此时脉冲间隔为 T_{01} 的时基脉冲通过测量闸门进入脉冲计数器，其读数为 $T_N = NT_{01}$。

游标振荡器 I 的频率比时基频率稍低，即 T_{02} 比 T_{01} 稍长，使用游标计数器 I 进行计数。若由第一个游标脉冲（0 号脉冲）后算起，经过 x 个游标脉冲后，游标脉冲恰好和时基脉冲相重合，即时间上第 x 个游标脉冲和时基脉冲相重合，时基脉冲赶上了游标脉冲，则零头时间 T_B 为

$$T_B - x(T_{02} - T_{01}) = 0$$
$$T_B = x(T_{02} - T_{01}) \tag{4-17}$$

在游标脉冲和时基脉冲重合时，由重合电路产生一个脉冲信号，使游标振荡器 I 停振，游标计数器 I 不再计数，这时游标计数器 I 的读数表示的时间为 $T_{\mathrm{B}} = x(T_{02} - T_{01})$。类似的游标振荡器 II 振荡周期亦为 T_{02}，游标计数器 II 若计得 y 个脉冲，则时基脉冲超前于游标振荡器 II 的第 0 号脉冲（其时间起点和终止脉冲相同）的时间 T_{S} 为

$$T_{\mathrm{S}} = y(T_{02} - T_{01}) \tag{4-18}$$

因此，被测时间间隔 T_x 为

$$
\begin{aligned}
T_x &= T_{\mathrm{N}} + T_{\mathrm{B}} - T_{\mathrm{S}} \\
&= NT_{01} + x(T_{02} - T_{01}) - y(T_{02} - T_{01}) \\
&= NT_{01} + (x - y)(T_{02} - T_{01}) \\
&= NT_{01} + (x - y)\Delta T_0 \tag{4-19}
\end{aligned}
$$

式中，$\Delta T_0 = T_{02} - T_{01}$。由此可知，时间游标法的分辨率为 $\Delta T_0 = T_{02} - T_{01}$，它比脉冲计数器的分辨率 T_{01} 以及游标计数器的分辨率 T_{02} 都高。显然，T_{02} 愈接近 T_{01}，其分辨率愈高。游标法的特点是使用冲击振荡器，测量精度高，但是电路工艺复杂，转换时间长。商用的基于时间游标法的时间间隔测量仪 HP5370B，分辨率达到 20 ps。

4.1.2　新型频率测量方法的提出

随着航空航天、激光测距、精密定位、粒子飞行探测及其它高科技领域技术的发展，对频率尤其是高频率点频信号的测量精度提出了更高要求。根据 4.1.1 节的介绍和分析知，目前，常用的频率测量方法有直接计数法、多周期同步法、模拟内插法、游标法。直接计数法和多周期同步法存在 ±1 个计数误差，由于填充信号频率值一般小于 10^9 Hz，因此，频率测量精度差于 10^{-9} s。采用这种方法设计的频率计，结构简单，成本低廉，但精度差；模拟内插法仍存在 ±1 个计数误差，但采用内插器使 ±1 个计数误差减小到 1/1000 左右，使测量精度达到 10^{-11} s 量级；游标法类似模拟内插法，采用游标振荡器使 ±1 个计数误差减小到 1/1000 左右，测量精度也能达到 10^{-11} s 量级[71-75]；采用这两种方法实现的仪器，精度很高，但电路设计复杂且造价昂贵，限制了其应用[76-79]。近年来文献[80-88]也提出了相检宽带测频技术，该技术是基于相位重合理论基础上的一种新的测频技术，它有效地消除了频率测量中存在的 ±1 个计数误差，使测量精度达到 10^{-10} s 量级，但相位重合点的不唯一定性和随机性，很难使其精度再进一步提高。针对以上所提测频方法的优缺点，本章提出了一种基于群相位量子化处理的频率测量新方法。该方法利用信号间的频率关系及相位量子周期性变化的规律性与 CPLD 片上技术相结合，不仅巧妙地解决了相检宽带测频技术中存在的相位重合点的问题，而且还简化了电路结构，降低了成本，同时也提高了系统的稳定性。

4.2　基于异频相位处理的频率测量原理

频率信号作为自然界中的一种周期性的运动现象，随着频率的漂移或多或少地存在某种联系。为了进行高精度测量和对某些周期性自然现象作出本质性的解释，往往需要对不同频率信号间的周期性关系进行探索。频率信号除各自的周期性变化特性之外，能够对频率测量、控制、比对及处理起重要作用的主要是频率信号间群相移变化的规律性，而这种规律性变化的重要表征是它们之间的最大公因子频率、最小公倍数周期、等效鉴相频率、相位量子、群周期及群相位量子等。它们的相互关系如下：

设两异频信号 f_1 和 f_2，周期分别为 T_1 和 T_2。若 $f_1 = Af_{maxc}$ 和 $f_2 = Bf_{maxc}$，其中 A 和 B 是两个互素的正整数且 $A > B$，则称 f_{maxc} 为它们之间的最大公因子频率；f_{maxc} 的倒数为最小公倍数周期 T_{minc}，则有

$$T_{minc} = \frac{1}{f_{maxc}} = \frac{A}{f_1} = AT_1 \tag{4-20}$$

$$T_{minc} = \frac{1}{f_{maxc}} = \frac{B}{f_2} = BT_2 \tag{4-21}$$

当两异频信号关系固定、没有进一步的相对频率变化即 $f_1 : f_2$ 严格等于 $A : B$ 时，它们的频率关系如图 4.8 所示[89-92]。

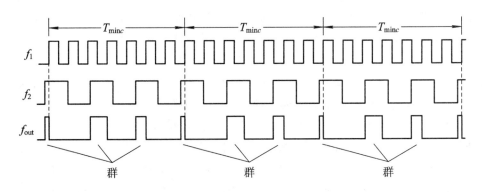

图 4.8　异频信号之间的频率关系

由于 f_1 和 f_2 之间存在着频差，必然引起它们之间相位差的变化。当两信号的频率关系固定（$f_1 : f_2$ 严格等于 $A : B$）时，这种相位差的变化在一个最小公倍数周期内具有一定的规律性，在多个最小公倍数周期内会呈现出周期性的变化。相位差状况的变化规律在最小公倍数周期内并不是相邻周期连续的，也不是绝对单调的，其单调性取决于两频率信号间的相互关系。因此，在一个最小公倍数周期内，若以 f_2 为参考信号，针对 f_2 的每一个特征相位点，f_1 与它的相位差分别用 T_1'，T_2'，…，T_B' 来表示[93-96]，则有

$$\begin{bmatrix} T'_1 \\ T'_2 \\ \vdots \\ T'_B \end{bmatrix} = T_1 \begin{bmatrix} n_1 \\ n_2 \\ \vdots \\ n_x \end{bmatrix} - T_2 \begin{bmatrix} 1 \\ 2 \\ \vdots \\ x \end{bmatrix} \tag{4-22}$$

根据式(4-22)得

$$T'_B = n_x T_1 - x T_2 = \frac{n_x}{f_1} - \frac{x}{f_2} = \frac{n_x}{A f_{maxc}} - \frac{x}{B f_{maxc}}$$

$$= \frac{n_x B - x A}{A B f_{maxc}} = T_1 \frac{n_x B - x A}{B}$$

令 $n_x B - x A = Y_B$，则 $T'_B = T_1 \dfrac{Y_B}{B}$，又 $f_1 > f_2$ 且 A、B、n_x 均为正整数，故 Y_B 只能是大于或等于零的整数。由此可将式(4-22)转变为

$$\begin{bmatrix} T'_1 \\ T'_2 \\ \vdots \\ T'_B \end{bmatrix} = T_1 \begin{bmatrix} \dfrac{n_1 B - A}{B} \\ \dfrac{n_2 B - 2A}{B} \\ \vdots \\ \dfrac{n_x B - XA}{B} \end{bmatrix} = T_1 \begin{bmatrix} \dfrac{Y_1}{B} \\ \dfrac{Y_2}{B} \\ \vdots \\ \dfrac{Y_B}{B} \end{bmatrix} \tag{4-23}$$

由式(4-23)可知，在一个最小公倍数周期内，任意相位差 $0 \leqslant T'_B < T_1$ 且互不相等，故 $0 \leqslant Y_B < B$ 也互不相等。所以两频率信号间任意相位差 T'_B 只能具有 B 个取值，分别是 0、$\dfrac{1}{B} T_1$、$\dfrac{2}{B} T_1$、$\cdots$、$\dfrac{B-1}{B} T_1$。如果把这 B 个取值按顺序排列起来，就会发现两频率信号间相邻两个相位差的差 ΔT 是固定不变的，即

$$\Delta T = \frac{T_1}{B} = \frac{f_{maxc}}{f_1 f_2} = \frac{1}{A B f_{maxc}} \tag{4-24}$$

令 $f_{equ} = A B f_{maxc}$，$\Delta T = 1/f_{equ}$，则 ΔT 被称为两频率信号之间的相位量子，f_{equ} 被称为等效鉴相频率[97-98]。等效鉴相频率是两频率值不同的信号之间相互相位及频率关系的重要表征。由等效鉴相频率所表现出来的相位比对状况通常被称为异频鉴相，它是不同频信号之间的一种鉴相。因此，在异频相位处理下，任意两个频率固定的信号无需频率归一化就可完成相互间的线性相位比对。正是由于异频率信号之间的这种相互频率关系和它们之间的相位量子及群相位量子，从而导致了两频率信号之间不断出现相位重合，而且在一些相位重合处有可能出现同步。如果此时在两相位重合处建立测量闸门，就能克服在传统频率测量中存在的 ± 1 个计数误差，进而提高测量精度，系统测量原理如图 4.9 所示。由此可见，这种频率测量原理是建立在群周期相位重合、比对及群相位量子变化的规律性基础之上的。关于群周期相位比对及群相位量子的基本理论，更详细的论述见第 2 章。

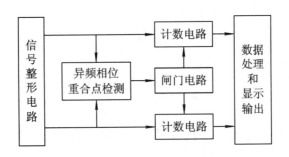

图 4.9　基于异频相位重合的频率测量原理

4.3　基于群相位量子化处理的频率测量方案

　　根据异频相位重合检测理论，提高测量精度，关键在于异频相位重合检测电路对相位重合点尤其是最佳相位重合点捕捉的程度。所谓相位重合点并非绝对重合，由于受检测电路分辨率的限制，捕捉到的相位重合点不是一个窄脉冲而是一簇，而且量化相移分辨率越高，簇中窄脉冲的个数就越多。在这一簇窄脉冲中，幅度最高的为最佳相位重合点，其它称为虚假相位重合点。窄脉冲在相位重合处的出现是随机的，它们对计数闸门（即测量闸门）的触发也是随机的，这样两相位重合点之间的时间间隔就存在很大的不确定性，严重地影响了测量精度。

　　为了进一步提高测量精度，文献[54]采用了在尖脉冲输出端添加分压电路的办法，通过缩短尖脉冲宽度以改善高电平触发的范围，进而减小触发误差，提高了捕捉相位重合点的灵敏度。由于在实际操作中分压比例难以控制，使测量效果不十分明显；文献[56]提出了缩短器件门延时的办法，使其测量精度提高到了 10^{-11} s 量级，但器件确定后门延时也随即被确定下来，即延时不具有可调性，相位重合点簇中的脉冲个数不会进一步减少，因而测量精度很难再进一步提高。文献[60]提出的基于双频信号相位重合点的频标比对法是常用的方法，其在提高精度方面具有明显的优势。在这种比对方法中，具有一定频差的双频信号必须来自于同一个高精度的原子频标。由于是同源比对，因此在一个 T_{minc} 内的相位差变化中，双频信号具有相同的频率漂移，这是提高精度的关键所在。根据相位重合点的随机分布规律，在一个 T_{minc} 内要达到双频信号相位的完全重合，这几乎是不可能的。因而基于双频信号相位重合点的频标比对精度完全依赖于频率源的精度。当频率源的精度确定后，比对精度也随即被确定下来。经研究发现，相位重合点在相位重合处的出现虽然是随机的，但有一定的规律性。大量实验证明，当两信号的标称值非常接近或者接近于倍数关系时，其相位重合点的概率分布为高斯分布，如图 4.10 所示。由于高斯分布是正态分布，其分布函数以均值为对称，结合实际相位重合点的分布情况，其数学期望所对应的正是最佳相位重合点，其方差决定了相位重合点的密度和窄脉冲的幅度。通过逼近均值和减小方差，可以达到有效捕捉最佳相位重合点的目的，进而减小计数闸门的时间误差,使测量精度得到进一步提高。

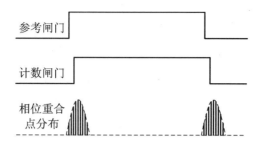

图 4.10　相位重合点的分布和计数闸门的产生

4.3.1　脉宽调整电路

图 4.11 为常用的具有固定延时的脉冲产生电路。

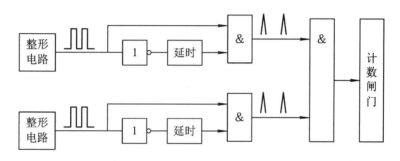

图 4.11　具有固定延时的脉冲产生电路

由于窄脉冲幅度比门电路开启电平高出许多,加大了电平触发的范围,因而加剧了计数闸门触发的不确定性,直接影响了测量精度。为了减少脉冲个数和降低脉冲幅度,在具体实现上采用了附加延时可调的脉冲产生电路,如图 4.12 所示。

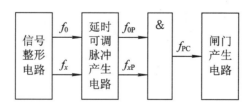

图 4.12　具有延时可调的脉冲产生电路

图 4.12 的工作波形如图 4.13 所示。图 4.12 中,f_0 为标频脉冲信号;f_x 为被测脉冲信号;f_{0P}、f_{xP} 分别是 f_0、f_x 的上升沿形成的窄脉冲,其脉冲宽度为 t_d;t_d 是图 4.12 脉冲产生电路中内含的固定延时单元的延时量;W_P 是它们高于逻辑电路最低高电平 V_{THmin} 部分的脉宽[99-102]。由于在 COMS 工艺中 $V_{IHmin} = \frac{1}{2} V_{DD}$,$V_{DD}$ 为电源电压,所以一般情况下

$$W_P = t_d - t_r \tag{4-25}$$

式中，t_r为逻辑电路的上升时间。f_{0P}、f_{xP}信号经过一个与门得到相位重合输出信号 f_{PC}，其脉宽为 W_{PC}。

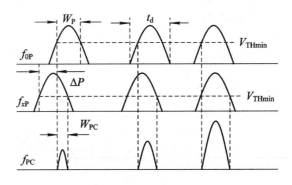

图 4.13　延时可调脉冲产生电路工作波形

当$|\Delta P| < W_P$时，

$$W_{PC} = W_P - |\Delta P| \tag{4-26}$$

当$|\Delta P| > W_P$时，$W_{PC} = 0$。

由图 4.13 可知，W_{PC}的总体趋势是先增大后减小，呈现出正态分布关系。设在每个 T_{minc}中出现的相位重合点数为 N，则当 $t_d > t_r$时，

$$N = \frac{W_P}{\Delta T} = \frac{t_d - t_r}{\Delta T} \tag{4-27}$$

当 $t_d < t_r$时，$N = 0$。在这 N 个重合点中，只有当$|\Delta P| = 0$时两信号才发生绝对重合，这几乎是不可能的。所以只能在近似的相位重合点中寻找最佳相位重合点。由图 4.12 可知，计数闸门触发检测电路产生，对逻辑电路的触发需要有一个最低电平 V_{THmin}，所以只有当相位重合输出信号的脉宽 $W_{PC} > t_r$时才能触发。设 N 个相位重合点中能触发电路工作的脉冲个数为 N_e，则

$$N_e = \begin{cases} \dfrac{W_P - t_r}{\Delta T} = \dfrac{t_d - 2t_r}{\Delta T} & t_d > 2t_r \\[2mm] 0 & t_d < 2t_r \end{cases} \tag{4-28}$$

在这 N_e个有效脉冲中，如果取第 k 个有效脉冲来触发产生计数器的开门和关门信号，闸门误差最终表现为计数误差

$$\delta = \frac{\Delta N_x}{N_x} \tag{4-29}$$

式中，N_x是被测信号 f_x在计数闸门内的计数值；ΔN_x是最大计数误差。由于 ΔN_x是由电路噪声引起的触发闸门脉冲在各自脉冲簇中的位置的差异 Δk 产生的，则

$$\delta = \frac{B \Delta k}{N_x} \tag{4-30}$$

由式（4-30）可知，频率测量误差最终仅由 Δk 决定。显然，相位重合点中的有效脉冲数 N_e越小 Δk 也就越小。根据式（4-28），只要有效地控制延迟单元的延迟量 t_d，使其略大于 $2t_r$，则可减少 N_e，从而减小 Δk。因此，在具体实现上，只要合理调整图 4.12 电路中 f_{0P}和 f_{xP}的脉冲宽度，即可达到减少 N_e的目的。在这种情况下，

如果对于确定的被测信号 f_x，再选用合适的频标 f_0，合理地增大 ΔT，则会极大地提高测量精度。

图 4.12 中通过可调延时单元对延时量的细调，从而改变 f_{0P} 和 f_{xP} 的脉冲宽度。这里对延时量的细调主要采用分压延时的办法，其原理及波形如图 4.14 所示。

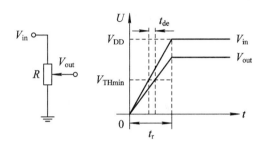

图 4.14　分压延时原理

图中，t_{de} 是利用分压延迟法引入的延时量，通过改变电位器上下部分的电阻比例，即可方便地调节延时量 t_{de}。由图 4.14 可知

$$0 < t_{de} < \frac{t_r}{2} \tag{4-31}$$

式中，t_r 是输入波形的上升时间。在本系统中 t_r 约为 2 ns，所以 t_{de} 最大可到 1 ns。用这种方法来获得延时，延时量调节的分辨率可以达到 1 ps，分压延迟法获得的延时量很稳定。重合点捕捉电路内所有延迟单元的总延时量为

$$t_d = t_{de} + t_{di} \tag{4-32}$$

式中，t_{di} 是图 4.12 脉冲电路中延时单元的固定延时量，欲使其略小于 $2t_r$，需通过细调 t_{de} 使总延时量 t_d 略大于 $2t_r$，这样可以减少相位重合脉冲中的有效脉冲数 N_e，从而减小 Δk，最终提高测量精度[103-105]。

4.3.2　最佳相位重合点捕捉电路

经过脉宽调整电路后，有效脉冲的个数 N_e 大大减少了，在这种情况下，系统的测量精度已达到很高，但是相对确定，若不采取其它措施，测量精度不可能再进一步提高。根据 4.3.1 小节的分析，经图 4.12 电路后 N_e 的分布仍然是正态分布，这种分布的特点是窄脉冲在最佳相位重合点两侧左右随机游动[11]。若此时在图 4.12 电路的基础上增加一个相位重合控制电路，使标频信号 f_0 始终超前于被测量信号 f_x，这样有效脉冲的个数在原来 N_e 的基础上又少了一半，更加逼近最佳相位重合点，测量精度会更高，如图 4.15 所示。这里采用了一个边沿型 D 触发器和一个反相器相结合作为相位重合控制电路。至此，有效脉冲的个数 N_e 达到了最小的极限状态，计数闸门动作的随机性达到了最低，测量误差达到了最小，测量精度得到了大幅度的提高[106-113]。

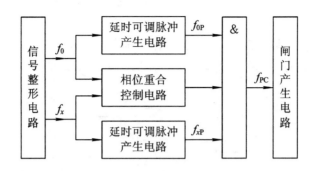

图 4.15　最佳相位重合点捕捉电路

4.3.3　基于 CPLD 的系统实现

出于对系统测量速度、功耗、体积、成本及可靠性方面的考虑，系统在具体实现上采用了 CPLD 集成电路，即将逻辑电路全部集中在 CPLD 芯片上，使其各部分达到最佳优越性能。基于 CPLD 的系统实现框图如图 4.16 所示。标频信号和被测信号经整形后被送往 CPLD，整形电路部分对频率信号进行驱动和电平匹配，这部分是模拟电路，特别注意了实际电路的 PCB 布局、布线、电源噪声及模拟和数据的耦合等问题。CPLD 完成频率的测量。MCU 从 FPGA 中采集数据并进行处理，最后计算出被测频率信号的值，在 LCD 上显示出来。而人机接口部分用于设置系统的闸门、频率标称值等参数。

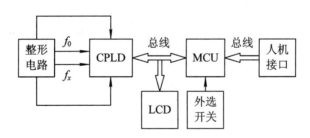

图 4.16　基于 CPLD 的系统实现

4.4　实验结果及分析

目前，基于 CPLD 技术的异频相位频率测量系统已研制出样机，频率测量范围为 $0.1 \sim 230\,\mathrm{MHz}$，测量速度即达到频率稳定的时间约为 $30\,\mathrm{s}$，频率稳定度可达到 $10^{-13}/\mathrm{s}$ 量级。

4.4.1　实验结果

1. 系统自校

在基于 CPLD 的频率测量系统自校实验中，为了更好地捕捉到群相位重合点，这里使用了一台 HP8662A 频率合成器。外频标为 10 MHz，由 HP8662A 频率合成器锁定，用此频标通过调节 HP8662A 频率合成器给出被测频率信号，由此得到不同的自校测试结果，如表 4.1 所示。

表 4.1　系统自校测试结果

被测频率/MHz	频率测量结果/Hz	频率稳定度/s^{-1}
210. 000 010	210 000 010.007 152±1	3.7×10^{-15}
180. 000 010	180 000 010.007 152±1	5.1×10^{-15}
150. 000 010	150 000 010.007 967±1	7.2×10^{-15}
140. 000 010	140 000 010.006 953±1	2.5×10^{-14}
20. 000 010	20 000 010.006 953±2	1.7×10^{-13}
10. 000 010	10 000 009.999 966±2	2.6×10^{-13}
5. 000 0100	5 000 009.999 662±2	3.1×10^{-13}

2. 测频实验

为了验证样机实际的频率测量精度，这里使用了 OSA 公司生产的超高稳定度 86 075 MHz OCXO（精度为 10^{-13}/s 量级）作为频率合成器 HP8662A 的频标信号，合成输出 10.000 010 MHz 作为本系统的 f_0，用另外一组 8607 的 OCXO 和 HP8662A 产生被测频率 f_x，测试数据如表 4.2 所示。

表 4.2　频率测量实验结果

被测频率/Hz	频率测量结果/Hz	频率稳定度/s^{-1}
5 000 000	5 000 000.263 863±2	7.7×10^{-13}
10 000 000	10 000 000.517 45±1	6.3×10^{-13}
20 000 000	20 000 000.314 83±1	2.5×10^{-12}
16 384 000	16 384 000.558 9±1	5.6×10^{-12}
12 800 000	12 800 000.537 81±2	4.2×10^{-12}
38 880 000	38 880 000.536 23±2	7.1×10^{-12}

表 4.2 中的数据表明,在测量与频标关系比较复杂的被测信号时,本系统测量精度也能达到 $10^{-12}/s$;而对于与频标关系较简单的被测信号,如常用的 5 MHz、10 MHz 等,其测量精度可达 $10^{-13}/s$。这与传统的 XDU – 17(理论精度 $10^{-11}/s$)频率测量仪相比,其测量精度有了很大程度的提高。

3. 与 HP5370B 测频实验的比较

这里被测信号 5 MHz 偏 10 Hz 和 20 MHz 偏 10 Hz 均由 HP8662A 频率合成器产生。使用 HP5370B 进行测量,测量结果如表 4.3 和表 4.4 所示。

表 4.3　5 M 偏 10 Hz 测量结果

仪器:HP5370B	被测:HP8662A	σ/s^{-1}:5.41×10^{-11}	
被 测 数 据/MHz			
5 000 009.576 20	5 000 009.575 92	5 000 009.575 82	5 000 009.575 72
5 000 009.575 62	5 000 009.576 01	5 000 009.575 53	5 000 009.575 53
5 000 009.576 02	5 000 009.575 53	5 000 009.575 04	5 000 009.575 33
5 000 009.575 62	5 000 009.575 62	5 000 009.575 72	5 000 009.575 62

表 4.4　20 M 偏 10 Hz 测量结果

仪器:HP5370B	被测:HP8662A	σ/s^{-1}:4.94×10^{-11}	
被 测 数 据/MHz			
20 000 008.3110	20 000 008.3102	20 000 008.3094	20 000 008.3114
20 000 008.3106	20 000 008.3125	20 000 008.3118	20 000 008.3102
20 000 008.3125	20 000 008.3094	20 000 008.3086	20 000 008.3094
20 000 008.3121	20 000 008.3114	20 000 008.3121	20 000 008.3114

4.4.2　误差分析

通过新系统与 HP5370B 对同频点信号的测量比较,HP5370B 的频率稳定度在 $10^{-11}/s$ 量级,而新系统的频率稳定度通常在 $10^{-12}/s$ 量级以上。由表 4.1 和表 4.2 实验结果可知,系统的测量精度有三个重要特点:

(1)系统的自校精度很高,可达 10^{-15} s 量级。系统自校精度很高的主要原因是两比对信号出自同一个频率合成器,具有相同的频率漂移,在群相位差变化中可以相互抵消,所以对系统的影响很小。

(2)随着被测信号和频标信号频差的逐渐增大,系统的频率稳定度越来越高。当两个信号频率关系固定,但由于频率漂移具有微小的相对频差时,以每个 T_{minc} 内的相位差集合为一个群,则群与群之间在时间上会发生平行的移动,如图 4.17 所示。由图 4.17 可知,7 MHz 信号具有微小频差 $\Delta f(\Delta f < 0)$,在最小公倍数周期

T_{minc} 内包含不足 7 个周期。在时间轴上，虽然在第一个 T_{minc} 周期中初始相位差为零，但是在后续的 T_{minc} 中，由于 Δf 的存在，造成各个对应相位差都发生变化。这里 7 MHz 中的 α、α'、α''，β、β'、β'' 和 γ、γ'、γ'' 分别是三个相邻的 T_{minc} 内的群中所包含的对应相位差。

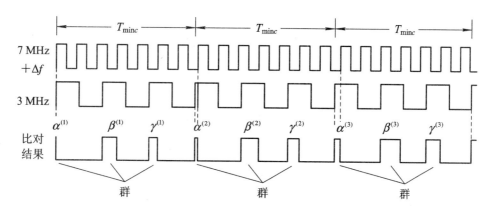

图 4.17　具有微小相对频差的信号比对

由图 4.17 可以看出，各群内相位差的排列均不相同，但各群中对应的相位差的变化趋势却具有相同的规律。对于群内的任何一个相位差，只是依次增加或减少了由 Δf 引起的相位漂移 Δt。当两信号间的初始相位差为零时，容易得到

$$\Delta t = \frac{A}{Af_{\mathrm{maxc}} + \Delta f} - \frac{B}{Bf_{\mathrm{maxc}}} = \frac{A}{Af_{\mathrm{maxc}} + \Delta f} - \frac{1}{f_{\mathrm{maxc}}} \qquad (4-33)$$

根据频率关系的不同，群内相位差可能出现的状况很多。当 $\Delta f < 0$ 时，$\Delta t > 0$，即各相位差依次增加，达到最大相位差时再返回最小相位差状态；$\Delta f > 0$ 时，$\Delta t < 0$，即各相位差依次减小，达到最小相位差时返回到最大相位差状态；$\Delta f \to 0$ 时，$\Delta t \to 0$，此时各群内相位差变化不大，但随着时间的累积，群内各相位差的连续性变化就会体现出来。对于群中的任何一个相位差，从最小状态至最大状态或者相反过程，又或者是从某一相位差状态经历变大或变小的过程再回到这一相位差状态，这样的过程所经过的时间就是群相位差变化的周期，它也正对应了两相位重合点间的时间间隔，且等于若干个 T_{minc}，如图 4.18 所示。

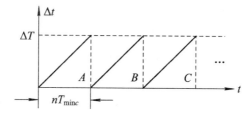

图 4.18　群相位量子的变化

图 4.18 为 $\Delta f > 0$、初始位为零时的 Δt 的变化情况，其中，n 为正整数，A，B，C 为相位重合点。由图 4.18 知，Δt 呈线性变化且最大变化为 ΔT 即变化范围为 $\Delta t = 0 \sim \Delta T$。

由于频差越大，等效鉴相频率 f_{equ} 越高（如 10 MHz 和 180 MHz 的 f_{equ} 为 180 MHz，10 MHz 和 20 MHz 的 f_{equ} 为 20 MHz），相位量子 ΔT 越小，即随着 f_{equ} 的增大，由 Δf 引起的 Δt 的最大漂移量 ΔT 减小了，所以频率稳定度提高了。

（3）系统的实际测量精度比自校精度低，最高只能达到 10^{-13} s 量级。这主要是在不同源频率比对下由于 HP8662A 频率合成器噪声的影响和相位检测电路工作频率的限制造成的。在实际应用中，通过改善比对设备性能和使用一定频偏的高精度标准源，实际测量精度一般能够达到 10^{-13} s 量级，在某些频点上有可能会更高。

4.5　系统的进一步研究和完善

运用基于群相位量子化处理的方法实现对频率的高分辨率测量，是建立在被测信号 f_x 与频标信号 f_0 存在一定关系即频率关系固定且存在一定频差的基础之上的，在这种情况下，群相位量子的变化规律具有一定的线性特征。如果 f_x 与 f_0 不具备这个特定的频率关系，则不能得到高分辨率的测量结果。事实上，在实际频率测量过程中，由于被测信号的频率值是不确定的，它与频标信号的频率关系很难确定，这样它们之间相位关系的变化规律就存在极大的不确定性，所以基于群相位量子化处理的频率测量方案往往只能对某些频点的信号实现高分辨率的测量，而无法实现对任意频率信号的高分辨率测量。为了实现对任意频率信号在要求的闸门时间内具有好的测量效果，可考虑引入一个 DDS 以确定 f_x 与 f_0 的频率关系。也就是说，测频系统可根据 f_x 的值，通过 DDS 自动合成出一个频标信号 f_0，让 f_0 与 f_x 形成一定的关系，使得 f_x 与 f_0 的群周期的整数倍接近测量闸门的时间值，并且 f_x 与 f_0 的群相位量子的值非常接近群相位重合检测电路的分辨率，这样就可以准确地捕捉到群相位重合点，从而达到对被测信号的频率在要求的测量闸门下的超高分辨率测量。基于 DDS 的超高分辨率频率测量方案如图 4.19 所示。

图 4.19 是基于 DDS 的超高分辨率测频系统框图，高稳定度的 10 MHz 频标先经过整形电路和脉冲产生电路生成脉冲信号，再由 DDS（型号 AD9852）自动合成频率 f_0。f_0 的值取决于经过单片机粗测过的 f_x，使得 f_x 与 f_0 的群周期的整数倍接近测量闸门的时间值，并且 f_x 与 f_0 的群相位量子的值非常接近群相位重合检测电路的分辨率，然后将 f_0、f_x 送入异频群相位重合检测电路产生实际测量闸门，控制计数器工作，MCU 将根据计数结果计算出 f_x 的值，最终由 LCD 显示输出。

由图 4.19 可知，基于 DDS 的超高分辨率频率测量方法与基于群相位量子处理的频率测量方法最明显的区别在于引入了粗测（多周期同步测频法）过程，并在系统中增加了 DDS 频率合成器。粗测是为了得到被测信号的大概频率值 f'_x，测量分辨率能达到 10^{-6} s 量级即可，这样给系统自动合成与被测信号具有一定频率关系的频标值提供了依据。按图 4.19 所示测量方案，对任意信号进行频率测量实验，测量结果如下。

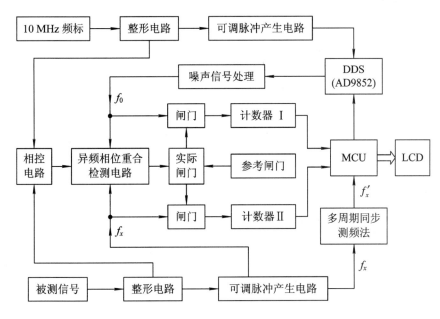

图 4.19　基于 DDS 的超高分辨率频率测量方案

1. 自校实验

在自校实验中，用铯钟输出的 10 MHz 信号作为系统的频标 f_0，同时又作为被测信号 f_x，测量数据如表 4.5 所示。

表 4.5　自校实验结果

频率测量结果/Hz	频率稳定度/s^{-1}	10 s 级频率稳定度频率稳定度/s^{-1}
10 000 000.000 002±3	7.1×10^{-13}	9.1×10^{-14}

表 4.5 中测得的频率值是从系统的 LCD 上直接记录下来的数据，保留到开始跳动的那一位数据为止。由表 4.5 中的数据可知，基于 DDS 的超高分辨率测频系统有三个方面的优点：

（1）频标信号和被测信号可以为同一个信号，不需要有频差。

（2）有很高的测量分辨率，可达到 10^{-13}/s 量级。

（3）自校频率稳定度很高，10 s 级频率稳定度可以达到 10^{-14}/s 量级以上。

2. 测频实验

在实际测频实验中，用铯钟输出的 10 MHz 信号作为系统的频标信号，而被测信号来自于多种信号源，测量数据如表 4.6 所示。

表 4.6 中的数据表明，改进后的系统不论被测信号与频标信号的关系是简单还是比较复杂，测量稳定度均能达到 10^{-12}/s 量级，实现了对任意频率信号的等精度测量。与基于群相位量子化处理的频率测量方案相比，在引入 DDS 后，只需要用一个高稳定度的源，就可以实现对任意频率信号的高分辨率测量。由于利用了 DDS，使得 f_0 与 f_x 的频率关系可控，也使得它们的相位变化规律可控，也就提高了群相位重合点检测的分辨率，最终提高了频率测量的分辨率。同时由于引入了粗测过程，

结合 MCU，使系统具有对任意频率信号进行频率的智能化特征。

表 4.6　任意信号频率测量实验结果

被测信号 f_x	测得频率值/Hz	秒级稳定度/s^{-1}	10 s 级稳定度/s^{-1}
X72 铷钟　10 MHz	10 000 000.0001±1	7.3×10^{-12}	8.7×10^{-13}
OSA 8607B　5 MHz	5 000 000.4731±1	6.2×10^{-12}	3.1×10^{-12}
HP8662A　12.8 MHz	12 800 000.5379±1	6.7×10^{-12}	3.5×10^{-12}
HP8662A　16.384 MHz	16 384 000.5584±1	6.6×10^{-12}	3.4×10^{-12}
HP8662A　20 971 523 Hz	20 971 523.5796±1	6.3×10^{-12}	3.2×10^{-12}

4.6　本 章 小 结

在群周期相位比对技术的基础上，提出了一种基于异频相位处理的新型高精度频率测量方案。利用频率信号间群周期及群相位量子变化的规律性及异频信号间群相位重合点的分布规律，在两群相位重合点处建立测量闸门，克服了传统频率测量中存在的±1 个计数误差的问题。通过脉宽调整电路减少相位重合点簇中的脉冲个数并在附加相位控制电路的帮助下有效地捕捉最佳相位重合点，进而降低实际测量闸门开启和关闭的随机性，大大提高了系统的测量精度。为了保证任意信号的可测量性，作为该频率测量方法的进一步研究，在此基础上，引入了 DDS 和频率粗测的过程，确保被测信号与频标信号具有一定的频率关系以及相位关系的可控性。实验结果和分析表明了新方案设计的科学性和先进性；其实际测量精度可达到 $10^{-13}/s$ 量级；与传统频率测量系统相比，新方案具有测量精度高，电路结构简单，成本低及系统稳定性高的优点。该方案在时频测控领域中是一个新的突破，它不再是利用传统的比相方法单纯依靠线路上的改进、算法上的优化或微电子器件的发展来提高测量精度，而是利用自然界中周期性信号相互间的固有关系及变化规律，把这些规律应用于频率信号相互关系的研究中，无须频率归一化便可完成相互间的相位比对、测量及处理。随着微电子工艺的发展和 CPLD 性能的提高，基于群相位量子化处理的频率测量系统的测量精度有可能会进一步提高，因而在航空航天、导航定位、精密授时、时间同步、精密时频测控及原子频标的发展等高科技领域具有广泛的应用前景和推广价值。

第 5 章

基于异频相位处理的时间间隔测量与同步技术研究

5.1 概 述

随着导航定位、空间技术、激光测距、粒子飞行探测、通信、天文及精密时频测控包括各种量子频标的发展，对超高分辨率的时间测量和处理提出了更高要求。目前，传统的高精度的时间间隔测量方法有基于模拟时间扩展的计数法、基于 AD 变换器的模拟时间-幅度转换法、基于冲激振荡器的时间游标法、抽头及差分延时线法等。时间扩展计数法采用模拟内插技术，使所测时间间隔相对大小缩小 1000 倍，使计数器的分辨率提高了三个量级，但存在 ±1 个计数误差，转换时间长，非线性度大，不常使用[114−118]。时间-幅度转换法利用现代高速 ADC，结合离散器件可达到 1～20 ps 的分辨率，若采用 ASIC 替代离散器件且与 ECL 电路配合使用，可使精度达到 10 ps，但这种方法模拟部分难以集成，非线性难以消除，SR620 就是用该法实现了最高达 20 ps 的测量分辨率。时间游标法是一种以时间测量为基础的计数方法，类似于机械游标卡尺的原理，其测量关键在于能较为准确地测出整周期数外的零头或尾数，以提高时间的分辨率和准确度，从而避免了 ±1 个计数误差，但这种方法需要高稳定度的可启动振荡器和高精度的重合检测电路，制作调试技术难度大、造价高，且受抖动的影响，转换时间长、制作工艺复杂；抽头延时线法是由一组延时单元组成，理论上这组延时单元传播时延相等，而时间间隔的测量是通过关门信号对开门信号在延时线中的传播进行采样实现的[119−122]。这种方法分辨率较高，且实现线路简单，易于集成在数字电路上，可与 PLL 或 DLL 配合实现高精度测量。商用 HP5371A 就采用该结构，其分辨率可达到 200 ps，此结构若在 FPGA 中实现，其分辨率为 100 ps。差分延时线法是在抽头延时线法的基础上发展而来的，采用 CMOS FPGA 的差分延时线法可以实现 200 ps 的分辨率，43 s 的量程，有的还可以达到 100 ps 的分辨率，若采用 0.7 μm CMOS 工艺的 ASIC，可以实现 30 ps 的分辨率。这种测量方法分辨率最高，易于集成在数字电路上，但结构比抽头延时线法复杂。由此可见，传统高精度的时间间隔测量方法虽然达到了皮秒级的测量分辨率，但明显电路设计复杂且价格昂贵。脉冲填充法成本较低，但测量误差还停留在纳秒级，不能满足如激光测距、粒子飞行探测等精密测量的要求。由此可见，近 20 年来，基于时间间隔尤其是短时间间隔的测量方法在原理上并没有得到大的突破，只是由传统的测量方法结合微电子技术的发展及生产工艺的改进使测量分辨率较以前有所提高,但精度欠佳。因此,寻求新的测量原理和测量方法是解决问题的关键。

　　针对这方面技术更新缓慢的状况,本章提出了一种基于异频相位处理的时间间隔测量方法。该方法是一种以信号稳定传输这一自然现象为基础的,利用时-空转换关系并结合异频相位重合检测技术,完全不同于已有技术途径的新的测量原理和方法。众所周知,光和电磁波信号在空间或者特定介质中的传递速度的高度准确性和稳定性在计量学中被作为一个自然常数,高精度的频标信号之所以能够被测量和应用,就是以传输环节的高稳定性作为保证的。显然,利用稳定的传输也能够构成测量仪器的基础。精密时频测量的关键已经转化为对于微细时间间隔和频率量的测量。因为长的时间间隔常常被分解为与填充时钟同步的较长时间间隔以及门时开启和关闭时与填充信号不同步的微小时间间隔。这在测量方法方面属于微差法,是符合特别高精度的测量技术的。这个微细时间间隔常常变化在 100 ns 到皮秒的范围,从频率稳定度方面考虑要求的时频测量的分辨率更是优于 1 ps。对于这么短的时间信号的测量和处理常常受到器件的速度、噪声等因素的影响,大大限制了测量的精度。因此,利用电磁波传播的高速性和高稳定性,结合传输线理论和异频相位重合检测技术,就可以将时间量转换为空间量[123-128]。这样,对时间量的测量就转换成为对空间长度量的测量,对被测时间间隔测量的分辨率就取决于作为延时单元的传输线的长度,当延时单元的长度设置在毫米级或亚毫米级时,可达到 10 ps 级至皮秒级的超高测量分辨率。

5.2　基于时-空关系的短时间间隔测量

　　对于任意时间间隔的测量通常被分成两部分[129-135]:一部分是与标频填充脉冲同步的较长时间间隔部分;另一部分是门时开启和关闭时与标频填充脉冲不同步的短时间间隔部分。对于较长时间间隔部分,只需对标频填充脉冲进行计数就可以得到时间间隔值 $T_x = n_0 t_0 + \Delta t_1 - \Delta t_2$,如图 5.1 所示。图中,$n_0$ 为标频填充脉冲在 T_x 时间间隔内的计数;t_0 为标频填充脉冲周期。由图 5.1 知,由于填充脉冲与被测时间间隔构成的闸门边沿相位关系的随机性所造成的短时间间隔 Δt_1 和 Δt_2 的存在,因此在测量过程中会出现 ±1 个计数误差,通常这部分测量被称为粗测;如果能准确测量出短时间间隔 Δt_1、Δt_2,则能准确测量出时间间隔 T_x,消除 ±1 个计数误差。

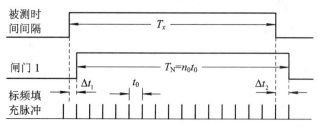

图 5.1　粗测基本原理

对于短时间间隔 Δt_1、Δt_2 的测量通常采用量化时延的方法，其基本原理是串行延时，并行计数。它不同于传统计数器的串行计数的方法。在时频领域中，时频信号在特定媒质中的传播是高度准确和稳定的。根据这一自然现象，利用器件本身的延时特性，使信号通过一系列延时单元，依靠延时单元的时延稳定性，在 MCU 的控制下对延时单元的状态进行高速采集和数据处理，从而实现对短时间间隔的精确测量，如图 5.2 所示。短时间间隔的测量分辨率取决于延时单元的延时量，测量不确定度取决于延时单元的稳定性。由于这部分测量决定了测量的不确定度，通常被称为细测[136-140]。将粗测和细测相结合便可实现任意时间间隔的测量。

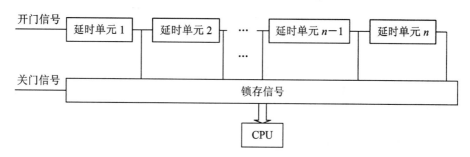

图 5.2　细测基本原理

在图 5.2 中，考虑到信号在传输路径上的损耗、延时器件的速度和噪声的影响，测量系统的延时单元采用了无源同轴延时导线。由于无源同轴线的通频带宽，前沿脉冲通过同轴线时不仅延时量稳定，还不易引入晃动，这为利用时-空关系测量时间间隔提供了有利条件。

5.2.1　信号的时-空关系转换原理

光和电磁波信号在空间或特定介质中的传递速度的高度准确性和稳定性在计量学中被作为一个自然常数，高精度的频标信号之所以能够被测量和应用，主要是由于以传输环节的高度稳定性作为保证[141-145]的。通过实验验证信号在同轴电线中传输的稳定性，测出被测时间信号与其在长度上传输延时的对应关系——时-空关系，实验装置如图 5.3 所示。

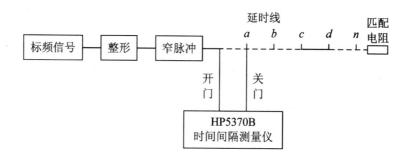

图 5.3　信号时-空关系实验装置

这里用正弦波、方波作为信号源，同轴电缆作为延时线，并在其上取多个等距的检测点如 a、b、c、d，…，n 等，利用 HP5370B 时间间隔测量仪对各检测点之间的时间间隔进行测量，并与延时线的长度间隔作——对应，部分实验曲线如图 5.4 所示。其中，"Δ"表示各点实测值减去第一点测量值所得时间；"＊"为延时线长度对应的时间间隔。图 5.4(a)为 10 MHz 正弦波在间隔 2 cm 延时线上对应的时间间隔；图 5.4(b)为 1 MHz 窄脉冲在间隔 20 cm 延时线上对应的时间间隔；图 5.4(c)为 1 MHz 方波在间隔 10 cm 延时线上对应的时间间隔，图 5.4(d)为 1 MHz 方波在间隔 1 cm 延时线上对应的时间间隔；图 5.4(e)为 1 MHz 方波在间隔 1 m 延时线上对应的时间间隔。所有实验数据如表 5.1 所示。

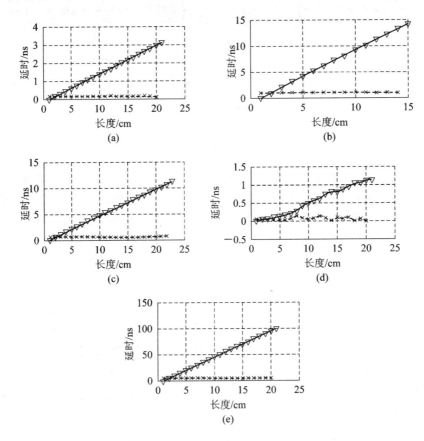

图 5.4　信号在延时线中传输的线性和稳定性

由图 5.4 可知，信号在延时线中的传输基本上是线性的而且非常稳定，外部测量设备的介入可能会在微细范围内影响传输性能，但如果屏蔽措施得当，影响会减小。

表 5.1　延时线长对应时间间隔测量值及系统分辨率

延时线长/cm	1	2	10	20	1
时间间隔/ns	0.0652	0.155	0.5102	1.0157	5.015
系统分辨率	65 ps	155 ps	0.5 ns	1 ns	5 ns

由表 5.1 可知,1 cm 延时线可对应 60 多个皮秒的系统分辨率,当延时线段长度设置约为 2 mm 时,就很容易获得对任意时间间隔测量分辨率达到 10 ps 量级的要求。信号在同轴电缆线中传输延时的稳定性判断和系统分辨率的测量,可通过图 5.5 的实验装置来实现。

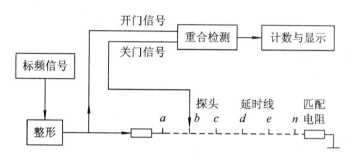

图 5.5 传输稳定性和系统分辨率测量实验

如图 5.5 所示,标频信号被整形为窄脉冲后分别被送入两个通道。其中,信号在一个通道中无延时,而在另一个通道中通过分段进行延时。无延时一路信号作为重合检测电路的开门信号,而另一路信号作为重合检测电路的关门信号。两路信号经过相同的传输延时后,其重合状态被检出并被送往计数和显示设备。由于检测电路检测灵敏度的限制和脉冲宽度的影响,重合状态总是在经过几个连续的检测点后才能被检出。在实验中,当脉冲宽度接近 0.5 ns 时,重合检测的范围接近 1 ns。重合状态的检测是在 20 cm 的分段长度上进行的。对于温度稳定的传输和好的信噪比信号,重合的范围是很稳定的。通过计算和处理,由此重合范围可获得精确的时间。重合范围的边沿稳定度可以用来表示时间间隔测量的分辨率,实验数据如表 5.1 所示。本实验中,使用 OSA 公司生产的超高稳定度 8607 5MHz OCXO(精度为 $10^{-13}/s$ 量级)作为信号源。根据实验所得数据,重合检测最大的边沿变化为 0.5 cm,大约为 25 ps 的不确定度。数据的阿仑方差为 0.2 cm,10 ps 的不确定度。如果借助于现代微电子技术及纳米技术,则可以在传输线上距离更小的地方设置检测口,提取重合信息[146-150],这样,时间间隔的测量精度和分辨率就会大大提高。

5.2.2 基于时-空关系的短时间间隔测量方案

电磁波信号在导线中的传输速度具有高度的准确性和稳定性,这是自然界中物质存在的固有方式[151-154]。大量传输线实验表明,信号在传输导线中的传输速度约为 2×10^8 m/s,那么纳秒和皮秒的传输延迟分别为 20 cm 和 0.2 mm,这是比较容易处理的长度段。根据这一自然现象,对时间量的测量就可以转化为相对容易处理的长度量的测量,这就是基于时-空关系的短时间间隔测量方案,如图 5.6 所示。为了做到对传输延时路径的准确计量,要求将被测信号和标频填充信号整形为窄脉冲,在新方案中体现为开门脉冲和关门脉冲,两脉冲上升沿之间的时间间隔就是被测短时间间隔。开门信号和关门信号被整形为窄脉冲信号后,分别被送入双路延时线。开门一路延时单元 DL_1 在长度上略大于关门一路的延时单元 DL_2，它们之间微差的大小取决于要达到的测量分辨率。延时线末端匹配电阻是为了防止信号在延时线中反射传播。根据时-空对应关系，两路延时单元在长度上的微差就体现了在传输延时时间上的相位差，这样被延时的开门信号将与关门信号发生重合。此时在每个延时单元处设置相位重合检测电路，将重合信息送入译码器，通过译码器就可以得到被测短时间间隔。实际上，被测短时间间隔的大小就等于两路延时信号发生重合时所经过的延时单元的个数。被测短时间间隔被量化，从而实现了从模拟时间到数字的转化且具有远小于一个延时单元的量化误差。至此，对时间量的测量就转换成了对空间长度量的测量，测量分辨率取决于作为两路延时单元的长度差。这种测量原理的关键在于能准确测出少于一个延时单元的时间，当延时单元的长度差设置在毫米级或亚毫米级时，能够达到十皮秒级至皮秒级的测量分辨率[155]。

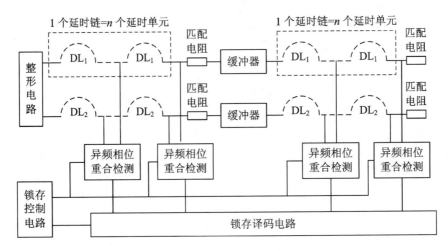

图 5.6　基于时-空关系的短时间间隔测量方案

由图 5.6 可知，如果双路延时单元的相位差为 P_D，被测时间间隔为 T_x，那么开门信号经过 n 个 P_D 的延时后将与关门信号发生重合，通过对重合信号检测点的取样，则可知道此时开门信号经过了几级延时单元。根据发生重合时所经过的延时级数就可以计算出被测时间间隔 $T_x = nP_D$。这里，相位差 P_D 是根据信号传输的速度、被测时间间隔的范围及测量要达到的分辨率来确定的。其工作波形如图 5.7 所示。

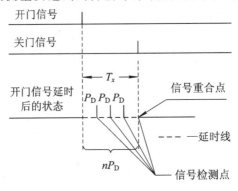

图 5.7　基于时-空关系的时间间隔测量波形

基于时-空关系的时间间隔测量方法，由于它的延时单元是无源的，所以噪声小，功耗低。但这也同时带来了一个缺点，就是驱动器的负载重，并且每个延时单元后面需要加一个重合检测电路，这意味着分辨率越高，负载越重。为了解决这一问题，系统采用了插入缓冲器的方法在小范围内扩大量程范围。每隔一定数量的延时单元，在开门一路和关门一路分别插入相同的缓冲器，对衰减的信号进行限幅放大，使其能够驱动后级的延时单元。

　　在具体实现电路中，整形电路采用施密特触发器，将输入信号整形为脉冲信号，要求脉冲的上升沿达到 1 ns 级，且抖动小于 50 ps。无源延时链的分辨率为 250 ps，测量范围为 5 ns，要扩展这一延时链的测量范围，计数器部分采用频率至少为 200 MHz 的时钟，主要是用于扩大测量范围至毫秒级，FPGA 芯片经过 PLL 倍频后可以满足这一要求。为了防止被测信号在延时线中反射传播，在每组延时单元即作为一个延时链的后面均加有匹配电阻。考虑到延时导线的阻抗对被测信号的衰减，在匹配电阻的后面附加一个缓冲器，以增强被测信号的驱动能力从而使其完成在延时导线中的传播。系统的核心部分除作为延时单元的集成传输线外，还有相位重合检测电路。传输线是量化延时的标准，而相位重合检测电路则直接影响到量化的精确度。这里相位重合检测电路主要采用工作在 ECL 电平下的双 D 触发器 MC10H131，检测原理如图 5.8 所示。

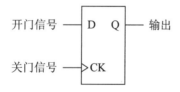

图 5.8　相位重合检测电路原理

　　从图 5.8 中可以看出，该 D 触发器为边沿检测的主从触发器。在实际的检测中，由于建立时间和保持时间的影响，当被延时的开门信号上升沿与关门信号重合时，便可能会破坏建立时间和保持时间，电路会出现不稳定的工作状态。经过测量，这个不稳定的区域只有 10～20 ps，相对于百皮秒级测量分辨率，其影响可以忽略；同样，D 触发器之间的离散性对检测也有影响，这个影响也在 10 ps 以下，均可忽略。

5.2.3　基于时-空关系的短时间间隔测量实验及分析

1. 测量实验

　　基于时-空关系的时间间隔测量系统，已制作出了样机。样机采用 ECL 电路器件作为检测器件，延时线使用 5 cm 的游标蛇形线，即开门一路每个延时单元的长度大于关门一路 5 cm。一共设置了 20 个延时线单元，每 10 个延时线用一个三线接受器 MC10H116 缓冲，重合检测使用边沿触发的双 D 触发器 MC10H131。整机在 MCU 的时序控制下工作。测试时，信号源采用 Agilent 81130A 脉冲发生器，脉冲发生器的一路输出 out$_1$ 作为开门信号，其时间间隔为 T_1；另一路输出 out$_2$ 作为关门信号，其时间间隔为 T_2。为适应无源延时链的测量范围，将关门信号倍频至 200 MHz。开门与关门两路之间的延时差调整为 2 ps。首先通过调整两路输出的延时，以消除样机的系统误差；然后对一系列时间间隔进行测量，这些时间间隔之间不是等步长的，意在发现测量时的临界点，即测量值发生突变的那些点，在这些点上，测量误差可能最大，具体实验数据如表 5.2 所示。

由表 5.2 可知，20 个延时单元的延时为 5 ns，测量分辨率为 250 ps，最大测量误差为 286 ps，比每一个延时单元的延时时间（250 ps）大 36 ps。分析其误差原因，主要是由于延时单元的不均匀性所形成的非线性累积误差所造成的，此外还有随机误差。对于系统误差和非线性误差，通常采用软件修正的方法对测试结果进行修正。软件修正就是根据多次测量的结果，建立一个误差修正值的查找表，将其存储在内存中，然后在实际的测量中，通过查找表中预先设定的修正值，可以对测试结果的系统误差和非线性误差进行修正，从而降低系统的不确定度。

表 5.2 测量结果

开门时间间隔 T_1/ps	触发器输出状态（对应 T_1）	关门时间间隔 T_2/ps	触发器输出状态（对应 T_2）	T_2测量值/ps	T_2测量误差/ps
156	20 路输出全低	158	Q_1高，其余全低	210	52
518	$Q_1 \sim Q_2$高，其余全低	520	$Q_1 \sim Q_3$高，其余全低	690	170
1234	$Q_1 \sim Q_6$高，其余全低	1236	$Q_1 \sim Q_7$高，其余全低	1500	264
1536	$Q_1 \sim Q_8$高，其余全低	1538	$Q_1 \sim Q_9$高，其余全低	1824	286
2380	$Q_1 \sim Q_{10}$高，其余全低	2382	$Q_1 \sim Q_{11}$高，其余全低	2600	218
3280	$Q_1 \sim Q_{14}$高，其余全低	3282	$Q_1 \sim Q_{15}$高，其余全低	3400	118
4096	$Q_1 \sim Q_{18}$高，其余全低	4098	$Q_1 \sim Q_{19}$高，其余全低	4128	30
4590	$Q_1 \sim Q_{19}$高，其余全低	4610	20 路输出全高	4500	−110

2. 实验分析

1）Single‑Shot 精度

Single‑Shot 精度主要用来描述时间间隔测量系统的测量能力，用系统对同一时间间隔进行多次测量，然后采用其测量结果的标准差来表示。由于被测对象的准确值是未知的，因此通过计算实验标准偏差 σ 作为测量的不确定度。对同一时间间隔作 N 次测量，得出测试的结果。利用统计方法，先求出测量的均值

$$\overline{X} = \frac{\sum_{i=1}^{N} X_i}{N} \qquad (5-1)$$

$$\sigma = \frac{1}{\sqrt{N-1}} \sqrt{\sum_{i=1}^{n} (X_i - \overline{X})^2} \qquad (5-2)$$

式中，σ 为标准差；X_i 为第 i 次的测量结果；N 为测量的次数。

本系统定义均方根 Single – Shot 标准不确定度 σ_{rms} 为

$$\sigma_{\mathrm{rms}} = \sqrt{\sigma_1^2 + \sigma_2^2 + \cdots + \sigma_n^2} \tag{5-3}$$

式中，σ_n 为系统中的任何一项误差。

图 5.9 为本系统的 Single – Shot 标准精度，由式（5-1）～式（5-3）计算出其均方根值为 108 ps。

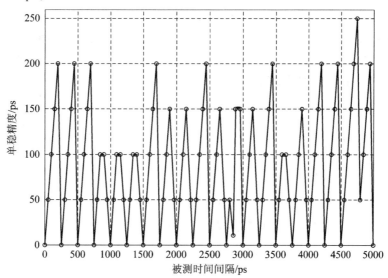

图 5.9　测量系统的 Single – Shot 标准精度

2）延时线的延时误差

由于延时导线的不均匀性会导致延时单元误差 σ_{DNL}，并且随着延时单元的增加，造成非线性累积误差 σ_{INL}。通过对重合检测电路临界点的观察，得出各个延时单元的延时。图 5.10 给出了累计非线性误差的测试结果，其均方根值为 8.6 ps。

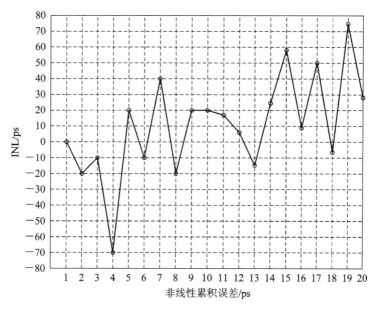

图 5.10　测量系统的非线性累积误差

3）量化误差

量化误差是系统将时间数字化过程中产生的误差，如图 5.11 所示。由图 5.11 知，若被测时间间隔为 t_x，在测试过程中，可能得到两个可能的结果 t_{x1} 或 t_{x2}，其中 $t_{x1} \leqslant t_{x2}$，且 $t_x \leqslant t_{x2} = t_{x1} + \Delta t$，$\Delta t$ 为测量分辨率，其误差为 ε_1 和 ε_2。于是，由量化产生的随机误差可以用二项分布的标准差来表示为

$$\sigma = \Delta t \sqrt{p(1-p)} \tag{5-4}$$

式中，p 表示 t_x 取值为 t_{x2} 的概率；$1-p$ 表示 t_x 取值为 t_{x1} 的概率。由此可知，当 $p = 0.5$ 时，系统的最大量化误差为 $\sigma = \Delta t/2$。若对式（5-4）在 $0 \leqslant p \leqslant 1$ 范围内进行积分，便可以得到平均标准偏差 σ_{av} 为

$$\sigma_{av} = \frac{\pi \Delta t}{8} \approx 0.39 \Delta t \tag{5-5}$$

如果利用多次测量平均的方法，可以减小量化误差。当测量次数为 N 次时，平均标准偏差为

$$\sigma_{av} = \frac{\pi \Delta t}{8 \sqrt{N}} \approx 0.39 \frac{\Delta t}{\sqrt{N}} \tag{5-6}$$

按式（5-6）计算，量化误差测量结果为 102 ps。

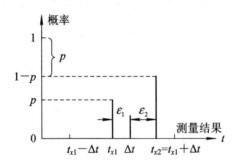

图 5.11　量化测量示意图

4）重合检测电路带来的误差

重合检测电路带来的误差主要表现在重合检测电路本身重合检测存在的误差和不同重合检测电路的离散性造成的误差。在实际测量中，延时开门信号和关门信号的上升沿之间并非严格重合，而是存在一个微小时间差 Δt，如图 5.12 所示。

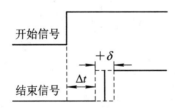

图 5.12　重合检测的误差分析

由于重合检测电路的性能受到多种因素的影响，如噪声、失配等，于是两个相同结构的重合检测电路之间也存在差异。所以，这个差异应该是 $\Delta t \pm \delta$，其中 δ 为重合检测电路检测的误差，Δt 则可以理解为系统误差。重合检测的误差是影响测量不

确定度的主要因素之一，它主要由脉冲信号上升沿的稳定性和重合检测电路的噪声性能所决定。

5）随机误差

随机误差主要由来自内部噪声和外部噪声所引起的触发误差造成。内部噪声主要是时钟相位噪声，电源噪声等；外部噪声主要是由电路之间的干扰造成的，必须有耦合路径才可能出现外部干扰，包括传导耦合、容性耦合和感性耦合。其中容性耦合是由两个导体之间的电场引起的，而感性耦合是由于电流变化引起磁场变化造成的。

6）软件修正

软件修正就是根据多次测量的结果，建立一个误差修正值的查找表，将其存储在内存中。然后在实际的测量中，通过查找表中预先设定的修正值，可以对测试结果的系统误差和非线性误差进行修正，从而改善系统的精度。

5.3　基于延时复用技术的短时间间隔测量

由图 5.6 可知，基于时-空关系的时间间隔测量系统虽然具有极高的测量分辨率，但测量范围却很窄。若想进一步扩展测量范围，则必须增加延迟单元的个数并插入大量的检测器和缓冲器。随着延迟单元个数的增加，传输线中存在的各种损耗也随之增加，信号在传输线中衰减。况且大量重合检测电路的引入，使得电路的负载很重，且分辨率越高，需要的重合检测电路就越多，最后导致电路无法正常工作。为了使电路能继续正常工作，系统在双延时电路中插入了相同的缓冲器，使信号在缓冲器的作用下得到放大，增强了驱动能力，扩大了测量范围。但缓冲器的加入不是无限制的，缓冲器的引入会给电路带来很大的噪声，增大了开门信号和关门信号的边沿抖动性，最终导致系统的重合检测性能极不稳定。因此，基于时-空关系的时间间隔测量系统仅适用于小范围的测量。针对分辨率和测量范围之间的矛盾，系统采用了一种基于延时复用技术的新的测量方案，新方案主要由延迟链模块、单稳触发及计数模块、重合检测模块、锁存译码模块（针对重合检测）、计数锁存模块、附加延时修正模块及数据处理模块组成，系统框图如图 5.13 所示。

根据图 5.13 所示方案，将若干延时单元组成延时链，将延时链的输出信号反馈到系统输入端，和原始输入信号一起经过一个单稳态触发逻辑判断，判断结果被重新送回到重合检测电路中去，实现一个延时链可以多次复用的循环检测，从而将它的测量范围扩展到原来的 N 倍（N 为计数器输出可达到的最大值）。其中每循环一次，就会产生一个计数脉冲，单稳态触发逻辑内部计数器的输出就会自动加 1。这样若计数器输出为 N，则被测短时间间隔的大小为

$$t_x = NT + n\tau \tag{5-7}$$

式中，t_x 为被测时间间隔；N 为计数器输出值；T 为差分延时链的测量范围；n 为延时链最后一次循环中重合检测电路检测到的重合单元个数；τ 为开始信号经过的每个延时单元的延时时间即系统的测量分辨率。

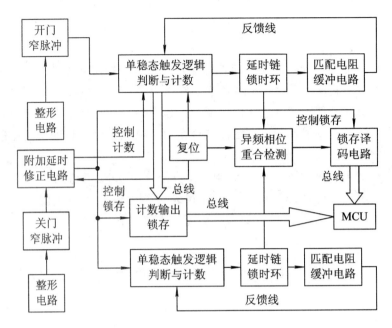

图 5.13　系统设计新方案

5.3.1　整形和控制电路

　　整形电路采用施密特触发器,将输入信号整形为脉冲信号,要求脉冲的上升沿达到 1 ns 级,且抖动小于 50 ps。无源延时链的分辨率为 250 ps,测量范围为 5 ns,要扩展这一延时链的测量范围,计数器部分采用频率至少为 200 MHz 的时钟,主要是用于扩大测量范围至毫秒级,FPGA 芯片经过 PLL 倍频后可以满足这一要求。控制电路采用单片机 89C52 控制,在将重合检测信息传送到单片机之前,需要电平转换电路将工作电平由 ECL 电平转换至 TTL 电平,然后单片机将数据解码、处理之后,交由显示单元显示,后者通过 RS - 232 接口将测试数据传输到 PC 上位机,也可以接受上位机的控制命令。

5.3.2　附加延时电路和 DLL

　　附加延时修正模块的主要作用是为了抵消开门信号在传输过程中的附加延时,消除系统误差,保持开始信号和关门信号之间的时间关系不变,提高测量精度。这里采用延时链和分压延时相结合的方法来实现延时修正。延时链主要是由 FPGA 中的 LCELL 组成,其原理和开门信号经过的延时模块相同,主要用于对附加延时的粗调。这里开门信号的主要附加延时为开门信号触发单稳触发模块时与时钟不同步的延时误差;分压延时主要采用电阻的分压比来实现延时的细调,其电路原理及波形原理如图 5.14 所示,其中输入信号为 V_i,输出信号为 V_o,则 V_o 的电压值始终为

$V_i R_2/(R_1+R_2)$。由于 $V_o = V_i R_2/(R_1+R_2)$，则 V_o 始终小于 V_i，当 V_i 到达触发电平时，V_o 需要经过 T_d 时间后，才能到达触发电平，所以相当于 V_o 的上升沿到来的时间比 V_i 要滞后 T_d。根据这个原理，可以通过改变电位器 R_2 的阻值来改变延时量。理论上分压可调延时电路调节延时量的范围从零到无穷大，延时量由 R_1 与 R_2 的比值来决定。在本系统中此电路是用于微调关门信号的延时量，来补偿开门信号的附加延时，所以 R_1 应远小于 R_2。实验表明，R_1 取 100 Ω，R_2 取 10 kΩ 时比较合适，且使用分压可调延时电路在修正关门信号的延时量的同时，对关门信号的上升沿的陡峭程度影响不大。当然，分压法可调延时电路当 R_1/R_2 的值固定时，其延时量还受到输入信号的电压上升率的影响。

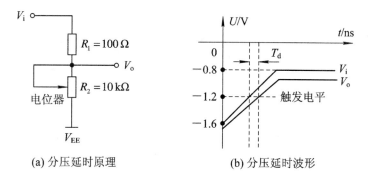

(a) 分压延时原理　　　　　　(b) 分压延时波形

图 5.14　分压延时原理与波形

考虑到延时链中每段延时线在长度上的不均匀性和由此带来的非线性测量误差，系统在每个延时单元上附加了延时锁相环 DLL——锁时环，以保证信号在传输过程中的时延稳定性。延时锁相环 DLL 是锁相环 PLL 的另一种形式，它与传统的 PLL 的不同之处在于它用压控延时线 VCDL 电路代替传统 PLL 中的 VCO 电路，并且不需要分频器电路，如图 5.15 所示。

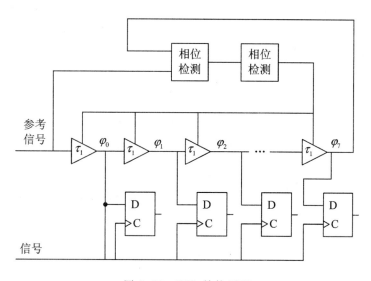

图 5.15　DLL 结构原理

压控延时模块 VCDL 是 DLL 中的一个关键部分,其结构如图 5.16 所示。一个理想的输出延时时间应该和控制电压成线性关系。由图 5.16 可知,m_5、m_7 和 m_6、m_8 组成主延时单元,m_1、m_2 和 m_3、m_4 分别构成镜像电流源,为延时单元提供电流。而 m_9、m_{12} 控制延时参数大小,整个电路有良好的线性。DLL 中另一个部分是鉴相器和电荷泵,主要功能是将延时信号与参考信号对比,得到其相位差信息,然后电荷泵将该相位差转换为误差电压信号,控制延时单元调整延时,使得延时线的总延时与参考信号的周期相等。DLL 电路主要是用来将量程由纳秒级扩展到百纳秒级,且要保证延时单元的延时准确性和稳定性。

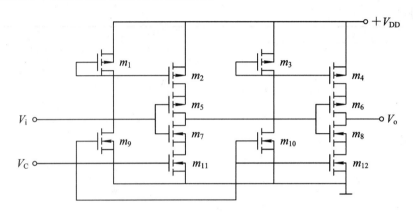

图 5.16　压控延时单元

5.3.3　单稳态触发及计数电路

　　图 5.17 为单稳态触发及计数的集成电路部分。其中 Clk 为系统时钟,选为 200 MHz,用来控制开门_输出信号的脉宽及周期,使其等于延时链的延时范围;Start 和 Stop 信号分别为待测时间间隔的开门和关门信号;Reset 为系统的全局复位信号;Start_Feedback 为延时链的输出反馈信号;Start_Out 为开门信号经过单稳触发模块后输入到延时链中的开门信号;Count_Out 为开门信号在延时链中的循环次数计数器的输出。

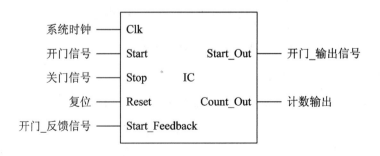

图 5.17　单稳态触发及计数电路

集成电路的单稳触发部分，每一个开门信号或者延时链的输出反馈信号上升沿都会触发输出一定脉宽的脉冲信号，要求脉冲信号的周期等于延时链的总延时长度，目的是为了重合检测时易于判断相位重合点及译码的方便。因此，输出脉冲的低电平时间也要受到控制，以防止系统测量误差的出现。

集成电路的计数部分，在关门信号到来之前，每来一个延时链的输出反馈信号，计数器输出就加 1，直到关门信号到来之后，才停止计数。计数值即为开门信号在延时链中的循环次数，同时锁存重合检测电路的输出，以此计算得到在延时链中不足一圈的那部分时间间隔的大小，最后计算得到所测时间间隔大小。

5.3.4　新方案的 FPGA 实现

基于 FPGA 的时间间隔测量系统实现框图如图 5.18 所示。出于对系统测量速度、功耗、体积、成本及可靠性方面的考虑，系统在具体实现上将延时链模块、单稳触发及计数模块、重合检测模块、锁存译码模块、计数锁存模块、附加延时修正模块及数据处理模块等逻辑电路全部集中在 FPGA 芯片上，使各部分达到最佳优越性能。开门信号和关门信号经整形后被送往 FPGA，MCU 从 FPGA 中采集数据并进行处理，最后计算结果在 LCD 上显示出来。至此，基于延时复用技术的 FPGA 实现方案不仅巧妙地解决了高分辨率与窄测量范围之间的矛盾，还简化了电路结构，同时系统的稳定性也得到了极大提高。目前，基于 FPGA 的时间间隔测量系统已研制出样机，经实际测试能够达到十皮秒级至皮秒级的分辨率。

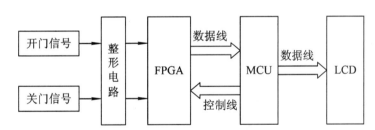

图 5.18　基于 FPGA 的时间间隔系统实现方案

5.3.5　实验结果及分析

根据图 5.18 所设计的时间间隔测量方案，具体在 FPGA 中实现。在参考频率为 200 MHz 的情况下，若设置测量分辨率为 20 ps，则最大测量误差为 20 ps，其测量精度为 2.5 ps，在 FPGA 中通过计数器和参考频率产生一系列时间间隔 T_1，分别与 HP5370B 所测时间间隔 T_2 进行比较，其测试结果如表 5.3 所示。

从表 5.3 可以看出，HP5370B 与新测量系统的比较结果，存在的最大误差是 20 ps，分析其误差原因，主要是新系统延时单元的不均匀性所形成的非线性累积误差所造成的，此外还有随机误差。对于系统误差和非线性误差，可通过软件修正的方法对测试结果进行修正，从而提高系统的测量精度。

表 5.3　实验测试结果

测量次数	HP5370B T_1/ps	新测量系统 T_2/ps	测量误差/ps
1	10 600.000 000	10 612.000 000	12
2	84 300.000 000	84 310.000 000	10
3	150 700.000 00	150 714.000 00	14
4	365 800.000 00	365 783.000 00	17
5	795 100.000 00	795 113.000 00	13
6	1 476 005 600	1 476 005 580	20
7	9 786 300 500	9 786 300 486	14
8	20 875 102 400	20 875 102 419	19

5.4　基于异频相位处理与长度游标相结合的时频测量

在信号的时-空转换关系和异频相位重合检测的基础上，作为时间间隔测量方法的应用，可以考虑一种基于长度游标的超高精度时频率测量新方法。我们知道，光和电磁波信号在空间或特定介质中的传播速度是高度准确和稳定的。利用这一自然现象对被测时间信号与其在长度上传输延时的重合检测来测量短时间间隔，可以较容易地获得纳秒级到 10 皮秒级的测量分辨率。同时，新方法利用信号在导线中传输时延的稳定性形成长度游标，大大减小了标频信号与被测信号之间相位重合信息中的模糊区，有效地逼近了最佳相位重合点，提高了测量精度。利用信号传播速度的稳定、准确这一特性所能保证的精度比国内外传统的基于频率处理的方法精度更高，价格也更有优势，而且还能解决特高频率的测量问题。

5.4.1　异频相位重合检测原理

1. 量化相移分辨率

频率信号除各自的周期性变化特性之外，能够对测量、比对和控制起显著影响的主要是频率信号之间相位差变化的规律性，而体现这种规律性变化的重要表征是它们之间的最大公因子频率、最小公倍数周期、量化相移分辨、等效鉴相频率及群周期等。设两异频信号 f_1 和 f_2，周期分别为 T_1 和 T_2。若 $f_1 = Af_{maxc}$ 和 $f_2 = Bf_{maxc}$，其中 A 和 B 是两个互素的正整数且 $A > B$，则称 f_{maxc} 为它们之间的最大公因子频率，f_{maxc} 的倒数为最小公倍数周期 T_{minc}，则有

$$T_{minc} = \frac{1}{f_{maxc}} = \frac{A}{f_1} = AT_1 \qquad (5-8)$$

$$T_{minc} = \frac{1}{f_{maxc}} = \frac{B}{f_2} = BT_2 \qquad (5-9)$$

它们的频率关系如图 5.19 所示。这里 f_1：f_2 严格等于 A：B。

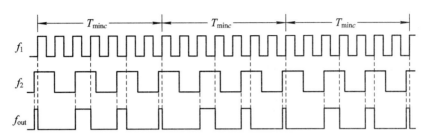

图 5.19 两异频信号间的相互关系

从图 5.19 可以看出，在一个 T_{minc} 内，异频信号之间的相位差互不相同且不具有连续性。所以，从连续性的角度来看，异频信号之间并不具备相位的可比性。但是，若以 T_{minc} 为单位，把 T_{minc} 内的所有相位差集合起来作为一个群（这里称为相位差群）或整体，则群与群之间具有严格的对应关系，如图 5.20 所示。

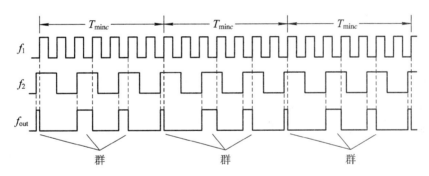

图 5.20 两异频信号之间的严格群对应

在一个群内，所有相位差的平均值被称为群相位差。在实际的异频信号相位比对中，由于外界的各种干扰，频率信号之间往往会出现相位扰动或频率漂移现象。所以 f_1 和 f_2 之间具有微小频差 Δf，即 f_1：f_2 并不能严格保持 A：B。这使得群相位差会发生平行的移动，称之为群相移，如图 5.21 所示。图 5.20 所示的群对应相等是群相移为零时的特殊情况。

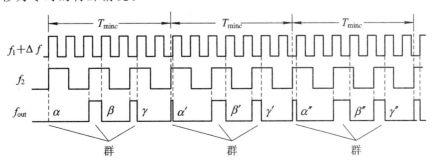

图 5.21 任意不同频信号之间的群对应

图 5.21 中的 α、α'、α''，β、β'、β' 和 γ、γ'、γ' 分别是三个相邻的群所包含的对应相位差。由图 5.21 可知，群相位差的变化范围虽然很窄，但具有良好的线性特性。对于任意异频信号之间相位差变化的连续性，并不发生在每个群内，而是发生在各群之间。随着时间的推移，表面上看起来杂乱无章的相位差群就可以根据这种特定的连续性，反映出频率信号之间相位差的变化。群相位差延时的积累使得两异频信号再次发生相位重合，两次相位重合所经历的时间间隔，称之为群周期。在一个群周期中，群相位差变化的最大值 ΔT 为两异频信号相位比对发生满周期变化的相位差，即 $\Delta T = T_1/B$，结合式（5-8）、式（5-9）有

$$\Delta T = \frac{f_{maxc}}{f_1 f_2} = \frac{1}{AB f_{maxc}} \tag{5-10}$$

由式（5-10）知，ΔT 越小，理论上两异频信号间的相位重合状态越好。因此，ΔT 也称为信号之间的量化相移分辨率。对于已知频率的两比对信号，ΔT 是个确定的数，它与两信号频率的乘积成反比，而与它们之间的最大公因子频率 f_{maxc} 成正比；它代表了特别高的周期性相对相位变化的分辨率。要使两信号间量化后的相对相位变化的分辨精度高，则希望在它们尽可能高的频率下又有相对低的最大公因子频率。

2. 异频相位重合点

在相位比对中，任意两异频信号之间的相位差会随时间而变化，这种变化具有周期性。变化的周期正是由 T_{minc} 形成的群周期，相位差值的变化在群周期中被规则地表现出来。如图 5.19 所示，在一个 T_{minc} 内，两信号间的量化相位差状态中有一些值分别等于信号间的相对初始相位差加 0，ΔT，$2\Delta T$，$3\Delta T$，…，把这样的一些点中相位差最小的状态点叫两信号间的相位重合点。对于任意给定频率的两个信号，由于它们之间频率值的不同，会发生相互相位的移动，并且两异频信号被整形为窄脉冲后还具有相当的宽度，所以两信号的相位重合点并不具有理论上的唯一性，即相位重合点并不是一个窄脉冲，而是一簇脉冲。在这一簇脉冲中，幅度最高的被称为最佳相位重合点，其它的被称为虚假相位重合点。因此，在相位重合处所得到的相位重合信息具有一定的模糊区，而窄脉冲均匀分布在这个模糊区内。由于在模糊区内高于闸门触发电平的窄脉冲有很多，因此造成了测量闸门的开启与闭合的随机性，使得每次测量闸门的时间并不完全相等，限制了测量精度的提高。相位重合点的分布如图 5.22 所示。

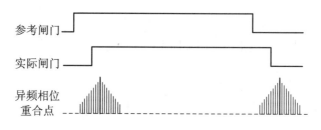

图 5.22　两异频信号之间的相位重合点

两异频信号间的相位重合信息主要由相位重合检测电路检出(见图 5.23),它对相位重合点捕捉的准确程度,决定了测量的精度。

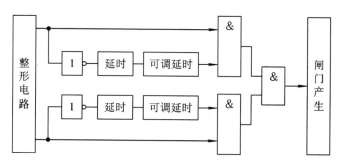

图 5.23 异频相位重合点检测电路

3. 相位重合点的可移动性和稳定性

根据信号的时-空关系,两异频信号在传输线中通过延时移相,可以使它们的相位重合点在一个 T_{minc} 内沿时间轴发生平行的移动。实验结果表明,当对一路信号进行 $0\sim360°$ 的移相时,相位重合点在 T_{minc} 内离散运动;当对两路信号同时移相时,相位重合点在 T_{minc} 内连续运动,如图 5.24 所示。

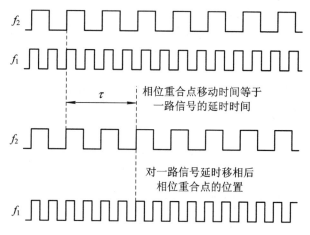

图 5.24 相位重合点平行移动

无论哪一种运动,相位重合点本身都具有高度的准确性和稳定性。具体实验方案如图 5.25 所示。

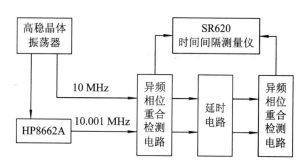

图 5.25 相位重合点时间间隔测量

实验中，所用超高稳晶体振荡器输出的是 10 MHz 的标频信号，另外一个频率信号是用它的输出经 HP8662A 频率合成器合成的，为 10.001 MHz。延时线路为两段等长的同轴电缆，长度均为 3 m，使用 SMA 接口连接。用 SR620 对时间间隔进行测量。如果所测时间与两个频率信号在延时线路中的传输时间相等，则表明所测时间为信号在线路中的传输延时。测量数据如表 5.4 所示，其中 n 为测量次数；t 为每次测量相位重合点之间的时间间隔。

表 5.4   无延时相位重合点测量

测量次数 n	1	2	3	4	5
时间间隔 t/ns	15.281	15.161	15.304	15.086	15.047
测量次数 n	6	7	8	9	10
时间间隔 t/ns	15.106	15.248	15.077	15.315	15.023

由表 5.4 知，每次测量的结果相差不大，其平均值为 $t=15.165$ ns，经测定信号在电缆中延时系数为 $\varepsilon=5.015$ ns/m，所以 3 m 电缆线的延时时间为 $t=15.045$ ns。考虑到重合检测电路的精度限制及其它线路的附加延时，这样的试验结果还是比较准确的。这也是测定信号在电缆线中延时系数的一种方法。

根据图 5.25 所示实验装置，在其中一路信号与第一个相位重合检测电路之间增加一段延时线，同样使用同轴电缆，如图 5.26 虚线框中所示。

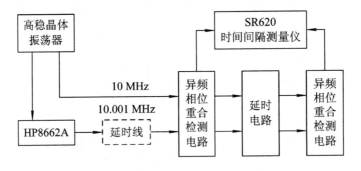

图 5.26   延时后的相位重合点时间间隔测量

在图 5.26 中，调整虚线框中延时线的长度，再次测量两信号发生相位重合的时间间隔。测量数据如表 5.5 所示，其中 n 为测量次数；t 为每次测量相位重合点之间的时间间隔。

表 5.5   被延时的相位重合点测量

测量次数 n	1	2	3	4	5
时间间隔 t/ns	15.151	15.289	15.326	15.017	15.077
测量次数 n	6	7	8	9	10
时间间隔 t/ns	15.137	15.429	15.268	15.108	15.093

由表 5.5 可知，测量数据的平均值 $t=15.19$ ns，与表 5.4 测量数据相比，两次测量的结果的平均值大致相同。由于延时线的误差和门电路的影响，两组数据的差别是允许的。两次实验结果表明对一路信号进行延时移相，可以调整相位重合点在时间轴上的位置。也就是说，对其中一路信号进行相位的移动，只会使得它们之间的相位重合点在时间轴上发生平等的移动。如果此时记下在未加虚线框内延时线时相位重合检测电路 1 输出信号发生的时刻，再记下加上虚线框内延时线时相位重合检测电路 1 输出信号发生的时刻，二者之差应等于虚线框内延时线长度与延时系数的乘积。实验结果与图 5.24 所示波形相符。

5.4.2　基于长度游标法的异频相位重合检测原理

1. 基于时-空转换的长度游标法

基于时-空转换的长度游标法是指利用信号的时-空关系与时间游标法相结合而形成的一种新的时频测量方法。在时频测量中，由于传统游标法是利用了两个频率稍有差异的冲击振荡器分别与被测时间间隔的开门和关门信号相位同步，再测量两个振荡器之间在时间延伸上的重合点来获得被测时间间隔的值，这是把信号之间的短时间间隔在时间的周期性的延伸上展开进行的游标法测量。其中的冲击振荡器的实现具有相当大的技术难度，而且由于极窄脉冲信号产生的困难和特高分辨率重合检测的不易，系统在具体实施方面很难达到理论上的测量精度。为此，采用长度游标法对系统原来的相位重合检测电路进行改进，产生新的相位重合检测系统，以减小重合检测信息脉冲簇的宽度，从而提高测量系统的精度。在长度游标法中，开门信号通过的延时线长度总比关门信号通过的延时线长度要长一些。两路延时线的长度差体现在时-空关系上就是它们之间的延时差即游标的长度，它决定了系统的测量分辨率。由于两路信号的延时时间不同，这种延时的积累最终会使得被测的时间间隔通过长度的延伸出现开、关信号的完全重合。此时，若在每路延时线后对两个信号的重合状态进行测量，可以大大提高系统的分辨率和测量精度。

2. 基于长度游标的异频相位重合检测

在精密频率测量中，可以用两个信号间相位重合检测的方法实现任意频率信号的精密测量。从 5.4.1 小节的分析可知，两异频信号整形后的尖脉冲信号具有一定的脉冲宽度，并且通常的相位重合检测电路的分辨率有限，所以检测到的重合信息并不是理论上的一个尖脉冲信号，而是一簇脉冲信号。也就是说，重合信息具有一定的模糊区。这使得测量系统的精度受到很大的限制。在这种情况下，可以通过长度游标的方法来提高相位重合检测的精度。

在异频相位重合检测之后，再用两级长度游标进行重合检测。这是针对有限的重合信号的脉宽以及对重合状态检测的分辨率问题而采用的。第一级游标的长度即两信号的延时差值是由两个信号之间实际检测线路的重合判断能力所决定的。而第二级游标对应的是重合检测所要求的边界分辨率，也就是期望的检测精度。所以，在两个信号严格重合的时候直接的重合检测能获得重合检测信息。第一级游标后的重合检测获得的是接近于信号间重合的临界状态的重合检测信息；第二级游标后的重合检测则由于信号间经过差值延时之后过渡到非重合状态，因此，第二级游标后的延时差值是对检测分辨率的反映。这样，全部的三个相位重合检测可以通过正、正、负的"与"逻辑门选通电路判断和选出。当两个信号接近于重合的情况而偏离严格的重合情况时，就会不符合"正、正、负"逻辑，从而不能得到最终的检测信息。这样也就把重合检测的分辨率大大提高了。这种方法实际上是利用信号线路本身的稳定性及延时线路的边界稳定度来实现高测量精度的。基于长度游标的异频相位重合检测原理如图 5.27 所示。图中，f_0 是标频信号；f_x 是被测信号，f_{out} 是最终输出信号。

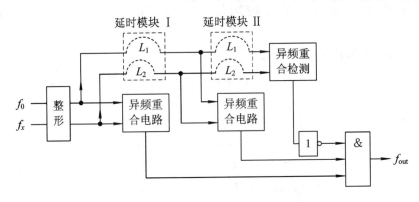

图 5.27　基于长度游标的相位重合检测原理

如图 5.27 所示，基于长度游标的重合检测电路共有三级：第一级是传统的异频相位重合检测电路，由 FPGA 实现；第二级和第三级是新增加的基于长度游标的重合检测电路。三级重合检测电路的输出信号相"与"，就是最终的重合检测信息，此信息被送往 FPGA 作为门时产生电路中的鉴相脉冲。

在传统的重合检测之后分别对标频信号和被测信号做两级延时，利用它们之间的延时差来形成长度游标。由于对于任意给定频率的两个信号，它们会因为频率值的不同而发生相互相位的移动，并以群周期为重复周期将相位差值的变化规则表现出来。由于标频信号和被测信号被整形后所得的尖脉冲信号具有一定的宽度，所以所得的重合信息不可能是与理论上完全相同的两个尖脉冲相"与"所得的一个尖脉冲信号，而是一簇脉冲，即重合信息具有一定的模糊区。所以，第一级延时后的重合检测是为了提高检测信息的准确度，以减小原来重合信息中模糊区的宽度，获得更加准确的重合信息。因此，第一级游标的长度由经过整形后的脉冲宽度所决定。假设两个尖脉冲信号触发点以上的宽度为 t，则可能捕捉到的"重合点"的范围为 $2t$，那么，为了在尽量靠近理想重合点的位置给出唯一的重合信息，第一级游标的理想长度 t_1 应设置为 $t_1 \leqslant t$，t_1 大则使所判断的"重合点"位置前移，t_1 小则使所判断的"重合点"位置后移。而第二级延时后的重合检测决定了此检测的边界点。设第二级游标长度为 Δt，在能获得精确重合信息的前提下，Δt 越小，则测量分辨率越高。另外，Δt 也和整个线路、信号的稳定性有关，此值大则分辨率提高而可靠性降低，此值小则分辨率降低而可靠性提高。所以，必须确定可靠性的底限来保证分辨率，因为用长度量标志的时间分辨率是容易定量的，但前提是稳定，这个稳定性取决于信号整形后的波形的电压-时间关系和信号的抖动等因素。因此，Δt 的值决定了测量的分辨率，这是在某种特定的相位关系的临界点前后所判定的；而 t_1 的值决定了两个信号之间具体相位差的状况，它保证了延时前后两个信号之间的相位差都能够落在重合范围内，只是范围的缩小由于 Δt 的存在而被单方向圈定了。因此，即使 t_1 存在误差，根据在一个最小公倍数周期内两个信号相位差的唯一性，仍然可以保证不影响精度。相位重合检测工作过程如图 5.28 所示。

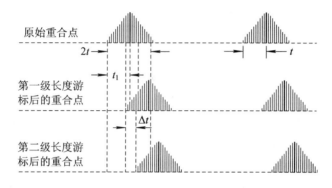

图 5.28　相位重合检测工作过程

根据图 5.27 所示原理，对基于长度游标的相位重合检测进行实验。标频信号采用系统自带的 20 MHz 偏 100 Hz 信号，被测信号是由 HP8662A 频率合成器提供的 10 MHz 信号，利用示波器在相位重合检测电路的输出点观察输出的波形信息，如图 5.29 所示。

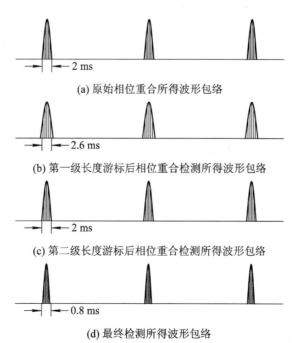

(a) 原始相位重合所得波形包络

(b) 第一级长度游标后相位重合检测所得波形包络

(c) 第二级长度游标后相位重合检测所得波形包络

(d) 最终检测所得波形包络

图 5.29　所有重合检测波形

　　图 5.29(a)是原始相位重合所得波形包络；图 5.29(b)是第一级长度游标后相位重合检测所得波形包络；图 5.29(c)是第二级长度游标后相位重合检测所得波形包络；图 5.29(d)是最终检测所得波形包络。经示波器观察，两路窄脉冲信号触发点以上的宽度为 3.5 ns 左右。图中波形即为各级重合检测后所得的重合信息所形成的包络，包络内部的各条竖线即为一簇簇的重合脉冲。由图 5.29 可以看出，应用长度游标法可最终使所得重合波形包络变得更窄，即包络中所含的重合脉冲个数越少，所得的重合信息越准确。

　　如 5.4.1 小节所述，相位重合信息并不是单一的脉冲，而是一簇，所以图 5.29 所示的波形是这一簇脉冲所形成的包络。其中第一级游标的长度差为 $t_1 = 70$ cm，即进行了 3.5 ns 的延时(信号在同轴电缆中传输 20 cm 形成 1 ns 的延时)，符合所述原理。而为了先获得一定的试验结果，实验并没有要求很高的分辨率，因此将第二级游标的长度定为 2 cm，即进行了 100 ps 的延时。由图 5.29 可以看出，第一级和第二级游标后所得的波形和原始的波形相似，只是在宽度和幅度上略有不同，这充分证明了基于信号时-空关系的长度游标法是成功的，并得到了相应的重合检测信息；而最终的相位重合信息为前面三组波形相"与"所得。由图 5.29 可知，实验所得脉冲包络的宽度接近原始包络的 1/3，即减少了包络中脉冲的个数，也就是使得原始检测信息中的模糊区大大减少，使得最终频率测量的结果更加准确。另外，在长度游标法中，可以通过调整第二级游标的长度将测量精度提高到皮秒量级。

5.4.3　基于长度游标法的频率测量实验

　　目前，基于长度游标的频率测量系统已研制出样机，其测量精度可达到 10^{-13} s 量级。由基于长度游标的相位重合检测电路所得到的相位重合检测信息送给 D 触发器用来生成实际的计数闸门，并将其作为计数器的同步闸门，以便完成对被测信号 f_x 和标频信号 f_0 的计数。根据公式

$$f_x = \frac{N_x}{N_0} f_0 \tag{5-11}$$

计算出被测信号的频率，实现对被测频率的测量。由于提高了相位重合检测信息的准确性，使得同步闸门更加准确，脉冲计数值更加接近于真实值，从而大大提高了系统的测量精度。系统测量原理如图 5.30 所示。

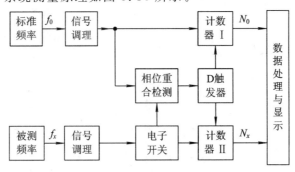

图 5.30　系统频率测量原理

为了验证样机实际的频率测量精度，这里使用了 OSA 公司生产的超高稳定度 86 075 MHz OCXO（精度为 $10^{-13}/\text{s}$ 量级）作为频率合成器 HP8662A 的频标信号，合成输出 10.000 010 MHz 作为本系统的 f_0，用另外一组 8607 的 OCXO 和 HP8662A 产生被测频率 f_x，测试数据如表 5.6 所示。

表 5.6　频率测量实验结果

被测频率/Hz	频率测量结果/Hz	频率稳定度 σ /s^{-1}
5 000 000	5 000 000.263 863±2	7.1×10^{-13}
10 000 000	10 000 000.517 45±1	5.6×10^{-13}
12 800 000	12 800 000.537 81±2	4.2×10^{-12}
16 384 000	16 384 000.558 9±1	8.7×10^{-12}

表 5.6 中的数据表明，本系统在测量与频标关系比较复杂的被测信号时测量精度也能达到 $10^{-12}/\text{s}$，而对于与频标关系较简单的被测信号，如常用的 5 MHz、10 MHz 等其测量精度可达 $10^{-13}/\text{s}$。这与传统的 XDU-17（理论精度 $10^{-11}/\text{s}$）频率测量仪相比，其测量精度有了很大程度的提高。

5.5　基于短时间隔测量的时间同步技术

随着现代化军事战争对卫星导航定位的迫切需求和国民经济对导航定位的日趋依赖，导航卫星的应用有了深入的发展，卫星导航定位已成为现代社会不可缺少的重要组成部分。卫星导航受到了各个国家的空前关注，美国、俄罗斯以及欧洲的一些国家都投入了大量的人力、物力，来发展自己的卫星导航系统。20 世纪中期开始，美国和苏联两大军事超级大国开始建设主要用于军事目的 GPS 和 GLONASS 系统，系统建成后广泛应用于军事和民用领域。随着卫星导航在各个领域应用的不断深入，欧盟于 2002 年 3 月开始建设用于民用目的的 GALIEO 系统。我国也于 2000 年成为世界上第三个拥有自己的卫星导航系统的国家。其实，为验证卫星导航理论，满足民用应用需要，早在 1994 年我国便开始建设卫星导航定位试验系统，目前已经广泛应用于石油、水利、森林防火、海上救生等民用领域，受到国民经济各应用领域的好评。虽然在卫星导航定位应用中无需考虑时间同步，但要使卫星导航系统实现精确定位，就必须实现卫星与地面之间的时间同步，因为在系统建设和系统运行维护中，时间同步是卫星导航定位系统的一个关键技术和一项基本性能，直接影响系统导航、定位和授时精度，是系统设计的关键。

我国的卫星导航技术发展起步晚，技术相对不是很完善。美国的 GPS 是美国国防部从 20 世纪 70 年代初开始设计和研制，历时约 20 余年的时间发展起来的比较完善的导航系统。由于它具有高精度、低成本和高效率的优点，从一开始就得到了广泛的应用。因此，在我国的民用导航中，可以充分利用 GPS 卫星。近年来，我国又在构建第二代卫星导航系统，星地时间同步是导航定位系统的重要组成部分，其精度和可靠性对导航系统的定位精度和性能有重大影响。因此，星地时间同步技术的研究也显得尤为迫切和关键。本章正是应国内卫星导航系统的发展需要，展开对导航卫星星地时间同步技术的研究。

5.5.1　时间同步及应用

1. 时间同步

顾名思义，时间同步就是把各地时间对齐，使各地在同一时刻具有相同的时间计量值。从有关时间的知识我们知道，世界时和历书时虽然准确度可以达到 $10^{-8} \sim 10^{-9}$ s 数量级，但是对于许多高精度时间的应用领域（比如国防）来说，其精度还远远不能满足要求。因此，在高精度应用领域现在都是采用原子时来计时。虽然原子频标的准确度和稳定度相对较高，但是对于这两项指标稍低的商品原子频标来说，由此而产生的时间累计误差对于高精度时间同步来说仍然是需要考虑的。因此，高精度时间同步除了需要时间同步以外，还需要频率校准。前者要求各同步点之间的绝对时间相同。比如，我国都使用北京时间，时钟同步设备就是调整本地的时钟时间，使之与北京时间在一定的精度内保持严格同步；后者是指维持各点的频率相同，它们可以是任意相位的。从技术角度来看，维持时间同步与维持频率相同相比要困难得多，它要求在维持频率相同的同时，还要严格维持相位同步，不允许有相位误差以及传输过程中引入的相位损伤。其实，在很多应用中，我们并不需要各同步点的绝对时间一定同国家或国际标准时间相同，我们只需要在应用系统内各点的相对时间相同。所以，从这个角度来说，我们通常所说的时间同步可分为相对时间同步和绝对时间同步（相对时间同步是指某个系统内的原子钟所进行的时间同步；绝对时间同步是指除了完成本系统内的时间同步外，还要与国家标准时间和国际标准时间 UTC 相同步）。

随着现代社会的高速发展，人们的生活和工作节奏越来越快，时间同步的应用要求也越来越广泛。与此同时，快速发展的社会生产力越来越推动着各种政治、文化、科技和社会信息的大容量传递，而保证这些大容量信息可靠准确快速地传递就必须要求严格的高精度的时间同步。随着人类探索整个物质世界的深入，在一些特定领域对时间同步的同步精度的要求也越来越高。

2. 时间同步技术的应用

目前，高精度时间同步主要应用在以下几个方面。

1）数字通信网的高精度时间同步应用

当今是以数字通信为基础的信息资讯时代，高速、大容量的信息传递随处可见。高速数字通信正在各行各业发挥着巨大的不可替代的作用，并且它的发展正在影响和改变着我们的生活方式。在现代通信系统中，数字同步网与电信管理网，以及信令网一起并列为电信网的三大支撑网，它是通信网正常运行的基础，也是保障各种业务网正常运行和提高质量的重要手段。数字同步网主要需要频率校准，如果频率不相同，那么收发双方的采样时间不一样，造成数据传输错误。基于数字同步网的业务网，如 SDH 通信网时间同步、CDMA 基站间的时间同步等，不仅需要频率校准，而且需要高精度的时间同步。高速数字通信系统现在一般要求时间同步的时刻准确度小于 $\pm 0.5\ \mu s$，频率稳定度优于 $\pm 5 \times 10^{-12}/s$。目前，世界各国的通信网都建立了数字通信同步网，我国的中国电信、中国移动、中国联通及电力、广电、铁路、军用等各通信网的同步网也正在建设和完善之中。

2）交通、电力、金融数据网的高精度时间同步应用

交通、电力、金融等部门除其通信网有时间同步需求之外，在调度、监控、数据交流等方面有广泛的时间同步要求。例如某地区的电力网因为某原因发生大面积的跳闸停电，而在每个变电站上的监控设备可以将本站的跳闸时刻记录下来，如果每个变电站的时间是严格同步的，如同步精度准确到 $1\ \mu s$，那么记录时间最小能精确到 $1\ \mu s$，从记录时间上就能区分至少相距 300 m 的各变电站的停电先后顺序。以此类推，如果同步精度只能精确到 1 ms，那么记录时间最小只能精确到 1 ms，相应从记录时间上就只能区分至少相距 300 km 的各变电站的停电先后顺序。可见，各变电站的同步精度越高，那么就可以较小范围内确定各变电站跳闸的时间顺序，从而便于分析查找跳闸的地点和原因。另外，银行、证券等各种交易是实时进行的，各种交易数据交换时，其时间顺序也是重要的参数。

3）军事领域的高精度时间同步应用

军事上时间同步的应用十分广泛，精度要求也特别高。从火箭、导弹、飞机等目标的精密定位、突发的保密通信、预警及火控雷达网的协调工作到各兵种的协调作战都离不开高精度的时间同步。如美国军方的 GPS 全球卫星定位系统、俄罗斯军方的 GLONASS 全球卫星定位系统，这两个系统的卫星上都放置了高准高稳的受控的铯或氢原子钟，通过精密定时信息来获得精确的定位信息。再如，巡航导弹要在一定的准确度下才能击中目标并造成一定的杀伤力，其时刻准确度要求在 ± 50 ns 之内，频率准确度要求在 $\pm 5 \times 10^{-13}/s$ 之内，且它们取值越小命中率越高。高精度时间同步还是双（多）基地雷达能正常工作的基本条件，当同步精度为 100 ns 时，定位误差为 30 m，当同步精度为 1 ns 时，定位误差为 0.3 m。

除了以上几个方面的应用外，在很多科学研究领域（如电离层特性研究等），在计量和校准领域，以及高精度的时间戳等方面，都需要高精度定时。在航天领域，如火箭发射等都需要高精度的时间和频率同步。表 5.7 列出了高精度时间同步在一些特定领域中的应用及其精度指标要求。

表 5.7 时间同步在特定领域中的应用

应用领域	时刻准确度	频率准确度/s	应用领域	时刻准确度	频率准确度/s
卫星导航	± 20 ns	$\pm 2 \times 10^{-13}$	长江二号导航台	± 100 ns	$\pm 3 \times 10^{-12}$
侦察卫星	± 10 ns	$\pm 5 \times 10^{-13}$	北斗一号	± 100 ns	—
巡航导弹	± 50 ns	$\pm 5 \times 10^{-13}$	高速数字通信网	$\pm 0.5\ \mu s$	$\pm 5 \times 10^{-12}$
卫星测轨	± 100 ns	$\pm 1 \times 10^{-12}$	电力传输网	$\pm 1\ \mu s$	$\pm 1 \times 10^{-11}$

5.5.2　导航卫星星地时间同步的原理及方法

1. 星地时间同步原理[120]

如图 5.31 所示，设卫星 S 和地面站 E 各有一台原子钟，读数分别为 T_S、T_E。卫星将原子钟 T_S 的秒信号经过发射系统发往地面站，地面站测量本身原子钟的秒信号与接收的秒信号之差，即传输时延 τ^*，由此可得出从卫星到地面站的伪距 r^*。星地时间同步时序关系如图 5.32 所示。

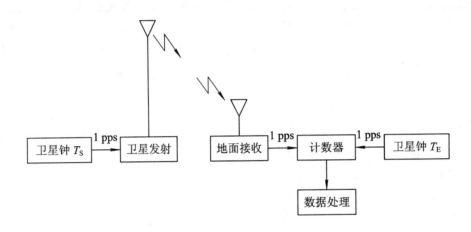

图 5.31　星地时间同步原理

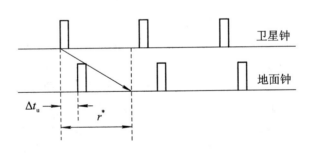

图 5.32　星地时间同步时序关系图

如果不考虑电离层、对流层、设备时延和测量误差等因素的影响，可得地面站与卫星之间的伪距为

$$r^* = r + c \cdot \Delta t_u \tag{5-12}$$

则理想情况下卫星钟与地面站钟的差值为

$$\Delta t_u = \frac{r^* - r}{c} \tag{5-13}$$

式中，r^* 是地面站与卫星之间的伪距；r 是地面站与卫星之间的真实距离；c 是光速；Δt_u 是卫星钟与地面钟之差，如果 $\Delta t_u = 1$ ns，则相当于距离误差为 0.3 m，即 30 cm。由此可见，卫星导航定位系统定位精度的高低，除了与星载原子钟的性能有

关以外，系统内原子钟同步精度也起着至关重要的作用。如果星地时间不能精确同步，即不能准确知道星地钟差，则测距误差将会很大。

在现代卫星导航定位系统中，为了降低用户接收机的成本，用户接收机不装备原子钟而只装备一般石英钟，用户接收机与卫星的时间同步采用下面的方法。

在卫星原子钟与系统时间之间已严格同步的前提下，用户接收四颗以上的卫星信号并测出伪距

$$r_i^* = r_i + c(\Delta t_u - \Delta t_{si}) \quad i = 1, 2, 3\cdots \tag{5-14}$$

式中，r_i^* 为用户到 i 星的伪距；r_i 为用户到 i 星的真实距离；$\Delta t_u = t_u - t$ 为用户钟与系统时间之差；$\Delta t_{si} = t_{si} - t$ 为星载原子钟与系统时间之差；$\Delta t_u - \Delta t_{si}$ 为用户钟与 i 星的原子钟时间之差。

设在地球坐标系中，第 i 颗卫星的空间坐标为(X_{SI}, Y_{SI}, Z_{SI})，如图 5.33 所示。

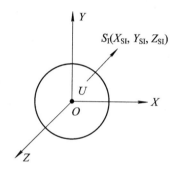

图 5.33 地球坐标系面

设用户的坐标(x_u, y_u, z_u)和时刻 Δt_u 为未知数，卫星的位置为已知量，则通过测量四颗卫星的伪距可建立四个独立方程

$$r_i^* = \sqrt{(x_u - X_{SI})^2 + (y_u - Y_{SI})^2 + (z_u - Z_{SI})^2} + c \cdot (\Delta t_u - \Delta t_{si})$$
$$i = 1, 2, 3, 4 \tag{5-15}$$

解联立方程可求出用户的位置(x_u, y_u, z_u)及用户相对于系统时间 t 的差 Δt_u。

2. 星地时间同步的方法

卫星导航系统的时间同步包括地面站之间的时间同步和星地时间同步两部分，站间时间同步是星地时间同步的基础。传统时间同步方法是指在授时系统、时间传递系统、时间统一系统和已有的卫星导航系统（比如 GPS 和 GLONASS 等）中采用的时间同步方法。传统时间同步方法种类繁多，根据用途可以将其划分为站间时间同步方法和星地时间同步方法，根据数据处理策略的不同可以划分为双向法和单向法等。系统星载原子钟与地面站原子钟的同步方法常用的有单向时间同步法、双向时间同步法和激光法等。

1）单向时间同步法

单向接收卫星信号实现星载原子钟与地面钟的同步，其组成如图 5.34 所示。

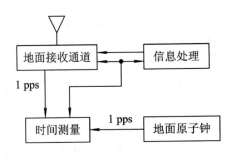

图 5.34　单向时间同步法

单向时间同步处理过程如下：

（1）先精确测量地面站天线的位置，然后接收导航信息计算卫星与地面站之间的距离，进而可求出电磁波信号从卫星到达地面站所需的时间。

（2）通过天线仰角、斜距以及导航电文中的电离层模型，计算信号在电离层中的时延和对流层中的群时延。

（3）查阅信号在设备中的时延。

（4）通过地面站与卫星之间的伪距求信号的传输时间。

（5）计算卫星钟与地面钟之差 $\Delta t = t_{\mathrm{E}} - t_{\mathrm{S}}$，并进行多次测量以提高精度。

（6）Δt 用三阶多项式表示，其表达式为

$$\Delta t = a_0 + a_1(t - t_{\mathrm{oc}}) + a_2(t - t_{\mathrm{oc}})^2 + \int y(t)\,\mathrm{d}t \qquad (5-16)$$

式中，t 为观测历元；t_{oc} 为参考历元；a_0 为在 t_{oc} 时刻的钟差；a_1 为在 t_{oc} 时刻的钟速；a_2 为在 t_{oc} 时刻的钟速变化率；$\int y(t)\,\mathrm{d}t$ 为随机项。

2）双向时间同步法

在星地的时间同步比对方案中，双向法是精度较高、使用较广的一种方法。通过微波测距实现双向时间同步，其基本原理如图 5.35 所示。

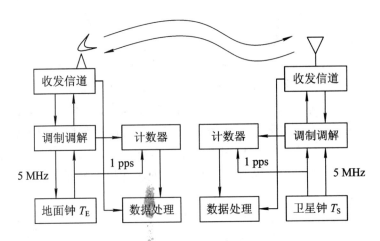

图 5.35　星地双向时间同步原理图

将卫星原子钟秒信号按一定的格式编入下行电文，并记录星上的秒数，由发射机发向地面。地面接收后，与地面原子钟的时间对比，得到卫星到地面的信号传输时间比对值 T_E。同时也将地面观测站原子钟的秒信号按一定的格式编入上行电文，并记录地面观测站的秒数发送给卫星。卫星收到该信号后，通过与星上原子钟时间比对，得到地面到卫星的信号传输时间比对值 T_S。如果星地间信号传播路径相同，上下行电磁波的频点非常接近，则电离层和对流层对信号传播时延的影响可以相互抵消。再考虑星地接收机和发射机的设备时延，可得星地间的时间差为

$$\Delta t = \frac{T_E - T_S}{2} + \frac{r_E - r_S}{2} \tag{5-17}$$

式中，r_S 和 r_E 分别为星上和地面发射接收的时延。式(5-17)的方程能够直接解出高精度的星地间钟差的条件是星上和地面各自观测到的比对值所对应信号传播路径是相同的。

　　3）激光时间同步法

　　近年来，世界各国对激光同步理论与系统进行了深入研究，星地激光时间同步技术有了很大的发展。系统组成如图 5.36 所示。

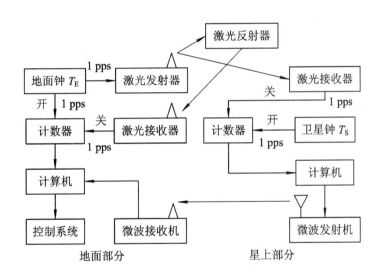

图 5.36　星地激光时间同步系统组成示意图

　　系统工作过程为：地面钟 T_E 的秒信号触发激光发射器，将激光脉冲发向卫星，经激光反射器返回到地面接收机，接收脉冲信号触发关时间间隔计数器的门，计数器记录发射与接收的时刻差。同时，星上激光接收机接收地面的激光脉冲，输出的脉冲关计数器的门，计数器测出脉冲到达时间与星上原子钟时间之差，经星上计算机处理后，将差值通过微波发射机发回地面站。地面计算机将星上和地面测得的时间差，结合各种误差修正，进行综合处理后，获得星地的时间之差。

　　设地面发射时刻为 T_{E0}，在星上记录激光到达时刻为 t_S，在地面记录激光返回的时刻为 T_{E1}，则地面测得激光到达卫星的时刻为 t_E。时序关系如图 5.37 所示。

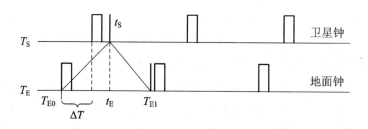

图 5.37 星地激光时间同步时序关系

地面站测得的值为 T_{E1}，因此，地面测得激光到达卫星的时间 t_E 为

$$t_E = \frac{T_{E1}}{2} \qquad (5-18)$$

星上计数器测得的值为 t_S，在不计其它误差的情况下，星地原子钟之差可以简单表示为

$$\Delta t = T_E - T_S = t_E - t_S = \frac{T_{E1}}{2} - t_S \qquad (5-19)$$

5.5.3 基于时间间隔测量的时间同步方案

卫星信号接收机产生的秒脉冲信号是作为时间同步的基准信号的。要实现高精度时间同步，就需要地面钟分频产生的秒脉冲信号的上升沿和卫星信号接收机产生的秒脉冲上升沿对齐，要达到这一点，就要测量它们的相位差（即时间间隔），然后校准对齐[242-248]。由于地面钟的频率只能达到一定的准确度，故它分频产生的秒脉冲信号的上升沿在一次校准对齐之后仍然会累积较大的误差以至于下一次还需要校准，所以需要对地面钟的频率进行校正以实现较小的累积误差。在时间间隔测量系统的基础上设计出了一款时间同步系统，如图 5.38 所示。

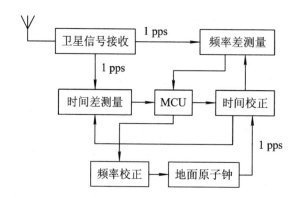

图 5.38 高精度时间同步系统方案图

该系统由时间差测量、频率差测量、时间校正、频率校正、卫星信号接收器和微处理器构成。系统工作时，卫星信号接收器将接收到的秒脉冲输入到时间差测量模块和频率差测量模块，地面原子钟分频得到的秒脉冲也同时输入到时间差测量模

块和频率差测量模块。时间差测量模块完成地面钟与卫星钟时间差的测量，频率差测量模块完成地面钟与卫星钟频率差的测量。测量完成后，微处理器采集并处理两个测量模块的数据，然后向时间校正模块和频率校正模块发出校正数据，进行多次校正后最终达到时间同步。

1. 时间差测量

在时间同步中，时间差的测量是最重要的，时间差的测量分辨率和精度直接决定了时间同步的精度[249-255]。在实际时间同步技术应用中，一般都是通过秒脉冲的比对来实现时间同步。具体实现方法是，分别由基准点和同步点的原子钟输出频率分频得到两个秒脉冲信号，以其中一个作为被测时间间隔闸门的开门信号，另外一个作为被测时间间隔闸门的关门信号，测量波形图如图 5.39 所示。用基于时-空关系的时间间隔测量系统对这种时间间隔的测量分辨率可达 250 ps。

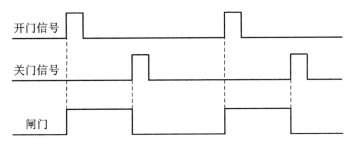

图 5.39　时间差测量原理图

通过时间间隔测量系统测量得到两个秒脉冲之间的时间差（即时间间隔），测量完成后，时间间隔测量结果被送到微处理器。

2. 频率差测量

如果频率不相同，即使在某一时刻两频率源达到时间同步，经过一段时间后两频率间也会产生一个与它们之间的频差成正比的时间差。所以要维持两频率间的长时间高精度的时间同步，就必须减小甚至是消除其频率差。如果两个信号的频率相同，那么这两个信号之间的相位差将保持为一定值，否则，两信号间的相位差将呈周期性的变化。通常两个频率信号间都是存在频差的，那么如何测量出这个频差则是我们消除这个频差的前提。如果用时间间隔测量系统对上述两个秒脉冲信号间的相位差进行实时测量，那么就可以得到两个秒脉冲信号间相位差变化的趋势和周期，这就是常说的相位比对法。当要测量两个非常接近的频率信号间的频差，通常使用相位比较法，在这里用时间间隔测量仪构成数字比相仪来进行相位比对。

将两个频率信号分别输入到时间间隔测量仪的开门信号输入端和关门信号输入端，时间间隔测量仪实时地测量两比对信号间的相位差。根据相位差变化计算相对频差的公式为

$$\frac{\Delta f}{f} = \frac{\Delta T}{\tau} \tag{5-20}$$

式中，τ 为比相时间；ΔT 为在比相时间内，二信号累积的相位差变化。其误差公式为

$$\delta \left| \frac{\Delta f}{f_0} \right| \leqslant \left| \frac{\delta(\Delta T)}{\tau} \right| + \left| \frac{\Delta T}{-\tau^2} \right| \cdot |\delta \tau|$$

$$= \left| \frac{\delta(\Delta T)}{\tau} \right| + \left| \frac{\Delta f}{f_0} \right| \cdot \left| \frac{\delta \tau}{\tau} \right| \qquad (5-21)$$

式中，右边第二项是误差的次成份。只要两比相频率源的频率值比较接近，并适当照顾到对比相时间 τ 的测量或控制精度，则该项误差与第一项相比就可以忽略不计。从式(5-21)中可以看出，测频的精度随着比相时间的延长，以及对相位差测试精度的提高而提高。

这里直接被测的中间量是 $\Delta T = T_2 - T_1$ 及 τ，其中 T 是相位差（时间间隔），而 τ 是发生 ΔT 变化所用的时间。τ 可以是秒、分、小时直至天。而对高精度频率源，ΔT 的变化范围常常是微秒或纳秒。从时间间隔的测量结果可以知道，对 1 s 的时间间隔测量可以得到 0.35 ns 的分辨率 $[\delta(\Delta T)]$，那么这里就能够获得对 $\Delta f/f_0$ 的相当高的精度（如 3.5×10^{-10}/s、1×10^{-13}/h 和约 4×10^{-15}/d 等）。使用时间间隔测量仪来进行相位比对，可以获得相当高的测量精度，同时可以简化仪器及其设计的途径。

3. 时间校正

针对本系统来说，时间校正分为两种：一种就是卫星原子钟超前地面原子钟 t ns，那么校正时我们需要把地面原子钟前移 t ns；另外一种就是卫星原子钟滞后地面原子钟 t ns，校正时我们需要把地面原子钟延后 t ns，如图 5.40 所示。在本时间同步方案中利用 FPGA 中 Lcell 的延时特性来实现高精度的时间校准。

(a) 地面系统时超前卫星系统时 t ns　　(b) 地面系统时滞后卫星系统时 t ns

图 5.40　时间差校正分析图

4. 频率校正

在该时间同步系统中，通过微处理器来控制地面原子钟的微调系统来实现频率校正。实际上，高精度的频率源都带有频率微调按钮，旋转按钮便可以达到频率调谐的作用。在方案验证过程中，通过微调按钮来调谐频率，并最终达到频率校准。

5. 卫星信号接收

卫星信号接收模块主要是由卫星信号接收天线组成，系统设计中用 Lassen^{TM} IQ GPS 接收机来接收 GPS 信号。由于目前采用的 GPS 接收机接收到的频率精度和稳定度最高都只能达到 10 ns 量级，因此实验中用 OSCILLOQUARTZ 公司的 5585B-PRS 输出的秒脉冲来代替卫星信号，其准确度和稳定度都在 1×10^{-10} 以上。

6．微处理器

虽然一些接口逻辑电路可以做在 FPGA 内部，但是 FPGA 的数据处理能力有限，而微处理器的数据处理能力却很大。因此，该时间同步系统的数据处理和各模块的协调工作都交由微处理器来处理。这里用单片机 AT89S52 来做处理器，其工作流程图如图 5.41 所示。

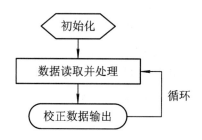

图 5.41　处理器工作流程图

处理器在时间差测量模块或频率差测量模块的测量数据准备好以后，将数据读入、处理后输出校正参数。时间校正数据和频率校正数据分别被输入时间校正模块和频率校正模块，校正完成后再次进行测量并再次校正，多次测量并校正直至达到平衡，即达到时间同步。

5.5.4　实验结果及误差分析

1．实验结果

在系统的验证实验中，OSCILLOQUARTZ 公司的 5585B－PRS 输出的秒脉冲模拟卫星接收器产生的秒脉冲信号，AUSTRON 公司的 1250A 模拟地面站点的原子钟，两个秒脉冲信号的频率准确度和稳定度都为 $1\times10^{-10}/s$。实验证明，该时间同步系统的时间同步可以达到 ns 级的精度，频率校正精度也达到 1×10^{-10} s。

2．误差分析

在本同步系统中，影响时间同步精度的有卫星接收机、时间差测量模块、频率差测量模块、时间校正模块和频率校正模块，而微处理器模块不影响系统时间同步精度。

在星地时间同步系统的各个分站，均以卫星信号接收机输出的秒脉冲和时间误差补偿值间接求得的卫星系统时为基准来校正地面原子钟分频产生的秒脉冲。虽然经过卫星信号接收机厂商极大的努力，但是由秒脉冲和时间误差补偿值计算而得的卫星系统时仍然同真正的系统时有一定的误差，这个误差造成了站间的同步误差。比如 GPS 接收机，其接收到的秒脉冲信号准确度和稳定度都低于 $10^{-9}/s$ 量级。时间差测量模块和频率差测量模块都是采用基于时-空关系的时间间隔测量系统来测量时间间隔，这种方法是一个量化过程，量化的最小单位是延时单元的延迟时间 τ，所以这种方法就不可避免地存在误差，最大量化误差为 $\pm\tau$，所以时间差测量模块和频率差测量模块都会影响秒脉冲同步精度。很明显，减小延时单元的延迟时间，可以减少±1的量化误差。另外，选用抖动性好的系统时钟也可以减少时间差测量误差；延长相位比对的时间则可以减小频率差测量的误差。时间校正模块是采用 Lcell 传输延时进行精细延时的，其本质是量化延时。因此时间差校正存在 $\pm\tau$ 的量化误差，这种误差可以通过采用延迟时间更小的延时单元来减小。频率校正模块的作用是校正系统的频率准确度到某一规定值。其校正精度取决于频率差测量模块的测量精度和频率校正模块的最小微调量，由于在适当延长比对时间后频率差的测量精度可以很容易地达到 10^{-13} s 以上，因此频率校正误差的大小主要取决于频率源的最小微调量。在我们的系统验证中用到的频率源是高稳晶体振荡器 1250A，其最小微调量是 1×10^{-10} s，因此频度校正精度最高也只能达到 1×10^{-10} s。

5.6　导航卫星时频信号同步检测技术研究

时间同步检测技术中，对于非周期信号或者采用非周期时间测量技术的测量分辨率高于 10 ps 是非常困难的。时间间隔的精密测量不但要保证测量的精度，而且也必须从可靠性、设备的复杂程度等方面考虑，同时也要考虑到测量环节和对于各时间信号之间的间隔具有控制"闭环"的特征。一般的时间测量方法，测量范围宽，但测量精度不高；而基于时-空转换的长度游标法具有测量精度高，但测量范围有限。后者利用了时间信号在空间传输中产生的延迟的准确性和稳定性，根据延迟的长度确定被测时间间隔，简单、易行、分辨率很高。为此，考虑采用分层次（包括粗测和精测）的时间测量方法，也就是采用时间-幅度转换法作为粗测，而对于通过测量-控制调整使得两个比对的 1 pps 信号之间的时间间隔小到一定程度（接近于同步），则采用精测的方法，即利用基于时-空转换的长度游标法实现短时间间隔的精确测量[255-258]。这样，就时间同步测量、控制环节中分层次的时间测量方法来充分利用各种有缺陷的方法的优点而避免了它们的缺点，实现时间信号的同步。对于导航卫星系统中的 1 pps 信号，可先用一般方法对其进行粗测，其测量分辨率在 1 到几纳秒；当两个比对的 1 pps 信号间的时间间隔通过测量和控制调整小于一定程度时，进入了精测方法的测量区域，再用基于时-空转换的长度游标法进行精测。对于非周期信号其测量分辨率可以达到 1 ps，最后将检测结果反馈给控制电路，进行必要的时间同步校正，使得各路输出的时间信号间的间隔进一步减小，趋向准确的同步。基于时-空转换的长度游标法是将时间-空间关系与长度游标法相结合，是以信号在特定介质中的传递速度的高度准确性和稳定性这一自然现象作为测量原理的。根据同轴电缆中的传输速度实验，1 ns 的传输延时是 20 cm，1 ps 的传输延时是 0.2 ms，结合相位重合检测技术，通过对其长度量的精确控制达到时间测量的目的。使用这种分层次的时间测量方法，很好地解决了测量范围和分辨率的问题，也充分利用时间信号传递的稳定性达到了高分辨率的时间同步的控制，其同步检测技术方案如图 5.42 所示。

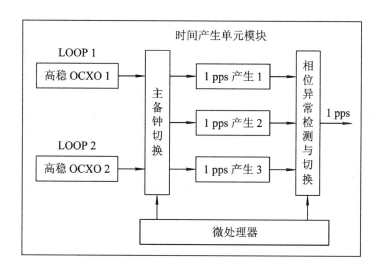

图 5.42　导航卫星时间同步检测技术方案

1．时间同步部分

高稳定度晶体振荡器产生的频率信号经过处理产生 3 路 1 pps 信号，经过对 3 路信号的同步检测，最终产生稳定的 1 pps 时钟信号。

2．相位异常检测部分

采用冗余设计，3 路时间产生单元，每一路时间产生单元所产生的 1 pps 信号都送至相位异常检测与切换模块，使用基于时-空转换的长度游标法对其进行检测，当其中一路 1 pps 发生跳相时可以保证时频分系统输出 1 pps 相位稳定。当其中一路 1 pps 产生电路发生故障时，通过相互之间的时差判断出故障源，并对相位模块进行复位。而两路 1 pps 同时产生故障的几率小于一路 1 pps 时，可以提高 1 pps 产生模块的健壮性。相位异常检测原理框图如图 5.43 所示。

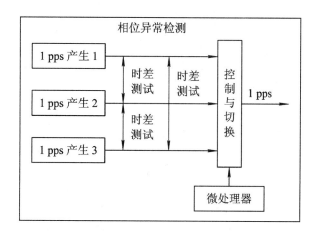

图 5.43　相位异常检测原理框图

3. 时间间隔测量

1）粗测–时间–幅度转换法

为了兼顾到测量分辨率和测量范围，直接计数法和高分辨率短时间间隔测量方法中的某一种相结合的测量方法对两个秒信号之间的时差测量而言，是非常适用的。基于测量稳定性和复现性以及方法的可操作性方面考虑，采用将直接计数法和时间–幅度转换法相结合的时间间隔测量方法，以此来实现两个 1 pps 信号之间的时差测量，其基本原理如图 5.44 所示。

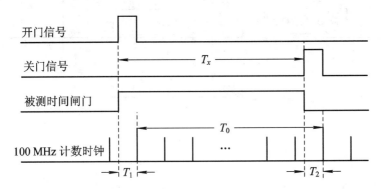

图 5.44　高分辨率宽范围时间间隔测量原理

在图 5.44 中，T_x 为被测时间间隔值；T_0 为由直接计数法计算得到的时间间隔测量结果；T_1 和 T_2 分别代表时间间隔的开始信号和结束信号与计数时钟信号之间的不同步部分，即直接计数法中存在的量化误差部分，而这两部分短时间间隔值由采用时间–幅度转换法来测量。因此被测时间间隔值可由式 $T_x = T_0 + T_1 - T_2$ 计算得到。时间–幅度转换法由时间间隔扩展法改进而来，它克服了时间间隔扩展法（模拟内插法）转换时间过长、非线性难以控制等问题。图 5.45 是时间–幅度转换法的原理示意图。

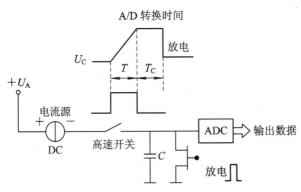

图 5.45　时间–幅度转换法的原理示意图

从图 5.45 中可以看出，与时间间隔扩展法不同，时间–幅度转换法把放电电流源改成了一个高速 A/D 转换器外加一个复位电路。与时间间隔扩展法相比，时间–幅度转换法用 A/D 转换过程代替了放电过程，极大地减少了转换时间。这种测量方法都是用分立器件来实现的，而这里遵循了尽可能集成化的设计思路，用可编程逻辑门阵列 CPLD 和片上集成有 A/D 转换器的单片机(这里为 MSP430F247)以及其外围的电流源电路、高速开关、小电容、放电 MOS 开关和时间-幅度的模拟转换结果在进入 A/D 之前所必需的信号调理电路来构建这部分测量模块。实现框图如图5.46 所示。

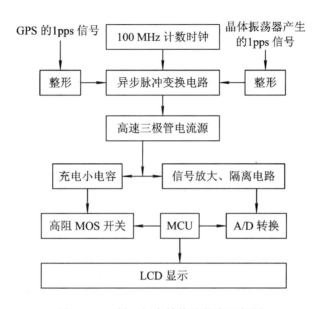

图 5.46   时间-幅度转换法的实现框图

测试结果表明,该时间间隔测量模块的测量分辨率为 100 ps,测量精度约为±200 ps。采用该时间间隔测量方法,当其中一路 1 pps 产生电路发生故障时,通过相互之间的时差可以判定出故障源,并对相位模块进行复位。而两路 1 pps 同时产生故障的几率小于一路 1 pps 时,可以提高 1 pps 产生模块的健壮性。

2)精测——基于长度游标的时间间隔测量

基于长度游标的时间间隔测量原理如图 5.47 所示。其工作原理是:首先以被测时间间隔的开始信号做开门信号,结束信号做关门信号,将开门和关门信号分别整形为窄脉冲信号,并分别从两组延时线中通过。开门信号通过的延时线的每个线段总是比关门信号通过的延时线的每个线段的长度要长一些(设定的分辨率值)。同时在每组相应的线段后对两个信号的重合状态进行测量。由于两路信号的延时时间不同,这种延时的积累最终会使得被测的时间间隔通过长度的延伸出现开、关信号的完全重合。而装置上设定的长度差的累计就是对于被测时间间隔的准确反映。游标法的一个很重要的特点是,测量的分辨率要比两个游标尺的刻度精细的多。这样,就可以用并不是在长度上要求很苛刻的装置做出更高分辨率的测量仪器。图 5.47显示了被测短时间间隔和在长度游标设备中两组延时线之间的长度差的线性度测量值。

图 5.47 给出了长度游标装置中对于开始和结束信号的两个延时线的长度差的累计与被测量的短时间间隔之间对应的实验结果。这也是在前面工作的基础上经过改进的结果。可以看出,基于长度游标的时间间隔测量具有良好的测量线性度和稳

定性。这里的变化时间间隔是在一个周期性信号的基础上利用了另外一个可以调整的延时线产生的。

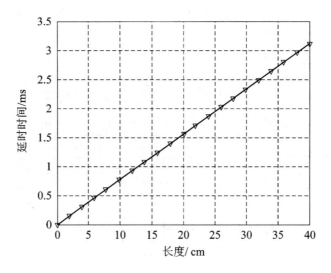

图 5.47　长度游标短时间间隔实验结果

　　线路的稳定性常常起到决定时间间隔测量的模糊状况的作用。为此，在由另一个延时线造成的被测量的时间间隔情况下，用构成的测量装置连续测量该间隔值。一方面观察给出重合显示的边沿的稳定性，另一方面则检查显示值的长期漂移。

　　通过实验可以看出，使用这种方法目前可以获得优于 50 ps 的测量分辨率。同样采用微调时间产生器的方法检测了装置的重合检测的稳定度可以达到 10 ps。在这项实验中使用了 8607 型超高稳定度的 BVA OCXO 作为信号源。

5.7　本章小结

　　根据电磁信号在特定媒质中传播的时延稳定性这一自然现象，提出了一种基于时-空转换的高分辨率短时间间隔测量方法。该方法将被测时间间隔量化，结合相位重合检测技术，使对时间量的测量转化为对空间长度量的测量，大大提高了测量的分辨率和测量系统的稳定性。将时-空转换原理应用于精密时间间隔测量中，这在时频测控领域尤其在短时间间隔测量中是一个新的突破，它不再是单纯依赖线路上的改进来提高系统的精度，而是利用自然界中物质固有的存在方式——电磁信号在导线中传输不会产生畸变，仅在时间上发生延时的规律性进行研究，把这些规律和特性应用于测量中。因此，它是一种完全不同于已有技术途径的新的测量原理和方法，与传统的时频测量理论相比，具有更好的稳定性和更高的测量分辨率。但是这种测量方法的缺点是测量范围窄，因而限制了其应用的广泛性。为了进一步扩宽测量范围，在此基础上，对基于时-空转换的时间间隔测量方法作了进一步的改进，提出了一种基于延时复用技术的新的短时间间隔测量方案。根据基于时-空关系的时间间隔测量原理，将若干延时单元组成延时链，延时链的输出被反馈到系统输入端并与输入信号进行单稳态触发逻辑判断，判断结果被重新送回到重合检测电路中去，实现一个延时链可以多次复用的循环检测，扩展了基于时–空关系的时间间隔测量范围，提高了测量系统的稳定性。实验和分析结果表明了该方法的科学性和先进性，其测量分辨率可达到百皮秒至十皮秒量级。结合 FPGA 片上技术，新方案设计的测量系统，具有结构简单、成本低廉的优点。作为时间间隔测量方法的进一步研究和应用，结合长度游标法的基本原理，本章还提出了基于长度游标的时频测量技术和导航卫星时间同步检测技术。利用长度游标法测量时间间隔是一种新原理的技术，它主要是利用了时间和空间的关系进行对时间间隔的高分辨率测量，已经被证明了容易实施、有很高的测量分辨率。用这种方法构成的装置已经表现出了数十皮秒的测量分辨率，而且也很有希望得到更高的精度。将此方法应用于时间同步技术中，保证了时间的严格同步、高稳定输出，对于提高设备体系整体性能具有很大的意义。而且此方法的实现主体是建立在无源的传输通道对于信号稳定、快速传输延时的基础上的，因此随着辅助的信号处理等部分的改善，其测量的分辨率以及精度提高的前景是很好的。这种新的理论和方法在甚高频测量及光频测量中也具有广泛的应用价值，将有可能成为新一代时频测量仪器的技术基础，因而对具有高精确度的现代时频测控技术的进一步发展及卫星同步技术精度的提高将具有十分重要的作用。

第 6 章

基于群相位量子化处理的原子频标技术研究

6.1　概　　述

6.1.1　原子频标的研究意义

原子频标以原子或分子内部能级间的量子跃迁谱线作为参考，通过伺服环路将晶体振荡器（或激光源）的频率锁定到该原子或分子的跃迁频率上，使晶体振荡器（或激光源）的频率具有和原子或分子跃迁频率相同的频率稳定度[156-159]。原子频标作为一种高稳定度、高准确度的频率基准，在卫星导航定位、时间同步授时、重力波探测、通讯网同步及其它高科技领域具有广泛的应用。原子频标是量子物理学与电子学高度结合的产物，就其结构而言，其精度取决于物理部分和线路部分的支持；就其物理原理而言，它是一个自然基准，具有精度的不变性和客观性，也就是说，原子谐振频率本质上没有任何漂移和老化，应该是一个固定值。但是在实现原子谐振，制造原子谐振器并进一步将其组合成一台频率标准的过程中，一些自然效应和设备效应对原子谐振频率的影响是不能完全避免的，例如温度、老化、冲击、振动、气压变化、磁场变化等，这些因素对原子频标的输出频率均产生不同程度的影响。所以，原子频标理论上的能级跃迁准确度和实际能够达到的指标有明显的区别。例如作为军用和导航方面的原子钟，必须能够经受工作阶段非常恶劣的环境条件。这些环境条件包括发射时的振动、热应力、高辐射强度和长期真空状态等；整个寿命期间，在各种复杂条件下，钟必须保持性能不变，这对钟的设计提出了相当高的要求。目前经常采用的方法是把物理部件等做的尽善尽美，但这种方法要想达到理想化的效果，制造过程中的难度是可想而知的。本章利用近年来在频率信号处理方面的最新科技成果，通过超高分辨率的群相位量子化和智能化处理途径，充分发挥物理部分和线路部分的优点，最大可能地提高原子频标的实际性能指标以帮助其达到理想化的效果。

通过对影响原子频标稳定性的各项性能指标如温度特性、漂移特性和相位噪声等的研究，利用以等效鉴相为基础的数字信号处理技术和数字电路可以实现软件控制的特性，来处理原子频标的系统误差和一些规律性误差。这些数字化处理主要包括对频率信号之间的量化关系的处理、带有量化倍增作用的补偿处理及就物理、线路部分缺陷的数字化处理等。新型原子频标的数字化处理系统须借助于某些传感器，如温度传感器、时间计数器等，感知外界和原子频标自身的一些影响因素并做出适当处理以减小影响，并且利用 DDS 和软件辅助补偿等手段，改善原子频标的长短稳，提高其温度、抗振动和相位噪声等特性。对于主动型原子钟，针对原子钟的数字伺服和频率链，进行伺服优化或频率链优化设计的研究，以实现特性处理的软件控制以及原子钟的系统误差和那些规律性误差的软件补偿，从而提高原子频标的相关性能。在原子钟的超高分辨率数字化和智能化研究方面，我们做了一些前期的探索性的研究。研究过程中选择了商用铷钟为研究对象，主要原因是它的技术成熟度高，市场占有率大，另外，它和其它被动型原子钟如被动型 CPT 钟有大量相似点。原子钟的量子化技术可以解决现在技术中存在的大量问题。对于导航通讯、军事国防等领域具有十分重大的意义，可以为我国的卫星与地面基准时统等大量用户提供成熟的技术，并推出我国自有知识产权的原子钟技术。成果也会带来大量的附加优良效果。另外这些技术也可以用在被动型 CPT 钟中。由于量子化技术的加入，必然会降低对物理部分的要求，同时还会提高原子钟的相关性能。对于商用原子钟来说，在保证甚至提高性能的基础上，大幅度的降低成本，应用范围会更广。

6.1.2　原子频标的国内外发展现状

高精度的原子频标，在计量、各个高技术领域以及工程应用领域具有重要的作用。常见的原子频标有氢原子频标、铯原子频标和铷原子频标。相对于氢原子频标和铯原子频标，铷原子频标因其具有体积小、重量轻、功耗小和价格低的优势而使用最广泛。在此研究领域，美国 GPS 系统采用了星载铷钟和铯钟，而欧洲的伽利略系统则采用星载铷钟和被动型氢钟的配置。决定双方采用不同的配置的主要原因是他们在商用等方面的研究和推广等方面的基础和特长。美国具有国际领先的商用铯原子频标的生产和推广经历，在这样的基础上发展星载铯原子频标具有很好的条件。而欧洲在氢原子频标的商业化生产方面不仅仅局限于一个国家，这方面的成熟经历也造就了欧洲选择星载氢原子频标。从准确度来讲，铯钟的优势更明显，但是氢钟具有更好的短期稳定度。

我国已经可以研制和生产星载铷钟，已经掌握了研制各类高性能原子钟所需的技术，有的也已经工程化甚至大批量产品化。例如，四川星华时频技术有限公司在引进吸收原苏联铷频标产品成果的基础上，已经推出多款小型化铷频标产品。中科院武汉物理与数学研究所是国内最早从事原子频标标准研制的单位之一，形成了小型化铷原子频标从研制到生产的一整套完全自主知识产权的产品成果。尽管如此，由于我国在星载钟领域起步晚，技术投入不足，在总体原子频标的研究和产业化方面和国外还是有一定的差距的，这已严重制约了我国的计量测试、航空航天、卫星导航定位、载人航天、深空探测等领域的技术发展。利用量子化和智能化技术，能够改善原子频标的相关性能，无疑会对我国的原子频标的研究和产业化技术发展做出贡献，能够缩短和消除与国际上的差距。因此，这方面的研究工作具有广泛的影响和市场价值。

6.1.3　主动型氢原子频标锁相系统的改造

氢原子频标是迄今为止除极短测量时间间隔外最稳定的频率标准。原子振荡器所产生的微波信号频率为 1 420 405 750 Hz，且功率只有 10^{-13} W 数量级。氢脉泽信号频率是由氢原子基态的两超精细能态的跃迁所决定的，输出信号由原子与振荡频率为 1420 MHz 的微波腔共振产生。高能态的氢原子由六极态选择器选出，进入放置在微波腔中央的储存泡中。原子储存泡可以限制一级多普勒效应，它内层涂以 Teflon 薄膜以增加处于高能态氢原子的寿命，实际上处于高能态氢原子寿命可以达到 1 s 左右。因此，原子跃迁线可以达到 10^9 数量级。但是氢脉泽的输出频率 $f_H =$ 1 420 405 750XXXXHz，最后四位数是由工作磁场、二级多普勒效应及壁移决定，输出信号是分数频率且功率非常小，直接应用是不可能的。所以必须设计一个灵敏的接收机且必须包括一个晶体振荡器和频率综合器，并使晶体振荡器的相位锁定于氢脉泽信号。这样可以实现把氢脉泽频率稳定度转移到晶体振荡器上。传统的氢原子频标的锁相系统由于原子能级跃迁产生的微波信号频率往往与最终要输出的信号频率关系非常复杂，所以必须进行多次混频、倍频、频率合成等频率变换，实现频率归一化即同频鉴相后，才能进行锁相。这样不但电路结构复杂、成本高，而且每一个频率变换环节都会引入附加噪声，最终影响输出信号的短期稳定度和相位噪声指标。氢原子频标物理部分输出的微波信号的稳定度和相位噪声指标都是很高的，但由于复杂的频率变换线路引入了附加噪声，使其潜力得不到充分发挥。例如传统氢原子频标的锁相系统，是将氢激射器发出的 1 420 405 750 Hz 的频率信号经三级混频电路，产生出 5.75 kHz 信号后，再与 5 MHz VCO 经频率合成并 100 分频得到 5.75 kHz 信号同频后再鉴相，经滤波进而锁定 5 MHz VCO。由此可知，传统氢原子频标的锁相系统是通过频率变换将参考信号和 VCO 输出信号转换成相同的频率较低的信号后再进行鉴相，这样不仅电路结构复杂，而且不易提高锁相精度，这是传统氢原子频标锁相系统不可避免的缺陷。针对传统氢原子频标锁相系统存在的这种缺陷，本章提出了一种基于异频相位处理的新型氢原子频标锁相系统的设计方案。该方案从原理上改进和简化锁相环路，利用频率信号间群相位差和群相位量子变化的规律性，不必使它们频率相同就可以完成相互间的线性比相。以此解决主动型原子频标中的微波跃迁频率信号和压控晶体振荡器之间的直接相位比对、控制或者在更短的频率变换链情况下的处理和控制。这样，不仅可以降低整个锁相系统的复杂性和成本，而且还有利于进一步减小系统的本底噪声。

6.2   基于异频相位处理的主动型氢原子频标锁相系统

主动型氢原子频标的电子线路中，发挥重要作用的是锁相系统，而锁相系统最核心的部分是鉴相器。因此，采用异频鉴相新原理对氢原子频标的锁相系统进行设计是简化系统结构、降低成本和减小系统本底噪声的关键。

6.2.1   传统主动型氢原子频标的锁相系统

根据量子理论，原子和分子只能处于一定的能级，其能量不能连续变化，而只能跃迁。当由一个能级向另一个能级跃迁时，就会以电磁波的形式辐射或者吸收能量，其频率 f 严格的取决于两能级的能量差，即

$$f = \frac{\Delta E}{h} \tag{6-1}$$

式中，h 为普朗克常数；ΔE 为跃迁能级间的能量差。

若从高能级向低能级跃迁，便辐射能量；反之，则吸收能量。由于该现象是微观原子或者分子所固有的，因而非常稳定。若能设法使原子或分子受到激励，便可得到相应的稳定而又准确的频率。这就是原子频标的基本原理。

主动型氢原子频标从氢原子中选出高能级的原子送入谐振腔，当原子从高能级跃迁到低能级时，辐射出频率准确的电磁波，将其作为频率标准。氢原子频率标准的短期稳定度很好，可达 $10^{-14} \sim 10^{-15}/s$ 量级，但在实际应用中，由于存储泡壁移效应的影响，其准确度只能达到 $10^{-12}/s$ 量级。

氢原子的基态超精细结构如图 6.1 所示。在氢原子频率标准中，用作参考标准的是 $(F=1，m_F=0) \leftrightarrow (F=0，m_F=0)$ 能级跃迁，其相应跃迁频率为

$$f_H = f_0 + 2766H_0^2 \tag{6-2}$$

式中，$f_0 = 1\ 420\ 405\ 752$ Hz；H_0 为工作磁场强度。

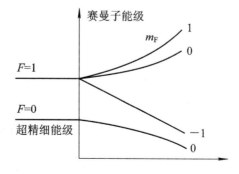

图 6.1   氢原子的基态超精细能级结构

主动型氢原子频标由量子部分(氢激射器)和压控晶体振荡器组成。压控晶体振

荡器的频率经过倍频和频率合成，与氢原子跃迁频率进行比较。误差信号经放大滤波后送回压控晶体振荡器，对其频率进行调节，使其锁定在氢原子频标特定的能级跃迁对应的频率上。

1. 量子部分（氢激射器）的功能

创造原子超精细能级跃迁的条件，使原子发生能级跃迁，随着能级跃迁，产生变化的光和电信号作为参考，构成对外部压控晶体振荡器的锁定条件。

2. 线路部分的功能

以压控晶体振荡器为核心，经倍频产生一个 1440 MHz 的频率信号与氢激射器发射出的 1 420 405 752 Hz 频率信号进行鉴相，鉴相结果进行一系列的频率合成后再鉴相，鉴相结果去锁定压控晶体振荡器。传统氢原子频标的锁相系统主要由混频器、鉴相器、综合器、压控晶体振荡器及环路滤波器组成，如图 6.2 所示。

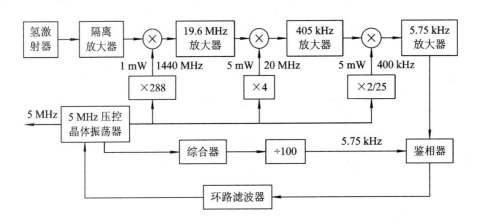

图 6.2　传统氢原子频标的锁相系统

在图 6.2 中，压控晶体振荡器产生的 5 MHz 信号一路送给倍频器，经过 288 倍频后产生 1440 MHz 信号，与氢激射器产生的 1 420 405 750 Hz 的信号进行混频，得到 19.6 MHz 的信号，19.6 MHz 的信号再与 5 MHz 信号经过 4 倍频得到的 20 MHz 信号混频，产生一个 405 kHz 的信号，405 kHz 的信号再与 5 MHz 信号经过 2/25 倍频后的信号混频，得到一个 5.75 kHz 信号。第二路 5.75 kHz 信号送给综合器，经变换得到 5.75 kHz 信号。这时，将两个 5.75 kHz 的信号送入鉴相器，产生的误差信号经过滤波，送到压控晶体振荡器，纠正晶体振荡器频偏，实现了氢原子振荡器对压控晶体振荡器频率的自动控制。这样，就把晶体振荡器的输出频率锁定在氢原子跃迁的标准频率上。由此可知，氢原子频标中采用的方法是把输出信号的压控晶体振荡器的频率通过一个环路锁定到量子部分提供的标准频率上，使晶体振荡器的频率准确度得到了提高。而在这种锁定环路中有频率变换、信号处理等部分，它们产生的噪声或受到的干扰影响了环路对高稳晶体振荡器的控制。通过一定的环路滤波和信号处理能减小这种噪声和干扰的影响，但由于锁相线路的复杂性，在锁相电路中引入了很多噪声干扰，比如使用次数较多的混频器。因此，要想彻底减少线路的噪声，必须从原理上改进线路。在简化线路的同时，也就减少了系统引入的附加噪声，同时也提高了锁相的精度。

6.2.2　锁相系统数学模型

　　为了便于分析，将如图 6.2 所示系统可以做进一步简化，如图 6.3 所示。设压控晶体振荡器的输出频率为 $\omega_q + \dot{\varphi}_q(t)$，经过倍频综合得到频率和氢脉泽振荡频率相同的信号。设倍频综合的传递函数是其输出频率和输入频率之比 N_1。倍频综合输出信号和氢脉泽振荡输出信号混频。设氢脉泽振荡的角频率为 $\omega_0 + \dot{\varphi}_0(t)$，则混频器的输出频率 $\omega_i + \dot{\varphi}_i(t)$ 为

$$\omega_i + \dot{\varphi}_i(t) = (\omega_0 - N_1 \omega_q) + [\dot{\varphi}_0(t) - N_1 \dot{\varphi}_q(t)] \qquad (6-3)$$

　　混频器的输出与压控晶体振荡器的输出经过综合后的信号 $N_2[\omega_q + \dot{\varphi}_q(t)]$ 鉴相。鉴相后的输出经过滤波，得到压控晶体振荡器的控制电压 $V(t)$，它的幅度与两信号的相位差成正比，即

$$V(t) = K'_d \int (\omega_i - N_2 \omega_q) dt + \varphi_i(t) - N_2 \varphi_q(t) \qquad (6-4)$$

式中，K'_d 是常数。$V(t)$ 的作用主要是修正压控晶体振荡器的频率，消除相位差，经过环路的作用最终趋于零，使压控晶体振荡器的相位锁定在原子振荡信号上。

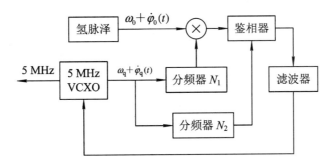

图 6.3　锁相系统简化图

　　若设 $\Delta\Omega_r(s)$ 是原子振荡频率起伏的拉氏变换，$\Delta\Omega_f(s)$ 是压控晶体振荡器自由振荡频率起伏的拉氏变换，$\Delta\Omega_c(s)$ 是受控后压控晶体振荡器频率起伏的拉氏变换。则 $\Delta\Omega_r(s)/s$ 为原子振荡相位起伏的拉氏变换，$\Delta\Omega_c(s)/s$ 为受控后压控晶体振荡器相位起伏的拉氏变换。由此可以得出鉴相输出起伏电压 $\Delta V(s)$ 为

$$\Delta V(s) = K'_d \left[\frac{\Delta\Omega_r(s)}{s} - \frac{\Delta\Omega_c(s)}{s} \right] \qquad (6-5)$$

式中，K'_d 是常数，表示鉴相灵敏度。故滤波器的输出电压 $\Delta V'(s)$ 为

$$\Delta V'(s) = F(s) \Delta V(s) \qquad (6-6)$$

　　将这个电压加到压控晶体振荡器上，就可得到 $\Delta\Omega_c(s)$ 为

$$\Delta\Omega_c(s) = \Delta\Omega_f(s) + K_c \Delta V'(s) \qquad (6-7)$$

式中，K_c 表示压控晶体振荡器的频率控制斜率。

由式(6-5)~式(6-7)可以得出环路传递函数

$$\Delta\Omega_c(s) = \frac{\Delta\Omega_f(s)}{1+G(s)} + \frac{G(s)}{1+G(s)}\frac{\Delta\Omega_r(s)}{n} \qquad (6-8)$$

式中，$G(s) = \dfrac{nK_cK_d'F(s)}{s}$，为环路增益。若不考虑原子振荡频率的起伏，则环路传递函数可简化为

$$\Delta\Omega_c(s) = \frac{\Delta\Omega_f(s)}{1+G(s)} \qquad (6-9)$$

(1) 若环路滤波器的幅频响应在可用的频率范围内是常数，其增益为 A，则

$$G(s) = \frac{nK_cK_d'A}{s} \qquad (6-10)$$

令 $\xi = \dfrac{1}{nK_cK_d'A}$，代入式(6-9)，则环路方程为

$$\Delta\Omega_c(s) = \frac{\xi s}{1+\xi s}\Delta\Omega_f(s) + \frac{\xi s}{1+\xi s}\frac{\Delta\Omega_r(s)}{n} \qquad (6-11)$$

(2) 若环路滤波器为一阶有源滤波器，如图6.4所示。

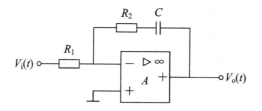

图 6.4　一阶有源滤波电路

在理想情况下其传递函数为

$$F(s) = \frac{1+R_2Cs}{R_1Cs} \qquad (6-12)$$

则环路增益为

$$G(s) = \frac{nA'K_cK_d(1+R_2Cs)}{R_1Cs} \qquad (6-13)$$

式中，A' 是常数，表示一阶有源滤波器的增益。

将式(6-13)代入式(6-8)，则环路方程为

$$\Delta\Omega_c(s) = \frac{\xi\tau_1 s^2}{1+\tau_2 s+\xi\tau_1 s^2}\Delta\Omega_f(s) + \frac{1+\tau_2 s}{1+\tau_2 s+\xi\tau_1 s^2}\frac{\Delta\Omega_r(s)}{n} \qquad (6-14)$$

式中，$\tau_1 = R_1C$；$\tau_2 = R_2C$；$\xi = \dfrac{1}{nA'K_cK_d}$。

6.2.3　传统锁相系统的工作状态

传统锁相系统有四种工作状态：锁定状态、失锁状态、捕获过程和跟踪过程。

1. 锁定状态

锁定状态指整个环路已经达到输入信号相位的稳定状态，此时指输出信号相位等于输入信号相位或者是两者存在一个固定的相位差，但频率相等。在锁定状态时，压控振荡器的电压控制信号接近平缓。

2. 失锁状态

环路的反馈信号与锁相环输入信号的频率之差不能为零的稳定状态，或是在无限时间范围内不停振荡无法达到锁定的状态，都称为失锁状态。当环路的结构设计有问题，或者是输入信号超出了锁相环的应用范围的时候都会进入失锁状态。这个状态意味着环路没有正常工作。

3. 捕获过程

捕获过程指环路由失锁状态进入锁定状态的过程。这个状态表明环路已经开始进入正常工作，但是还没有达到锁定的稳态。此过程应该是一个频率和相位误差不断减小的过程。

4. 跟踪过程

跟踪过程是指在 PLL 环路处于锁定状态时，若此时输入信号频率或相位因其它原因发生变化时，环路能通过自动调节，来维持锁定状态的过程。由于输入信号频率或者相位的变化引起的相位误差一般都不大，环路可视作线性系统。

PLL 的这四个状态中，我们称前两个状态为静态，后两个状态为动态。优秀的设计可以使 PLL 在通电后立刻进入捕获状态，从而快速锁定。一般用四个参数指标来描述 PLL 的系统频带性能。

（1）同步带 $\Delta\omega_H$：它指的是环路能保持静态锁定状态的频率范围。当环路锁定时，逐步增大输入频率，环路最终都能保持锁定的最大输入固有频差。

（2）失锁带 $\Delta\omega_{PO}$：锁相环路稳定工作时的动态极限。也就是说 PLL 在稳定工作状态时，输入信号的跳变要小于这个参数，PLL 才能快速锁定。若输入信号的跳变大于该参数而小于捕捉带，则环路还是能锁定，但是需要较长的时间。

（3）捕获带 $\Delta\omega_P$：只要反馈信号和输入信号的频差在这一范围内，环路总会通过捕获而再次锁定，随着捕获过程的进行，反馈信号的频率向着输入信号频率方向靠近，经过一段时间后，环路进入快捕带过程，最终达到锁定。

（4）快捕带 $\Delta\omega_L$：在此频差范围内，环路不需要经历周期跳跃就可达到锁定，实现捕获过程。

这里，固有频差是指输入信号与环路固有频率之差 $\Delta\omega_i=\omega_i-\omega_o$，其中 ω_o 指环路没有输入时 VCO 正常工作的中心频率。对于简单的 PLL 来说，这四个参数的量化关系可以由图 6.5 来表示。

可见，同步带 $\Delta\omega_H$ 比其它三个频带要宽的多，而捕获带 $\Delta\omega_P$ 则要大于快捕带，并且大多数情况下捕获带 $\Delta\omega_P$ 也比失锁带 $\Delta\omega_{PO}$ 大。一般有以下关系

$$\Delta\omega_L < \Delta\omega_{PO} < \Delta\omega_P < \Delta\omega_H \qquad (6-15)$$

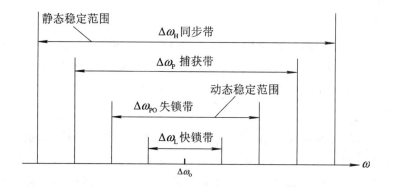

图 6.5　二阶 PLL 的动态和静态稳定范围

6.2.4　新型主动型氢原子频标锁相系统

1. 基于异频信号的群相位量子化处理

目前，相位比对的方法被广泛应用于高精度的频标比对中。这种方法具有非常高的测量分辨率，通常能够分辨和处理微小相位差的变化。但是由于传统的相位比对的方法是基于同频或互成倍数频率关系的，因而大大限制了其应用的广泛性[226-229]。任意信号在不受频率相同与否限制情况下的运用，可以通过高分辨的群相位量子化处理的方法得到有效地解决。周期性信号除自身的变化规律外，能够对频标比对、频率测量、鉴相、锁相控制及信号处理起重要作用的主要是频率信号间的相位量子、群相位量子、群相位差、群周期、群相移及群同步等一系列有用的概念。假设两频率稳定的异频信号 f_1 和 f_2，其周期分别为 T_1 和 T_2。如果 $f_1 = A f_{maxc}$，$f_2 = B f_{maxc}$，这里 A、B 是互素的正整数且 $A > B$，则 f_{maxc} 被称为 f_1 和 f_2 之间的最大公因子频率，f_{maxc} 的倒数被称为它们之间的最小公倍数周期 T_{minc}，因而有 $T_{minc} = 1/f_{maxc} = A T_1 = B T_2$，它们的频率关系如图 6.6 所示。这里 $f_1 : f_2$ 严格等于 $A : B$，即它们具有固定的频率关系。

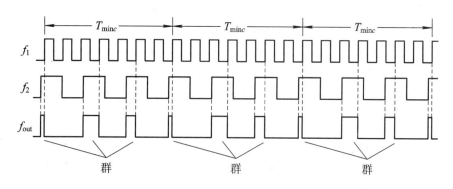

图 6.6　两异频信号之间的关系

从图 6.6 可以看出，在每一个 T_{minc} 内，相位差具有严格的对应关系。此时若将相位重合点作为测量闸门，将可避免传统频标比对及频率测量中普遍存的 ±1 个计数误差，进一步提高频率测量及频标比对的精度，如图 6.7 所示。

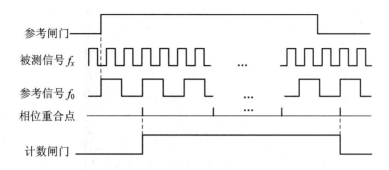

参考闸门

被测信号 f_x

参考信号 f_0

相位重合点

计数闸门

图 6.7　基于异频相位重合的频率测量原理

由图 6.6 可知，以 f_2 为参考信号，在每一个最小公倍数周期 T_{minc} 内，相位差的大小互不相等，且在排列上也没有任何规律，但相邻相位差的差 ΔT 却是固定不变的，其大小等于发生满周期变化的相位差 T_1 / B，且在排列上呈现线性变化。所以有

$$\Delta T = \frac{T_1}{B} = \frac{f_{maxc}}{f_1 f_2} = \frac{1}{ABf_{maxc}} \qquad (6-16)$$

令 $f_{equ} = ABf_{maxc}$，则式（6-16）简化为

$$\Delta T = \frac{1}{f_{equ}} = T_{equ} \qquad (6-17)$$

式中，ΔT 被称为两异频率信号之间的相位量子，它反映了两异频信号间出现相邻的相位重合状况所发生的相位移即恰好对应一个等效鉴相周期 T_{equ}。ΔT 的大小与两异频信号频率的乘积成反比，而与它们之间的最大公因子频率成正比。对于两确定的异频信号，ΔT 是一个固定不变的数。f_{equ} 被称为等效鉴相频率，它是异频信号间相互相位及频率关系的重要表征，但对它的分析却是建立在时间或相位基础之上的。

由式（6-17）可知，由于等效鉴相频率远大于比对信号间任一信号的频率，因而以 ΔT 为基础的相位比对，可获得更高的测量分辨率。通常情况下，由等效鉴相频率所表现出来的相位比对状况被称为异频鉴相即不同频信号之间的一种鉴相，其原理如图 6.8 所示。

| 异频信号 f_1 和 f_2 | → | 信号调理 | → | 分频控制 | → | 异频鉴相器 | → | 信号处理 | → | 电压输出 |

图 6.8　基于等效鉴相频率的异频鉴相电路

图 6.8 中对异频鉴相输出的信号处理采用脉冲平均的方法，就是对图 6.6 中鉴相输出 f_{out} 的所有相位差状况进行积分，对应的是相位重合过程，其满周期值是等效鉴相周期。

从图 6.6 可知，在一个 T_{minc} 内，两信号之间相互相位差的状况互不相同且没有任何连续性。所以从连续性的角度说，异频信号之间的相位是无法比对的。因此，对于频率标称值不同且频率关系严格固定的信号，通常在连续周期内很难发现它们之间相位差变化的规律性。但如果把一个 T_{minc} 内的所有相位差作为一个整体，这个整体被称为"相位差群"，简称"群"，则每个 T_{minc} 内对应相位差的值和排列都是完全一样的。也就是说，每个 T_{minc} 内的相位差以群为周期对应相等，相邻群与群之间具有严格的对应关系，称之为群对应。群对应相等是异频相位比对中的一种理想情况，如图 6.6 所示。在实际的信号相位比对中，由于外界的各种干扰，频率信号间往往具有相位扰动和频率漂移现象。f_1 和 f_2 之间往往不能严格保持互成倍数的关系而是存在着微小频差 Δf，即 $f_1 : f_2$ 并不严格等于 $A : B$。这使得群与群之间会发生平行的移动，称之为群相移 T_{gs}。群内所有相位差的平均值，这里称为群相位差 T_{gpd}，群相位差的变化反映了群相移的规律，图 6.6 是群相位差变化为零的情况。随着时间的推移，群相位差变化的积累，必然引起两频率信号的严格相位重合，两群相位重合点之间的时间间隔称之为群周期 T_{gp}，如图 6.9 所示。在群相移存在情况下进行的异频相位比对才是普遍意义上的、符合实际情况的相位比对，它反映了异频率信号在比对时的真实频率关系。

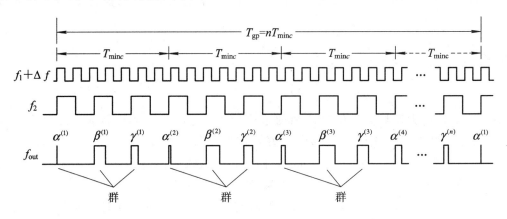

图 6.9　群相位差的变化

图 6.9 中，$\alpha^{(1)}$、$\alpha^{(2)}$、$\alpha^{(3)}$、$\alpha^{(4)}$，$\beta^{(1)}$、$\beta^{(2)}$、$\beta^{(3)}$ 和 $\gamma^{(1)}$、$\gamma^{(2)}$、$\gamma^{(3)}$、$\gamma^{(n)}$ 分别为相邻群之间对应相位差的值。从图 6.9 可知，群周期 T_{gp} 由若干最小公倍数周期 T_{minc} 组成，当 $T_{gpd} = 0$ 时，$T_{gp} = T_{minc}$。若将图 6.9 的鉴相结果 f_{out} 送往如图 6.10 所示的特殊的信号处理电路，在示波器上将能发现群相位差变化的规律具有近似线性变化的特征，这和图 6.9 分析的结果相同，如图 6.11 和图 6.12 所示。

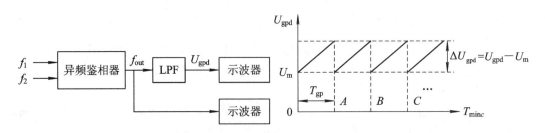

图 6.10　群相位差处理电路　　　　图 6.11　群相位差在示波器上的电压平均波形

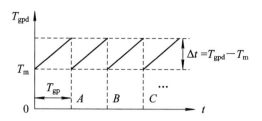

图 6.12　群相位差在示波上的变化波形

图 6.11 中，A、B、C 为群相位重合点；U_{gpd} 是一个 T_{gp} 内的群相位差的电压平均值；ΔU_{gpd} 是 U_{gpd} 的变化量；U_m 是当 $T_{gp} = T_{minc}$ 时，群相位差的电压平均值。

图 6.12 中，Δt 是由 Δf 引起的群相位差的变化量；T_m 是当 $\Delta t = 0$ 时最小的群相位差 T_{gpd}。如果将 f_2 作为一个稳定的频标信号，f_1 作为一个相对于 f_2 具有微小频差 Δf 的被测信号，则当发生满周期变化时，Δt 可表示为

$$\Delta t = \frac{|AT_1 - BT_2|}{K} = \frac{\left| \dfrac{A}{Af_{maxc}} - \dfrac{B}{Bf_{maxc} + \Delta f} \right|}{K} \qquad (6-18)$$

式中，$K = \max[A, B]$。当 $\Delta f < 0$ 时，$\Delta t > 0$，即各相位差依次增加，达到最大相位差时再返回最小相位差状态；$\Delta f > 0$ 时，$\Delta t < 0$，即各相位差依次减小，达到最小相位差时返回到最大相位差状态；$\Delta f \to 0$ 时，$\Delta t \to 0$，此时各群内相位差变化不大，但随着时间的累积，群内各相位差在群之间的连续性变化就会体现出来。对于群中的任何一个相位差，从最小状态至最大状态或者相反过程，又或者是从某一相位差状态经历变大或变小的过程再回到这一相位差状态，这样的过程所经过的时间恰恰是一个群周期。群周期正对应了两群相位重合点间的时间间隔，且等于若干个 T_{minc}，即

$$T_{gp} = nT_{minc}$$

式中，n 为大于零的整数。

在一个群周期内，尽管群相位差的变化量非常小，但随着时间的推移，群相位差变化的连续性越来越清晰。Δt 变化的最大值恰好等于相位量子 ΔT，即 $\Delta t_{max} = \Delta T|_{\Delta t=0}$，故有

$$\Delta t_{max} = \Delta T = \frac{T_1}{B} = \frac{1}{ABf_{maxc}} = \frac{1}{f_{equ}} = T_{equ} \qquad (6-19)$$

由图 6.12 和式（6-19）知，群相位量子 Δt 的频率为等效鉴相频率 f_{equ}，其周期为等效鉴相周期 T_{equ}。

在一个群周期内，两相邻群相位差的差等于 Δt，当两异频信号之间的频率关系固定且 Δf 不变时，Δt 是一个常数。随着时间的延长，Δt 成倍递增。当 Δt 增加到 ΔT 时，在异频信号之间将发生严格的相位重合。ΔT 是 Δt 的整数倍，即 $\Delta T = n\Delta t$，这里 n 是正整数。显然，Δt 不仅是群相位不可分割的基本个体，而且是群相位差变化的基本单元。因此，这里称 Δt 为群相位量子，实质上，群相位量子就是群相位差的变化量。

从以上对群周期相位比对方法的相关基本概念分析可知，群相位量子具有以下物理特性：

（1）在超高等效鉴相频率下，Δt 具有良好的线性度。通过 LTI 线性时不变系统，使无间隙相位噪声测量成为可能。利用时频信号处理中的相关算法，无需频谱分析仪，便可直接产生相位噪声曲线。

（2）以 Δt 为基础的测量、比对及控制，能获得超高的分辨率。群相位量子 Δt 比最小公倍数周 T_{minc} 和相位量子 ΔT 小得多，在数值上等于群相位差的差。因此，对任意信号的测量、比对、控制及信号处理能达到皮秒甚至飞秒量级的分辨率。

（3）Δt 具有量子的基本结构和特征。群相位量子 Δt 是群相位移动的分辨率，即量化群相位移动分辨率。使用数字化或量子化技术，能极大地提高系统的稳定性。

（4）Δt 是两异频信号频率关系或相位关系的反映。Δt 的前提是两比对信号具有固定的频率关系且存在一定的频差，否则系统的高分辨和稳定性将不能保证。

（5）Δt 能够消除 ± 1 个计数误差。群相位量子 Δt 达到最大值的时刻恰恰是两异频信号发生严格相位重合的时刻，此时在群相位重合点处设置测量闸门将能消除传统测量中存在的 ± 1 计数误差。

2. 基于群相位量子化处理的主动型氢原子频标锁相系统

相位量子化、群相位量子化及群相位差变化的概念可以用在主动型原子频率标准的合成信号的处理之中。在完成数字化的基础上，利用异频信号之间的相位关系量子化，实现直接的相位处理、比对和控制，将会大大简化频率信号的合成变化链，使得复杂频率信号——原子能级跃迁的微波信号和需要被锁定的晶体振荡器的射频信号之间的直接相位比对、控制能够实现。因为这样的处理能够实现频率差异 5 个数量级以上的信号之间的直接相位比对和时间处理以及群同步的实现和判断等，所以只要是主动型的原子频率标准，从微波到光的频标都有可能实现基于群相位比对、相位干涉等前提下的互相处理。主动型原子频标中的频率变化部分的相位比对和处理需要数字量化到对应的相位量子及群相位量子。通过对这种方法的利与弊的探讨，可以着手于从量化的角度考虑不同频率信号间的周-相关系（相位量子），把传统的连续量化转换为群量化，以获得更高的分辨率。而此基础上的数字化也就反映了相互相位变化关系。关于数字量子化处理，比较传统的线路中无法直接进行相位处理的弊端，通过相位量子的运用就可实现任意频率信号之间的高分辨率的直接数字处理，从而解决了原子频率标准中频率信号处理的链路简化、相位噪声降低以及稳定性提高等问题。

1）异频锁相原理

将基于群相位量子化的异频鉴相应用于氢原子频标锁相系统中，可实现异频锁相。

如图 6.13 所示为异频锁相电路，该电路主要由分频器、异频鉴相器、电荷泵、信号处理模块和 VCO 等五部分组成。

（1）分频器：输入信号经分频器 1 和分频器 2 分频后进入异频鉴相器，分频器 1 和分频器 2 的分频值是由外部的单片机控制的，单片机将需要的分频值以 8 位数据

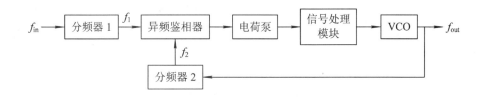

图 6.13　异频锁相原理电路

的形式输入到分频器内。分频器的设计是在 CPLD 中完成的。此处需要考虑如何根据 f_{in} 和 f_{out} 的频率值来选择分频器 1 和分频器 2 的分频值,从而确定 A 和 B 的值。根据公式

$$\Delta T = \frac{f_{maxc}}{f_1 f_2} = \frac{1}{AB f_{equ}} \qquad (6-20)$$

要想清楚的观察 ΔT 的大小,在两个频率信号已知的情况下,最大公因子频率 f_{maxc} 不能太小,这也就决定了分频的次数。虽然 AB 的值越大,等效鉴相频率 f_{equ} 越高,鉴相灵敏度也越高,但同时会使鉴相器的线性度受损,也会减小 PLL 的跟踪范围,而且低通滤波器输出电压 U_{LPF} 的峰峰值也随之变小。如果 U_{LPF} 的峰峰值太小了,它的放大就会有困难,并且放大器的放大倍数越大,其引入的噪声也将越大。为了兼顾鉴相灵敏度越高、鉴相器的线性度、PLL 的跟踪范围和 U_{LPF} 的峰峰值,要合理地选择分频器 1 和分频器 2 的分频值,才能发挥出不同频鉴相 PLL 的优势。根据我们的实验,选择分频器 1 和分频器 2 的分频值使等效鉴相频率 f_{equ} 在 5 MHz 左右效果比较好。另外,使锁相环有最大的跟踪范围,并使参差鉴相器保持良好的线性度。

（2）异频鉴相器:异频鉴相器又称序列鉴相器,它的输出信号能够表达频率及相位相对超前或者滞后的信息,然后送到电荷泵。该系统中的异频鉴相器在 CPLD 中实现。当两个信号进行比相时,其前沿分别代表各自的相位。比较这两个脉冲序列的频率和相位即可得到与相位差有关的输出。参差鉴相器将 f_2 端和 f_1 端的上升沿间的时间间隔转化为输出端的正脉宽的长度。

（3）电荷泵:电荷泵用来改善由鉴相器输出的信号的质量。其工作原理为:当输入信号电平大于某一值,其输出为高电平,且此高电平的电压稳定;当输入信号低于某一值,其输出为电压值稳定的低电平。当鉴相器的上升沿出现时,从其输出上升至某一电平值,到达到平稳的高电平的时间内,经过电荷泵的整形,其输出总为平稳的高电平。经整形后的信号,其正脉冲的宽度才能有效的反应两个信号相位差的信息。对电荷泵输出信号积分,可以消除其它电路模块的干扰和由器件本身的特性引起的上升沿过冲太大的影响。

（4）信号处理模块:鉴相器输出波形的占空比,表征两路信号的相位差,要将此相位差信息经过信号调理模块转化为合适的直流电压量来控制 VCO 的频率,从而实现锁定。信号调理模块由三个部分组成:低通滤波器、相减器、放大器。此处的低通滤波器由一个二阶电路实现,它的截止频率为 1 Hz。相减器将鉴相低通输出的电压减去 U_m,再经放大器将电压放大 K($K = \max(A, B)$)倍,最终输出的是等效鉴相的结果。

（5）压控振荡器（VCO）：压控振荡器是锁相环中的关键部件，其振荡频率的变化与控制电压成正比。压控振荡器是系统闭环中的受控元件。使用高稳定度的压控晶体振荡器，与外界信号进行相位比对。当相位差的信息改变时，信号调理模块会将这种变化的信息对应的电压反馈到压控振荡器，即标准源，微调其输出频率，以实现锁定。这样，锁定后的输出信号可以给出稳定的相位差信息。

基于异频鉴相的氢原子频标锁相系统与传统氢原子频标锁相系统最大的区别在于输入鉴相器的两个信号是异频的。图 6.13 中的 f_1、f_2 分别是输入信号 f_{in} 和输出信号 f_{out} 经过适当分频得到的（其中 $f_1 = Af_{maxc}$，$f_2 \approx Bf_{maxc}$）。用异频鉴相器的输出电压控制 VCO 的压控端，产生负反馈，进而锁定 f_{out}。异频锁相的精度由异频鉴相器的鉴相灵敏度来决定。由于异频鉴相的灵敏度是分频成同频后的 AB 倍，因此异频锁相的精度也提高了 AB 倍。

2）主动型氢原子频标锁相系统设计方案

基于异频相位处理的氢原子频标锁相系统整体设计方案由混频模块、倍频模块、分频模块、异频鉴相模块、信号处理模块、滤波模块和压控振荡器七部分组成，其中分频模块、异频鉴相模块在 CPLD 中完成。如图 6.14 所示。

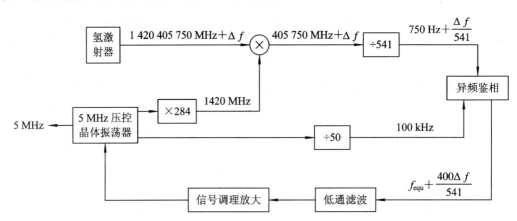

图 6.14　基于异频相位处理的氢原子频标锁相系统方案

图 6.14 是改进后的新型氢原子频标锁相系统。氢激射器产生的 1 420 405 750 Hz 的信号（带有频差 Δf）来锁定一个高精度的 5 MHz 的压控晶体振荡器，5 MHz 信号经过 142 倍频后与氢激射器传递过来的信号进行混频，产生带差频的 405 750 Hz 信号，再经过分频，得到 750 Hz 的信号，差频也被分频后保留了下来。5 MHz 压控晶体振荡器的另一路输出被分频后，得到 100 kHz 的信号，然后与前面得到的带差频的 750 Hz 信号进行异频鉴相，再经过低通滤波和信号调理放大，得到一个足够大的电压信号来锁定 5 MHz 的压控晶体振荡器。这样，5 MHz 压控晶体振荡器的输出信号就保持了氢脉泽的频率稳定度。

3）系统仿真结果

系统在 Simulink 中的仿真如图 6.15 所示。压控晶体振荡器产生的 5 MHz 正弦波信号源通过 Relay 模块转换成双极性矩形脉冲，再经过倍频模块 288 倍频，产生一个 1420 MHz 的信号，与给出的 1 420 405 750 Hz 的信号相乘后得到经过滤波器滤除不需要的高频成分，留下低频 405 750 Hz 信号，此信号经过 541 分频后得到 750 Hz 的信号，与 5 MHz 信号 200 分频后的 25 000 Hz 信号鉴相，鉴相后的信号经放大滤波后去锁定压控晶体振荡器，锁定后压控晶体振荡器的输出就是所需的稳定的 5 MHz 信号。压控晶体振荡器产生的 5 MHz 正弦波信号在仿真中设置为 5.002 MHz，倍频后 VCO 设置为 1420.0002 MHz，便于观察锁定的过程。仿真时间设置为 0.05 s，仿真步长为 1×10^{-9} /s。锁定后的 5 MHz 信号如图 6.16 所示。

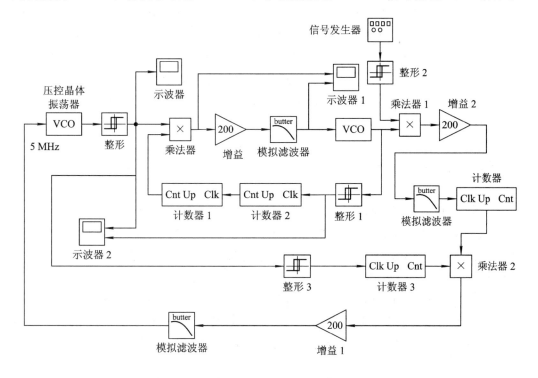

图 6.15　改进后的主动型氢原子频标

　　观察图 6.16，未锁定时的信号是 5.002 MHz，与 5 MHz 信号有一定的偏差，原子频标的输出必须是稳定的信号，经过锁相环锁定后的 5 MHz 信号基本上是稳定不变的，完成了锁定的目的。

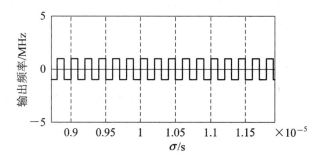

图 6.16　锁定后 5 MHz 信号的仿真图

改进后的主动型氢原子频标与传统的主动型氢原子频标相比有以下优点：

（1）在传统的氢原子频标中，同频信号才能进行鉴相，所以核心器件是频率合成器，而频率合成器不但构造复杂，对系统中其它部件要求比较高，而且会引入严重的系统噪声。但是在改进的主动型氢原子频标中引入了群相位量子、相量子及群的相关概念后，利用频率信号之间群相位差周期性变化的规律，能够直接完成不同频信号的直接鉴相，省去了复杂的频率合成器。

（2）引入了群相量子的概念简化了主动型氢原子频标的线路部分，把相位比对、处理及控制的思想推广到任意频率信号之间。自然界中的信号一般都会存在扰动，直接的相位处理可以获得有用的信息，但是在自然界中存在着大量的周期值不同的周期性的运动现象，它们之间不可能像线路处理那样，经过变化后进行相位处理，群相量子的概念的引入，实现了任意信号之间的直接相位处理。

（3）在改进方案的实现中，分频鉴相模块采用适当的数字化处理，使得系统的实现更加简洁方便。

6.2.5 实验结果及分析

1. 普通频标的异频锁相实验

普通频标的锁定实验原理如图 6.17 所示。这里用 5 MHz 的 OCXO 对一指标较差的标称值为 8.448 MHz 的 VCXO（压控范围为 ±1.4 MHz）实现精确锁定。然后用由 OSA 公司生产的 OCXO8607 输出的秒级稳定度为 $1.3 \times 10^{-13}/s$ 量级的 5 MHz 信号作为 HP8662A 和 HP5370B 的基准源。让 HP8662A 的输出与被测信号频率相差 100 Hz 的信号，进入混频器与被测信号混频后得到 100 Hz 左右的差拍信号，再用 HP5370B 测差拍信号的频率稳定度，换算得到被测信号的频率稳定度，实验结果如表 6.1 所示。

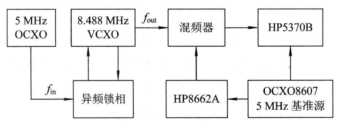

图 6.17　普通频标的锁定及频率稳定度测量

表 6.1　锁定实验和频率稳定度测量结果

状　态	频率值/MHz	频率稳定度/s^{-1}	10 s 级频率稳定度/s^{-1}
高稳晶体振荡器	4.999 998 995±1	3.4×10^{-11}	1.8×10^{-11}
VCXO 锁定前	8.445 736 863±2	2.6×10^{-8}	3.6×10^{-8}
VCXO 锁定后	8.447 999 386±1	2.1×10^{-10}	7.5×10^{-11}

表 6.1 中的频率值是 HP5370B 以 OCXO8607 为外频标直接测量得到。从表 1 的实验数据可以看出，用 5 MHz 秒级稳定度为 3.4×10^{-11}/s 量级的 OCXO 作为该锁相环的参考信号 f_{in}，对标称值为 8.448 MHz 秒稳为 2.6×10^{-8}/s 量级的压控晶体振荡器实现了精确锁定，秒级稳定度提高 2 个数量级以上，10 s 级稳定度提高更多，使 10 s 级稳定度达到 7.5×10^{-11}/s 量级，接近输入的频率标准 1.8×10^{-11}/s 量级的指标。

2. 高精度频标的异频锁相实验

高精度频标的锁定实验原理如图 6.18 所示。

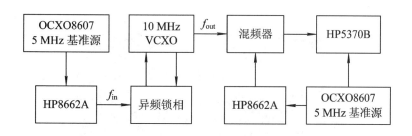

图 6.18　高精度频标的锁定实验

如图 6.18 所示，用 OCXO8607 输出的秒级稳定度为 1.3×10^{-13}/s 量级的 5 MHz 信号作为频率合成器 HP8662A 的外频标，产生 5 MHz、12.8 MHz、16.384 MHz 和 38.88 MHz 的高指标的信号（经测定，此时由 HP8662A 输出的信号秒级稳定度为 1.1×10^{-12}/s 量级），分别作为该锁相环的参考信号 f_{in}，对一只 10 MHz 的压控 OCXO（秒级稳定度为 3.7×10^{-11}/s，压控范围 ±3 Hz）进行锁定。在这个实验中用到两组 OCXO8607 和 HP8662A，一组用于产生锁相环的输入信号 f_{in}，另一组用于频率稳定度测量。锁定后频率稳定度测量结果如表 6.2 所示。

表 6.2　锁定后频率稳定度测量结果

输入的参考信号	5 MHz	12.8 MHz	16.384 MHz	38.88 MHz
输出秒级稳定度/s^{-1}	6.2×10^{-12}	6.5×10^{-12}	7.1×10^{-12}	6.6×10^{-12}

表 6.2 的数据表明，锁定后该 10 MHz 的晶体振荡器的秒级稳定度都进入了 10^{-12}/s 量级。显然，用异频锁相的方法使被锁定的振荡器的指标都得到了很大的提高。如果能进一步降低电子线路的噪声，并选用更为高速的器件，并允许两信号在更高的等效鉴相频率下进行异频鉴相，可以获得更高的指标，使输出信号的指标更接近输入参考信号的指标。

3. 主动型氢原子钟锁相系统模拟实验

这里先对基于异频相位处理的主动型氢原子频标做模拟性试验，铯钟作为 HP8662A 外频标，用 HP8662A 模拟氢原子跃迁的频率合成输出一个 405 750 Hz 的信号来锁定压控振荡器，实验原理如图 6.19 所示。

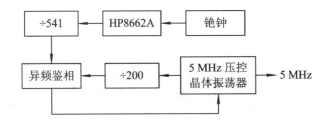

图 6.19　主动型氢原子钟锁相系统模拟实验图

压控晶体振荡器未加控制电压时，两信号进行鉴相，结果如图 6.20 所示，由图 6.20 可以看出，两信号在不同频的情况下进行鉴相，对电路进行适当的调整也可以做到很好的线性度。

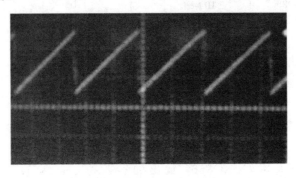

图 6.20　压控晶体振荡器未加控制电压时的鉴相结果

将鉴相的输出加到振荡器的压控端，经过 20～30 min 的时间，振荡器被锁定到铯原子钟的频率上，锁定过程如图 6.21 所示。在锁定后对输出信号的各项指标进行了测试，实验数据如表 6.3 所示。

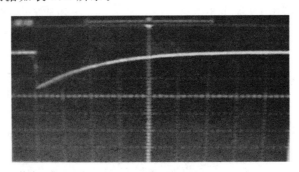

图 6.21　加鉴相输出后压控晶体振荡器的锁定过程

表 6.3　压控晶体振荡器锁定前后的稳定度实验数据

	VCO 未锁定	VCO 锁定后
频率值/MHz	4.888 864 3±2	5
频率稳定度/s^{-1}	$8.2×10^{-12}$	$8.9×10^{-12}$
10 s 级频率稳定度/s^{-1}	$2.3×10^{-12}$	$1.2×10^{-12}$

表 6.3 中的频率值是 HP5370B 以 OCXO8607 – BM 为外频标直接测量得到的。从表中数据可以看出，用铯钟为外频标的频率合成器 HP8662A 输出的信号作为该锁相环的参考信号，对标称值为 4.888 864 3 MHz 的压控晶体振荡器实现了秒级稳定度为 $8.9 \times 10^{-12}/s$ 级的锁定，秒级稳定度变化不大，10 s 级稳定度提高比较明显，锁定后达到 $1.2 \times 10^{-12}/s$ 量级。

原子钟作为一种高指标的频率标准，其长期稳定度和准确度都要远远好于晶体振荡器，在晶体锁定前和锁定后分别采集了七天的数据，对晶体的准确度做了测量结果，如图 6.22 所示。

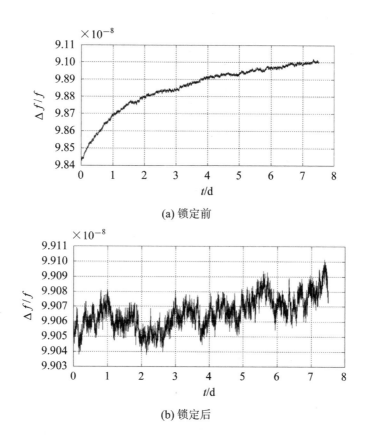

(a) 锁定前

(b) 锁定后

图 6.22 锁定前后压控晶体振荡器的稳定度曲线

分析图 6.22，锁定前晶体的准确度在 7 天中的波动比较大，而锁定后的准确度波动比较少，基本上是平稳的。可以看出，用等效鉴相频率的方法使被锁定的振荡器的稳定度得到了很大的提高，如果能进一步降低电子线路的噪声，并选用更为高速的器件，就允许两信号在更高的等效鉴相频率下进行鉴相，可以获得更高的指标，使输出信号的指标更接近输入参考信号的指标。

4. 基于群相位量子化处理的主动型氢原子频标的改造实验

图 6.23 是主动型氢钟的改造方案实验框图。

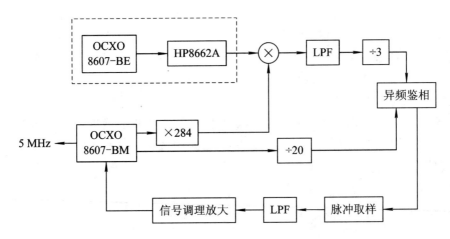

图 6.23　主动型氢原子钟的改造方案

图 6.23 与图 6.14 的区别在于图 6.23 用 OCXO8607 - BE 和 HP8662A 产生一个 1 420 405 750 Hz 的信号代替氢激射器产生的信号,作为锁相环的参考信号,去锁定 OCXO8607 - BM。其中 OCXO8607 - BE 输出固定的 5 MHz 信号,而 OCXO8607 - BM 是带压控端的,实验结果如表 6.4、表 6.5 所示。

表 6.4　OXCO 8607 - BM 的短期稳定度

	0.1 s 级频率稳定度/s^{-1}	频率稳定度/s^{-1}	10 s 级频率稳定度/s^{-1}
VCXO 8607 - BM 锁定前	3.8×10^{-13}	1.8×10^{-13}	1.5×10^{-13}
VCXO 8607 - BM 锁定后	3.9×10^{-13}	2.1×10^{-13}	2.0×10^{-13}

表 6.5　与 MHM2010 型原子钟的 SSB 比对实验

	1 Hz	10 Hz	100 Hz	1 kHz	10 kHz
VCXO 8607 - BM 锁定前/dB	−118	−137	−145	−150	−155
VCXO 8607 - BM 锁定后/dB	−109	−125	−138	−146	−152
MHM2010 氢原子钟/dB	−100	−120	−135	−145	−150

表 6.4 是锁定前后 OCXO8607 - BM 实测的短期稳定度的数据,表 6.5 是锁定前后实测相位噪声数据(用 PN8010 相噪测量系统测得数据)。由锁定前后的数据可以看出,锁定后的 OCXO8607 - BM 输出的信号稳定度和相位噪声指标都有一定程度的恶化。主要原因是实验中使用了 HP8662 频率合成器,在频率合成过程中引入了噪声。同时从表 6.4、表 6.5 也可以看出,即便在 HP8662 引入附加噪声的情况下,最终由 OCXO8607 - BM 输出信号的相位噪声指标还是优于当前指标较好的氢原子钟的输出信号的相位噪声指标。如果能进一步优化线路的设计,降低电子线路的噪声,则可获得更好的短期稳定度和更好的相位噪声指标。

6.3   被动型铷原子频标的数字化和智能化处理方法

6.3.1   被动型铷原子频标的倍增效果和温度补偿

传统铷原子频标的频率准确度是 $5 \times 10^{-10}/s$ 量级。除老化、冲击、振动、气压及磁场变化等因素外，对其频率准确度影响最大的是温度的变化[223-225]。虽然传统铷原子频标的物理部分采用了恒温措施，但是由于其恒温及保温技术的局限性，在宽的环境温度范围内（ $-40℃ \sim 60℃$ ），铷原子频标的恒温部分仍会有 $5℃$ 左右的温度偏差。实验证明，铷原子频标的频率准确度随温度的变化率是非线性的，最大变化率为 5×10^{-11} Hz/℃ 左右。由于铷原子频标的频率-温度特性没有规律并且不同铷原子频标的温度特性存在很大的个体差异，所以很难用模拟的方法对其进行温度补偿，如图 6.24 所示。

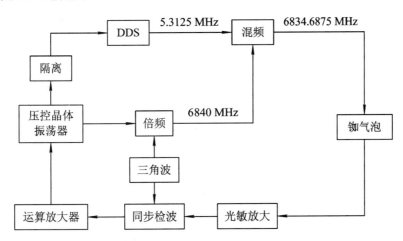

图 6.24   传统被动型铷原子频标的结构

针对传统被动型铷原子频标存在的问题，可以采用数字化温度补偿的方法来解决铷原子频标的频率准确度随温度的变化。由于 DDS 具有较高的频率分辨率，48 位 DDS 所具有的频率分辨率高达 $0.7~\mu Hz$ ，因此可以考虑用 DDS 对合成的 5.3125 MHz 信号根据环境温度的变化进行微调，进而影响铷原子钟输出的 10 MHz 频标信号，从而达到了提高铷原子钟的频率准确度的目的，具体的温度补偿方案如图 6.25 所示。

由图 6.25 知，温度传感器采集到的环境温度信号传递给单片机，单片机根据当前的温度值以及铷钟未进行温度补偿的实验数据，来估计在当前温度下铷钟的频率漂移情况，再根据漂移率，计算应该对 DDS 合成的 5.3125 MHz 信号进行多大的微调，并将计算结果送至 DDS，从而对铷原子钟最终输出频标信号的温度漂移进行了补偿。

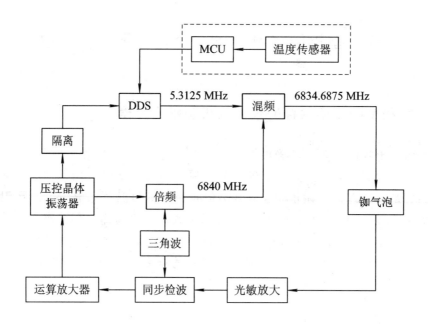

图 6.25　铷原子频标的超高分辨率数字化温度补偿方案

由于对 6834.6875 MHz 的激励频率信号的调整是通过对其中的部分频率——由 DDS 产生的 5.3125 MHz 信号的微调完成的，对 DDS 的频率毫赫兹调节(10^{-10})等效于在铷原子频率标准输出 5 MHz 信号上的微赫兹(10^{-13})的频率调节，所以具有 3 个量级的倍增效果。

同样，铯原子钟也有类似的情况，即 9192.631 77 MHz 的激励信号是通过对其中的部分频率 12.631 77 MHz 信号的微调来完成的，因此也具有接近 3 个量级的倍增作用。

温度特性的补偿是建立在原子频率标准温度-频率特性具有系统误差特性和很好的重复性等基础上的。由于超高分辨率数字化处理技术的实现，将晶体振荡器温度补偿的技术推广运用于原子频率标，使温度补偿提高到宽温度范围 10^{-12} 量级温度特性是完全可能的。为限制数字化温度补偿时引入数字化的量化误差，利用环路中的 DDS 产生的输出频率信号与锁定效果中的倍增作用，能够明显提高补偿或调节的精细度；考虑到温度影响的变化的相对缓慢性以及其效果的滞后作用，则需要运用非实时的、折中考虑温度-噪声的处理算法[230-235]。铷原子频率标准的典型温度特性表达的可补偿性如图 6.26 所示。

由图 6.26 可知，铷原子频率标准的漂移率并不是完全线性的，实际的老化漂移指标也会随着时间的变化而改变。因此，根据不同的时间段通过数字滤波后代入不同的老化率数值，可采用折线法，这种处理完全可以补偿一次项的影响，进一步细化后还可以补偿某些高次项影响。

图 6.27 为 XHTF1010 0608032 型铷频标从 2007 年 7 月到 2009 年 7 月漂移率曲线。后半部分是由于参考信号和被测信号的频率漂移比较接近而导致的。

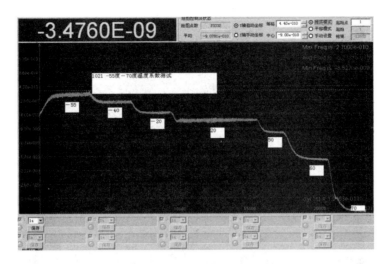

图 6.26　铷原子频标温度特性的可补偿性

图 6.27　XHTF1010-0608032 型铷原子频标的漂移率曲线

6.3.2　被动型铷原子频标的频率-温度补偿实验

实验方案如图 6.27 所示。这里用氢钟作为频标，用 XHTF3590 多路频标测试仪，稳压直流电源，高低温箱等对 XHTF1003H 铷原子钟的温度特性进行测量。

（1）将铷原子钟和温度传感器放入高低温箱，将高低温箱调整到 −30℃，测量铷原子钟在该温度下的频率值，等到频率稳定后记录频率值。每间隔 5℃ 记录一次频率值，直到 40℃，频率-温度特性曲线如图 6.28 所示，测得频率值如表 6.6 所示。

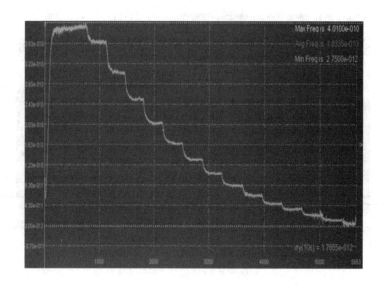

图 6.28　XHTF1003H 铷原子钟频率-温度特性曲线

表 6.6　频率-温度特性测量数据

温度/℃	频率（$\Delta f/f_0$）	温度/℃	频率（$\Delta f/f_0$）	温度/℃	频率（$\Delta f/f_0$）
−30	4.2055×10^{-10}	−25	3.7629×10^{-10}	−20	3.1867×10^{-10}
−15	2.5138×10^{-10}	−10	2.0501×10^{-10}	−5	1.6638×10^{-10}
0	1.3319×10^{-10}	5	1.0627×10^{-10}	10	8.2812×10^{-11}
15	6.3906×10^{-11}	20	4.7609×10^{-11}	25	3.6750×10^{-11}
30	2.5143×10^{-11}	35	1.5586×10^{11}	40	8.6235×10^{-12}

相应得到温度传感器的采样值如表 6.7 所示。

表 6.7　温度传感器的采样数据

温度/℃	采样值/℃	温度/℃	采样值/℃	温度/℃	采样值/℃
−30	−30.57	−25	−25.41	−20	−20.26
−15	−14.89	−10	−9.73	−5	−4.67
0	0.38	5	5.43	10	10.49
15	15.65	20	20.81	25	25.66
30	30.71	35	35.77	40	40.76

（2）将（1）得到的频率值和温度传感器的采样值用分段折线法拟合成一条折线，如图 6.29 所示。

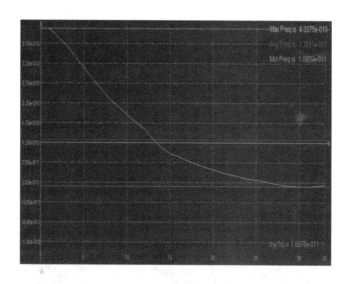

图 6.29　拟合后的频率-温度特性曲线

（3）智能化信号处理。单片机内部具体算法是：温度传感器每隔 1 s 对环境温度进行一次采样，用分段折线法根据采样值计算当前铷原子钟的频率漂移量，为了防止破坏铷原子钟的短稳，在计算出铷原子钟的频率漂移补偿量后，还要经过卡尔曼滤波处理[236-241]。单片机内部程序的流程图如图 6.30 所示。

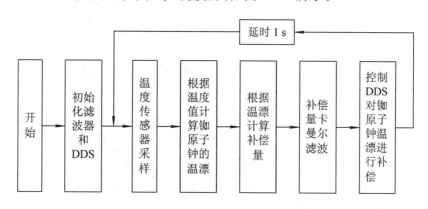

图 6.30　单片机内部的温度补偿算法

（4）铷原子钟温度补偿实验。将铷原子钟和温度传感器放入高低温箱，其中铷原子钟输出的 10 MHz 信号分成两路，一路直接送到频标测试仪，测试未进行补偿的频标信号；另一路送到 DDS 的参考频率输入，单片机根据温度传感器的温度信号对 DDS 进行控制，使 DDS 对铷原子钟输出 10 MHz 信号进行微调，DDS 输出铷原子钟温漂补偿后的 10 MHz 信号。具体实验方案如图 6.31 所示。

在进行温度补偿实验时，温度范围为 $-30 ℃ \sim 40 ℃$，得到的补偿前和补偿后的频率-温度关系如图 6.32 所示。

通过实验数据可以看出，铷原子钟补偿前的频率（频率变化范围）准确度在 4.5×10^{-10}/s 左右，而通过 DDS 补偿后输出的 10 MHz 信号的频率准确度在 4×10^{-11}/s

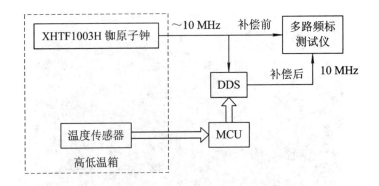

图 6.31　铷原子钟温度补偿实验方案图

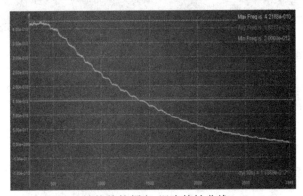

(a) 补偿前的频率-温度特性曲线

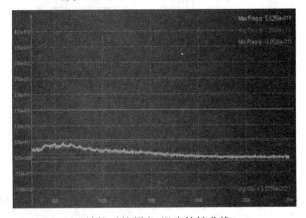

(b) 补偿后的频率-温度特性曲线

图 6.32　温度补偿后的铷原子频标频率-温度特性曲线

左右，提高了一个数量级。铷原子钟直接输出信号的秒级短稳是 $4.34 \times 10^{-12}/\mathrm{s}$，而 DDS 输出的频率信号秒级短稳在 $1.10 \times 10^{-11}/\mathrm{s}$。铷原子钟直接输出频率信号的 10 s 级短稳为 $1.40 \times 10^{-12}/\mathrm{s}$，而 DDS 输出补偿后频率信号的短稳是 $3.58 \times 10^{-12}/\mathrm{s}$。

从短期稳定度上看，DDS 输出的信号比铷原子钟直接输出的频率信号短期稳定度变差了 3 倍左右。如果改变实验方案，将 DDS 信号的补偿加入到 5.3125 MHz 中，则可能不会使短稳变差。

6.4   铷原子频标的非实时控制研究

对于原子频标中广泛采用的实时控制技术，利用晶体振荡器短时间内具有保持高稳定度的能力，对于来自物理包输出的误差校正信号进行优化的非实时处理，并且进行必要的消噪算法处理。综合物理部分和晶体振荡器双方的优势，得到更好的稳定度和相位噪声指标。这里包括卡尔曼滤波等多种算法的适应性工作及改进是重点。对于工程应用类原子频标中存在的漂移、温度特性等系统误差，通过形成频率-时间变化数据和频率-温度变化数据等，和相应的时间辅助计数器、温度传感器等结合在一起，随着环境量的变化对产生的变化进行补偿。对于超高分辨率数字化和智能化在原子钟抗冲击振动方面的研究发现，单独的 SC 切晶体振荡器的抗振动性能优于铷钟整机的抗振性能，而原子钟的物理体由于存在光学机构以至于对振动比较敏感，因此非实时处理的方法，能够将 SC 切晶体与原子钟的物理部分优势互补，从而大大提高了原子钟的抗振动冲击能力。对铷原子频标的物理部分输出的对压控晶体振荡器的控制的原理如图 6.31 所示，加入了对物理部分输出的信号的计算机处理。图 6.27 和图 6.33 的结合可以扩展到对该频标的原理改造整体内容中。

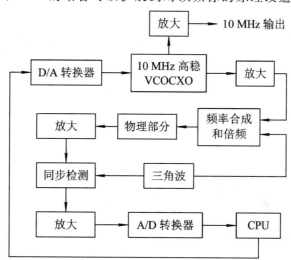

图 6.33   非实时控制的铷原子频标方框图

这里的算法与接收卫星信号后和地面基准比对采用的卡尔曼滤波不同之处在于，后者要处理掉的是空间噪声、电离层和对流层的影响等，噪声幅度大、周期相对较长；而前者要处理掉的则是从物理部分检出的微弱的被锁晶体振荡器偏差信号中的噪声信号，噪声幅度小、周期相对短的多[192-199]。

被动式铷原子钟中从物理部分输出的误差校正信号中存在着高准确度和复杂环路中的各种噪声，需要对应的卡尔曼滤波等数字信号补偿处理。物理部分输出的伺服信号中需要处理掉的主要是频率成分偏高的噪声因素。时间上的延迟可以借助于振荡器本身好的短期稳定度在较短时间内具有保持准确度的能力。

传统的被动式原子频标中采用的方法是把输出信号的压控晶体振荡器的频率通过一个环路锁定到量子部分提供的标准频率上，使晶体振荡器的频率准确度得到了提高。而在这种锁定环路中有频率变换、量子以及信号处理等部分，它们产生的噪声或受到的干扰影响环路对高稳晶体振荡器的控制[200-204]。通过一定的环路滤波和信号处理能减小噪声和干扰的影响，但是要得到长期稳定度和短期稳定度都很高的原子频标很困难，以至于虽然这种原子频标的长期稳定度和准确度指标很高，但是它短期稳定度和相位噪声指标没有高稳晶体振荡器的高。可见传统的原子频标在发挥出量子部分好的长期稳定度优点的同时破坏了高稳晶体本身具有的好的短期稳定度和相位噪声优良特性。对传统的采用实时控制的被动式铷原子频标来说，短稳和中长稳是一对矛盾。长稳和短稳的统一是频标研究者们长期追求的目标。如图6.34 所示的是一种传统被动式铷原子频标的原理框图。

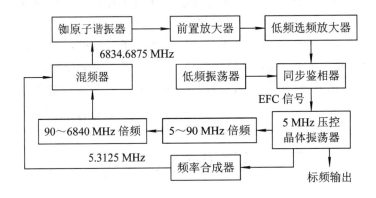

图 6.34　传统被动式铷原子频标的原理框图

晶体振荡器的频率(一般为整数频率)经过倍频和综合，得到与原子频标中量子部分提供的标准频率(原子基态两个超精细能级间的跃迁频率加上各种系统频移后所得到的频率)接近的微波激励信号(此激励信号的频率随晶体振荡器的频率起伏而变化)，此微波激励信号经过调制后输入量子系统后与原子发生共振，伺服电路对反映共振情况的探测信号进行处理，获得反映微波激励信号频率与量子部分提供的标准频率之间的误差信号，并用此误差信号去控制晶体振荡器，使晶体振荡器的输出频率锁定在量子部分提供的标准频率上。这样做的结果虽然保证了原子频标良好的准确度和长期稳定度指标，但是晶体振荡器好的短稳指标受到了影响。在军事工程应用中，多普勒测速、跟踪、动态定位等直接与频率源的短期稳定度有关，所以除对频标的长期稳定度指标提出要求外，在短期频率稳定度方面也提出了更高的要求。

采用非实时控制的思想来改进被动式铷原子频标，其基本原理[205-210]是在被动式原子频标中，有一个 EFC 信号(控制频率的电信号)，EFC 信号正比于微波频率与原子跃迁频率之间的频差。把该信号取出来进行处理。在通常的情况下，EFC 信号的改变说明了压控晶体振荡器的输出频率发生了变化，如果 EFC 信号的变化不大，则保持加在晶体振荡器上的控制电压不变(在实际操作中可以拿 EFC 信号的变化量与一个预设值或函数进行比较)。这时的原子频标实际就是一个没有任何控制的晶体振荡器,量子部分以及随后的信号处理部分和压控晶体振荡器之间的联系被切断,它产生的噪声或者是干扰不会影响到压控晶体振荡器;如果 EFC 信号的变化较大,则通过改变 EFC 电压来调整压控晶体振荡器的输出频率。为了保证极好的短期稳定度,EFC 的改变必须是以很小的幅度、采用步进的方式实现。步进的幅度与压控晶体振荡器的压控灵敏度相关。例如压控晶体振荡器的压控灵敏度是 ± 1 ppm/V,要保证 $10^{-12}/s$ 的秒级短稳,控制电压的步进应该是 $1~\mu V$。

在传统的被动式铷原子频标中,原子频标的表现与输出标准频率信号的晶体振荡器有很大关系。原子频标在短稳上、抗振上、抗辐射上、抗瞬间热上的表现取决于高稳晶体振荡器的表现。对于传统的被动式的铷原子频标,设计者为了同时发挥出量子部分和晶体振荡器的优势,实现优势结合,主要考虑的一是伺服环路噪声的控制,二是伺服环路的实现与环路锁定时间的选择。但是在传统的铷原子频标中,环路锁定时间都很短,以至于传统原子频标的短稳较高稳晶体振荡器的短稳差。在传统原子频标中,很多因素影响最终输出频率的短稳[211-218]。

被动式原子频标的准确度主要决定于量子系统的性能,而伺服环路设计的任务则主要是保证量子频标具有最佳的长期及短期稳定度。

(1)被动式原子频标的长期稳定度。从上面分析可知,影响长期稳定度的因素是量子系统谱线中心频率的漂移、受控振荡器频率的老化漂移、鉴相器及直流放大器输出电压的漂移等。长期稳定度的极限值取决于量子系统谱线中心频率的稳定(如何提高谱线频率稳定度乃是被动式原子频标所需解决的主要问题)。如果谱线频率十分稳定,则为了提高频标的长期稳定度,总是希望尽可能增大闭环增益以便减小剩余频差。

(2)被动式原子频标的短期频率稳定度。倍频器、受控振荡器、鉴相器输出端电压(或直流放大器输入端电压)漂移、直流放大器输出电压漂移及量子系统的输出噪声都将引起输出频率无规涨落,影响短期稳定度。

可见在实时控制的原子频标中,来自于量子部分、频率变换部分以及信号处理部分的很多因素促使高稳晶体振荡器的短稳恶化,以至于即便是在一个好的实验室环境中,在被动式原子频标中高稳晶体振荡器好的短稳性能也没办法发挥出来。总的效果就是现有的实时控制的原子频标在某一个时间点以前(比如 10 s 或者 20 s)的短稳较所用的高稳晶体振荡器的短稳差。

众所周知,在被动型原子频标中,量子系统提供一峰点频率稳定、线宽较窄的原子共振吸收线作为频率基准对石英晶体本振的输出信号进行鉴频,进而对本振进行压控,将其输出频率锁到原子共振吸收线的峰点上。因此,在一台被动型原子频标体系内,量子系统自身本质上就是一个长稳良好的频率基准,而石英晶体振荡器则是另一个被控的频率基准。随着研究的深入开展,石英晶体振荡器的短稳越来越好,完全有可能在一台被动型原子频标体系内进行量子系统与石英晶体本振的优势组合,将量子系统良好的长期频率稳定度与准确度传递给石英晶体本振,同时保持石英晶体本振自身良好的短期稳定度,从而以一种相对简洁的技术途径得到一台长、短稳兼优且体积小、功耗少、重量轻的被动型原子频标。

采用非实时控制的思想，是将原子频标的优点与晶体振荡器的优良特性结合起来的一种方法[218-222]。它在本质上是利用了高稳晶体振荡器在一段时间内的频率稳定度、频率准确度都很高的优点。高稳晶体振荡器在一次频率调整与下一次频率调整之间处于一种失锁状态，量子部分与晶体振荡器部分被完全隔离，自然高稳晶体振荡器好的短期稳定度和相位噪声指标不会被破坏。而当一段时间以后高稳晶体振荡器的输出频率偏离标准频率达到一定程度时，再通过量子部分修正高稳晶体振荡器的频率，发挥量子部分长期稳定度好的优势。图 6.35 是传统的被动式原子频标的输出与高稳温补晶体振荡器的输出比较。其中虚直线表示原子频标输出频率标称值，斜的曲线表示没有量子部分控制的高稳晶体振荡器的输出，原子频标的实际输出如图 6.35 中锯齿线所示。

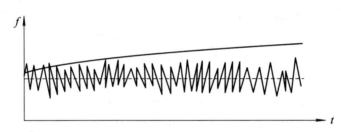

图 6.35　传统被动式原子频标的输出与高稳晶体振荡器的输出比较

图 6.36 是采用非实时控制的原子频标的输出与高稳晶体振荡器的输出比较。图 6.36 中的 T_1 表示两次频率调整之间的时间间隔，T_2 表示一次频率调整所用的时间，非实时控制的原子频标的实际输出用锯齿线表示。对于稳定度的改善的结果是：如果环路一次锁定与下一次锁定之间的时间间隔为 t，则采用非实时控制的做法，可以改善该原子频标 t 以下的短稳。

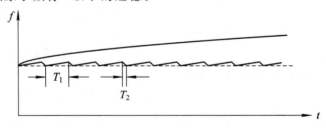

图 6.36　非实时控制的原子频标的输出与高稳晶体振荡器的输出比较

图 6.37 是理论上采用非实时控制的做法对传统原子频标短稳改善的效果。"×"是非实时控制的原子频标的输出，"○"是高稳晶体振荡器的输出，也即是采用非实时控制的原子频标的输出。

总之，传统的被动式原子频标中采用的方法是把输出信号的压控晶体振荡器的频率通过一个环路锁定到量子部分提供的标准频率上，使晶体振荡器的频率准确度得到了提高。而在这种锁定环路中有频率变换、量子以及信号处理等部分，它们产

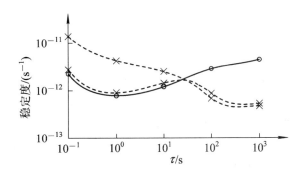

图 6.37　传统原子频标短稳的改善

生的噪声或受到的干扰影响环路对高稳晶体振荡器的控制。通过一定的环路滤波和
信号处理能减小噪声和干扰的影响，但是要得到长期稳定度和短期稳定度都很高的
原子频标很困难，以至于虽然这种原子频标的长期稳定度和准确度指标很高，但是
它的短期稳定度和相位噪声指标没有高稳晶体振荡器的高。传统的原子频标在发挥
出量子部分好的长期稳定度优点的同时破坏了高稳晶体本身具有的好的短期稳定度
和相位噪声优良特性。采用非实时控制的思想，是将原子频标的优点与晶体振荡器
的优良特性结合起来的一种方法，其特点是原子钟中高稳晶体振荡器在一次频率调
整与下一次频率调整之间处于一种失锁状态，量子部分与晶体振荡器部分被完全隔
离，自然高稳晶体振荡器好的短期稳定度和相位噪声指标不会被破坏。而当一段时
间以后高稳晶体振荡器的输出频率偏离标准频率达到一定程度时，再通过量子部分
修正高稳晶体振荡器的频率，发挥量子部分长期稳定度好的优势。实验结果表明，
采用非实时控制的方法，在压控晶体振荡器的调整时间里，压控晶体振荡器的短稳
变差，但是只要压控电压改变的方式合适，对短稳的影响是比较小的。而在压控晶
体振荡器的保持时间，压控晶体振荡器的各项指标几乎完全不受影响。非实时控制
方法在本质上是利用了高稳晶体振荡器在一段时间内的频率稳定度、频率准确度都
很高的优点。这里使用了卡尔曼滤波，卡尔曼滤波器是一种高效的递归滤波器（自
回归滤波器），它能从一系列的不完全包含噪声的测量中，估计动态系统的状态，是
一种最优化自回归数据处理算法，特别适合于处理在信号与噪声中最大程度地抑制
噪声的同时将信号提取出来的问题。

　　卡尔曼滤波可以解决最佳线性过滤和估计问题，并且以最小均方误差为准则。
它用前一个估计值和最近一个观测数据来估计，用状态方程和递推方法进行估计，
适用于实时处理。因此，采用卡尔曼滤波算法对所测定时间间隔进行滤波处理。卡
尔曼滤波算法应用在此处，连续两个测量数据的时间间隔为 1 s，状态向量 X_k 表示
的是第 k 时刻的时间间隔真值，即第 k 秒的时间间隔值，且 X_k 是一个一维向量。观
测向量 Y_k 也是一维向量，观测向量 Y_k 是我们测量得到的含噪声的时间间隔数据序
列，即真实的时差值＋观测噪声。这样，动态系统维数、观测系统维数均为 1。相应
的各个矩阵维数降为一维，将会大大简化计算复杂程度，也为我们用单片机实现对
时间间隔值的卡尔曼滤波算法提供了可能性。经推导，可得到如下的滤波的递推公

式及算法过程。

动态系统由此差分方程描述

$$X_k = \varphi_{k,k-1} X_{k-1} + W_{k-1}, \quad k = 1, 2, \cdots$$

观测系统由此差分方程组描述

$$Y_k = H_k X_k + V_k, \quad k = 1, 2, \cdots$$

式中，$\varphi_{k,k-1}$ 称为系统的状态转移矩阵，它反映了系统从第 $k-1$ 个取样时刻的状态到第 k 个取样时刻的状态的变换；W_k 为高斯白噪声序列，具有已知的零均值和协方差阵 Q_k；H_k 为状态量 X_k 到观测量 Y_k 的转换；V_k 为观测噪声为高斯白噪声序列，具有已知的零均值和协方差阵 R_k。实际应用中，状态转移矩阵 $\varphi_{k,k-1} = [1]$；观测矩阵 $H_k = [1]$；模型噪声协方差矩阵 Q_k 和观测噪声协方差矩阵 R_k 的估计，一般采用经验估计。实践表明，观测噪声协方差矩阵 R_k 必须为 $[1]$，否则会引起滤波结果中的相位差数据整体变大或变小。对模型噪声协方差 Q_k 进行尝试取值，其依据是所测结果的频稳特性最优。为了卡尔曼滤波的迭代递推，我们需对时间间隔值首先作初步的估计，如对一系列观察数据进行平均计算得到的平均值 $\overline{X}_0$，用这个值对滤波器进行初始化，会使滤波器的收敛速度加快。此时，估计误差的协方差矩阵初值取为

$$C_0 = E\left[(X_0 - \overline{X}_0)(X_0 - \overline{X}_0)^{\mathrm{T}}\right] = \mathrm{var}(X_0)$$

在数据处理的过程中，滤波过程如图 6.38 所示，给定初始值 C_0，循环执行第 1 步～第 4 步，$\overline{X}_k$ 即处理后的时间间隔值。

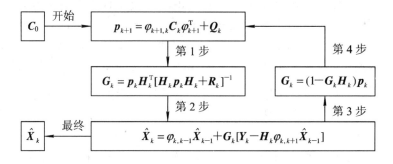

图 6.38　卡尔曼滤波过程

6.5　基于 GPS 的新型二级频标锁定系统

随着数字通信技术的进一步发展，数据传输具有更高的速度，相应地，对同步系统也提出了更高要求。近年来，国内对基于 GPS 的时频标准的研究慢慢增多，克服了原来主要集中在电力网同步系统方面应用的缺点，解决了精度和稳定性都不是很好的问题，开始考虑到来自 GPS 卫星的 1 pps 的偶然跳变和失效情况，并提出通过相应的滤波算法来剔除偶然的粗大误差，以及结合锁定状态下存储的历史数据和相应的预测算法来实现一定时间内锁定精度的保持。国外对二级频标的锁定技术也有很多研究，如 Chia-Lung Cheng 等提出了使用实时动态神经网络——小波预测滤

波器来消除大气延时，通过基于神经网络模型的预测控制器输出差值数字信号，经 D/A 转换来锁定晶体振荡器的方法，但是实现复杂度很高。目前这方面技术的传统做法是借助二级频标（如高稳定度晶体振荡器、铷原子频标）产生参考频率以满足同步的需要。但高稳定度晶体振荡器由于受温度、老化等因素的影响，其输出频率有较大的漂移现象，长期稳定性较差；铷原子频标的重现性是原子频标中最差的，而且其漂移率也是最大的；氢钟和铯钟的长期、短期稳定性虽然都很好，但价格昂贵，而且对使用环境的要求也比较高。相比之下，GPS 系统能提供精确的时间信息，可以利用 GPS 接收机产生一个稳定的当地时钟以实现 GPS 频标的复现。也就是说，将 GPS 接收机与二级频标相结合，利用 GPS 标准信号（如 GPS 秒信号）锁定高稳定度晶体振荡器，使本地频标的频率跟踪 GPS 标准信号，提高晶体振荡器输出频率的准确度，减小输出信号的抖动，进而减小由重现性、老化或漂移对频率准确度的影响，使其短期稳定度能保持本地高稳定度晶体振荡器的水平，并使本地被控振荡器有效地复现所接收的 GPS 标准信号的长期稳定度和准确度。针对上述分析，为了获得一个短期和长期稳定度都比较优良的时间频率标准，缩短二级频标的锁定时间，提高锁定精度，本章提出了一种以群周期相位比对技术为基础的新型二级频标锁定系统。

6.5.1　系统基本原理

这里主要用到的原理有：异频相位重合检测原理、群周期相位比对原理、基于长度游标的时间间隔测量原理、基于长度游标的相位重合检测原理，这些原理在相关章节已详细阐述，下面就基于多尺度卡尔曼滤波的噪声信号处理进行论述。

在基于长度游标的时间间隔测量中，GPS 秒脉冲的前沿作为开门信号，二级频标的分频信号作为关门信号，开门信号与关门信号之间的时间间隔即为被测时间间隔。实际上，这个被测时间间隔就是 GPS 秒脉冲的前沿与被锁频标信号异频鉴相后的相位差（或时差）。由于卫星钟差、星历误差、电离层的附加延时误差、对流层的附加延时误差、多路径误差等动态随机性误差的存在，GPS 秒脉冲的稳定性会受到很大的影响，这些影响集中表现为 GPS 秒脉冲的前沿跳动，一般为几百纳秒，偶尔会达到 $1\ \mu s$ 以上，使得被测时间间隔存在很大的不确定性。此时如果直接用它来校正被锁频标的频率或产生采样脉冲信号，则频率稳定度一般只能达到 $10^{-7}/s$ 量级。如果不及时进行处理，测量的高精度会被秒信号的前沿跳动误差所淹没，根本体现不出高分辨率时间间隔测量的优势，所以也不可能在短时间内获得较高的锁定精度。根据 GPS 秒信号所含误差的性质，这里采用以最小均方误差为准则的多尺度卡尔曼滤波对 GPS 信号噪声进行处理，以期获得被测时间间隔的最优估计。

1. 多尺度信号

在 GPS 频标锁定系统中，信号传输系统的数学模型有如下形式

$$y(t) = \int_{-\infty}^{+\infty} h(\tau) x(t - \tau) \mathrm{d}\tau + n(t) \tag{6-21}$$

式中，$y(t)$ 为接收信号；$x(t)$ 为具有 $1/f$ 特性的输入信号；$h(\tau)$ 为传输系统的脉冲响应，是时变信号；$n(t)$ 为均值为零的高斯白噪声。这里对待处理的信号 $x(t)$ 进行多尺度描述。故 $x(t)$ 的近似项 $A_k x(t)$ 在第 k 尺度（分辨率为 2^k）为

$$A_k x(t) = \sum_m [A_k^{\mathrm{d}} x](m) \varphi_k^m(t) \qquad (6-22)$$

式中，$\varphi_k^m(t) = \varphi(2^k t - m)$，所以 $\varphi(t)$ 为基本尺度函数，那么由分辨率 2^k 的近似项 $A_k x(t)$ 到分辨率 2^{k+1} 的近似项 $A_{k+1} x(t)$ 为

$$D_k x(t) = A_{k+1} x(t) - A_k x(t) = \sum_m [D_k^{\mathrm{d}} x](n) \varphi_k^m(t) \qquad (6-23)$$

式中，$\varphi_k^m(t) = \varphi(2^k t - m)$，所以 $\varphi(t)$ 为小波基。由近似项系数 $[A_k^{\mathrm{d}} x](m)$ 和细节项系数 $[D_k^{\mathrm{d}} x](m)$ 可得

$$[A_k^{\mathrm{d}} x](m) = \sum_k \bar{h}(2m-l)[A_{k+1}^{\mathrm{d}} x](l) \qquad (6-24)$$

$$[D_k^{\mathrm{d}} x](m) = \sum_l \bar{g}(2m-l)[A_{k+1}^{\mathrm{d}} x](l) \qquad (6-25)$$

$$[A_{k+1}^{\mathrm{d}} x](m) = \sum_l \{ h(m-2l)][A_{k+1}^{\mathrm{d}} x](l) + g(m-2l)[D_k^{\mathrm{d}} x](l) \} \qquad (6-26)$$

式中，

$$h(m) = \int \varphi_{-1}^0(t) \varphi_0^m \mathrm{d}t, \; g(m) = \int \varphi_{-1}^0(t) \varphi_0^m(t) \mathrm{d}t, \; G = (1, 0, \cdots, 0)$$

即 $\bar{h}(m)$ 和 $\bar{g}(m)$ 分别是 $h(m)$ 和 $g(m)$ 镜像滤波器，如图 6.39 所示。

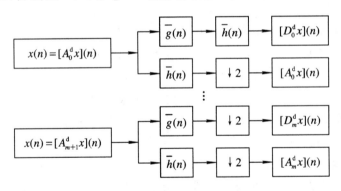

图 6.39　离散小波的分解

　　由上述分析及图 6.39 可知，含噪声的相位差数据 $y(t)$ 在每一个小波滤波器的子带，被分解成基于正交小波的多尺度信号。由此，对每一个小波子带运用传统的卡尔曼滤波器对相位差数据进行估计。一旦在每一个小波子带的估计完成，那么，被估计的各个子带经过小波重构就可以形成所需信号，如图 6.40 所示。

2. 多尺度卡尔曼滤波算法

　　在 GPS 频标锁定系统中，通过 GPS 秒信号与二级频标分频信号的比相，可得到含有噪声的相位差序列。这里连续两次测量数据的时间间隔为 1 s。对含有噪声的相位差数据（观测量）进行多尺度卡尔曼滤波，可估计出准确的相位差（时间间隔）[17-181]。

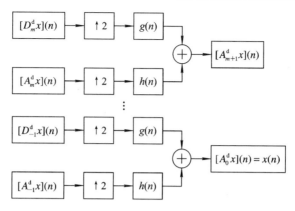

图 6.40　离散小波的重构

　　假设在 l 时刻相位差的真值用 x_1 表示，它构成状态变量 $\boldsymbol{X}_L$，这里 $\boldsymbol{X}_L = (x_1)$。观测数据 $\boldsymbol{y}(l) = \boldsymbol{H}(l)\boldsymbol{X}(l) + \boldsymbol{W}(l)$，其中，$\boldsymbol{H}(l)$ 为观测矩阵，$\boldsymbol{X}(l)$ 为要估计的相位差值，$\boldsymbol{W}(l)$ 为观测噪声。则观测数据的小波系数列为

$$\boldsymbol{y}_i[m] = \boldsymbol{d}_i[m] + \boldsymbol{W}_i[m], \quad i = 1, 2, 3, \cdots$$

式中，$\boldsymbol{d}_i[m]$ 为相位差数据的小波系数列；$\boldsymbol{W}_i[m]$ 为观测噪声项，其均值为零，方差为 $\boldsymbol{\delta}_w^2$。

　　用 ARMA 模型在时间尺度域进行近似模拟，得到

$$\boldsymbol{d}_i[n] = \sum_{j=1}^{q} \boldsymbol{\varphi}_j^i \boldsymbol{d}_i[m-j] + \boldsymbol{e}_i[m] = \boldsymbol{\varphi}^i \boldsymbol{x}_i[m-1] + \boldsymbol{e}_i[m] \tag{6-27}$$

式中，$\{\boldsymbol{e}_i[m], \boldsymbol{m} \in N\}$ 为模型噪声项；q 为 AR 模型的阶数，则 q 的矢量模型空间可以定义为

$$\boldsymbol{x}_i[m-1] = (d_i[m-1], \cdots, d_i[m-q])^T, \quad \boldsymbol{\varphi}^i = (\varphi_1^i, \varphi_2^i, \cdots, \varphi_q^i)$$

AR 模型的系数为

$$\boldsymbol{\varphi}^i = \boldsymbol{h}_i \boldsymbol{R}_{x_i[m-1]}^{-1} \tag{6-28}$$

其中，

$$\boldsymbol{\delta}_e^2 = \boldsymbol{R}_i(0) - \boldsymbol{h}_i R_{x_i[m-1]}^{-1} \boldsymbol{h}_i^T, \quad \boldsymbol{h}_i = (R_i(1), R_i(2), \cdots, R_i(q))$$

$$\boldsymbol{R}_{x_i[m-1]} = \begin{bmatrix} R_i(0) & R_i(1) & \cdots & R_i[q-1] \\ R_i(1) & R_i(0) & \cdots & R_i[q-2] \\ \vdots & \vdots & & \vdots \\ R_i[q-1] & R_i[q-2] & \cdots & R_i[0] \end{bmatrix}$$

式中，$\boldsymbol{R}_i[m]$ 是 $x_l(l)$ 小波系数列在尺度 i 的相关函数。

　　基于 $\boldsymbol{x}_i[m]$ 的定义，状态空间模型可以式（6-27）得出

$$\boldsymbol{x}_i[m] = \boldsymbol{F}_i \boldsymbol{x}_i[m-1] + \boldsymbol{G} e_i[m]$$
$$\boldsymbol{y}_i[m] = \boldsymbol{H}_i \boldsymbol{x}_i[m] + \boldsymbol{W}_i[m] \tag{6-29}$$

其中，

$$\boldsymbol{G} = (1, 0, \cdots, 0)^T, \quad \boldsymbol{H} = (1, 0, \cdots, 0)$$

$$\boldsymbol{F}_i = \begin{bmatrix} \varphi_1^i & \varphi_2^i & \cdots & \varphi_p^i \\ 1 & 0 & \cdots & 0 \\ \vdots & \vdots & & \vdots \\ 0 & \cdots & 1 & 0 \end{bmatrix}$$

由此得出小波系数列$\{d_i[m], m \in N\}$，使用卡尔曼滤波器可以得到相位差数据的估计值$\hat{x}_i[m]$为

$$\hat{x}_i[m] = (\hat{d}_i[m, m], \hat{d}_i[m, m-1], \cdots, \hat{d}_i[m, m-q+1])^{\mathrm{T}}$$

根据上述分析，GPS信号噪声处理的卡尔曼滤波算法具体步骤如下：

（1）$C_i[m]$表示$x_i[m]$仅含相位差真值的一个分量与其多尺度卡尔曼估计$\hat{x}_i[n]$之间的均方误差矩阵，给定一个初值$C_i[0]$，根据$n+1$时刻滤波的均方误差矩阵即误差的协方差矩阵$p_i[m+1]$计算出$p_i[1]$。

$$p_i[m+1] = \boldsymbol{\varphi}_i[m+1, m]C_i[m]\boldsymbol{\varphi}_i^{\mathrm{T}}[m+1, m] + \boldsymbol{\delta}_{\mathrm{e}}^2 \qquad (6-30)$$

式中，$p_i[m]$为状态变量$x_i[m]$与其在无观测噪声与模型噪声条件下的估计$\hat{x}_i[m]$之间的均方误差阵；$\boldsymbol{\delta}_{\mathrm{e}}^2$为模型噪声方差，具体见式（6-28）。

（2）得到$p_i[1]$后，根据卡尔曼增益矩阵$K_i[m]$求出$K_i[1]$。

$$K_i[m] = P_i[m]H_i^{\mathrm{T}}[H_iP_i[m]H_i^{\mathrm{T}} + \boldsymbol{\delta}_{\mathrm{w}}^2]^{-1} \qquad (6-31)$$

式中，$\boldsymbol{\delta}_{\mathrm{w}}^2$为观测噪声项$W_i[m]$的协方差矩阵。

（3）根据式（6-31）求出$m=1$时刻的状态变量估计值$\hat{x}_i[1]$即$m=1$时刻相位差的卡尔曼估计值为

$$\hat{d}_i^1[m] = (1, 0, \cdots, 0)\hat{x}_i[m]$$
$$= \boldsymbol{\varphi}_i[m, m-1]\hat{x}_i[m-1] + K_i\{y_i[m] - H_i\boldsymbol{\varphi}_i[m, m-1]\hat{x}_i[m-1]\}$$
$$\qquad (6-32)$$

（4）将$p_i[1]$代入式（6-31）求得$m=1$时刻的估计协方差矩阵$C_i[1]$，然后进入下次循环。

$$C_i[m] = (I - K_i[m]H_i)p_i[m] \qquad (6-33)$$

（5）取$C_i[0] = E[(x[0] - \hat{x}_i[0])(x[0] - \hat{x}_i[0])] = \mathrm{var}(x[0])$，用这个值对滤波器进行初始化，这样会使卡尔曼滤波器的收敛速度加快。

经过（1）～（5）步骤后，最终获得所需要的$\hat{x}_i[n]$即处理后的相位差值或时间间隔值，滤波过程如图6.41所示。

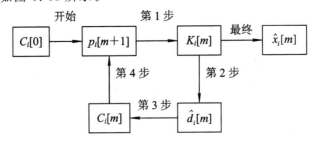

图 6.41　多尺度卡尔曼滤波过程

3. 被锁频标的压控特性

所谓被锁频标的压控特性是指压控电压的变化对其频率输出的影响即被锁频标

的压控灵敏度 K。通过考察被锁频标的压控灵敏度以便能够给出恰当的控制信号锁定其输出频率[182-191]。为了得出一般性结论，选用高稳晶体振荡器的标称频率值为 20 MHz 偏 100 Hz，其短期频率稳定度为 $2 \times 10^{-9}/\text{s}$，压控电压范围为 0～12 V，这里只给出了 0～5 V 之间的压控电压，观察输出频率值，得到振荡器的频率偏差-压控电压特性曲线如图 6.42 所示。

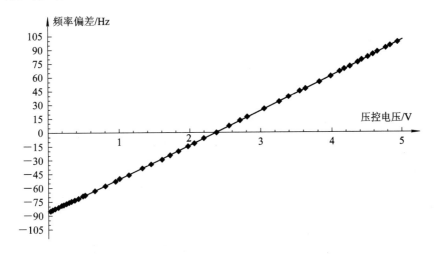

图 6.42　压控特性曲线

从该曲线可以看出频率偏差随压控电压的增大呈现近似的线性变化，由于该振荡器的短期频率稳定度达到 $2 \times 10^{-9}/\text{s}$，所以只需知道输出频率与标称频率有较小偏差时频率偏差与压控电压之间的对应关系就够了，测量数据如表 6.8 所示。

表 6.8　频率偏差与压控电压的关系

压控电压值 V_c/V	频率偏差 $\Delta f/\text{Hz}$	压控灵敏度 K_1	压控灵敏度 K_2
1.8329	−19.814	37.684 84	37.564 61
1.9668	−14.768	37.377 83	37.591 53
2.0507	−11.632	37.590 53	37.6903
2.1943	−6.234	37.540 01	37.741 41
2.363	0.099	37.740 14	37.835 36
2.5431	6.896	37.881 62	37.916 19
2.7036	12.976	37.856 44	37.898 76
2.8053	16.826	37.867 87	37.914 21
3.0384	25.653	38.025 87	37.957 61

这里压控电压选取从 1.8329～3.0384 V 的变化范围，这一范围频率偏差随压控电压近似成线性变化。表 6.8 中的压控灵敏度 K_1、K_2 为频率偏差和压控电压特

性曲线的斜率，K_1 由相邻的两组数据点计算得到，K_2 由相隔 3 对数据点的两组数据点计算得到。综合考虑 K_1、K_2，给定压控灵敏度 $K=37.8$，由于当压控电压为 0 V 时对应的频率偏差为 -83.36 Hz，所以可以近似给出频率偏差-压控电压特性曲线的方程表达式为

$$\Delta f = -85.36 + 37.8 V_C \qquad (6-34)$$

$$V_C = 2.2645 + 0.026\ 45 \Delta f \qquad (6-35)$$

6.5.2　新型二级频标锁定系统的设计方案

在二级频标锁定系统中，利用 GPS 接收机产生准确的 1 pps 信号。在此基础上，利用基于长度游标的时间间隔测量技术，将它与二级频标的分频信号进行比对，按照相位差的变化计算出相对频差，结合被锁频标的压控灵敏度，从而产生本地频标的控制修正电压。经过多次测量和反复控制，最终实现把二级频标（高稳晶体振荡器）锁定在 GPS 秒信号上，并得到较高的频率准确度[172-176]，具体设计方案如图 6.43 所示。

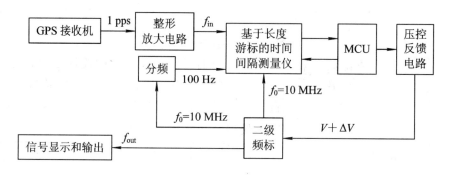

图 6.43　二级频标锁定系统设计方案

由图 6.43 可知，二级频标锁定系统主要由 GPS 接收机、整形放大电路、时间间隔测量仪、MCU、压控反馈电路、信号显示和输出七部分组成。基于长度游标的时间间隔测量原理通过 FPGA 技术实现。MCU 参与控制高分辨率的时间间隔的测量，然后根据计算出的时间间隔值，按照比对精度的要求给出取样时间。也就是说，用时间间隔测量仪测出 GPS 信号与二级频标分频信号之间的时间差 $\Delta T_i (i=1, 2, \cdots)$，相邻两次测量之间的时间间隔为 τ（取样时间），根据相邻两次时差的变化 $\Delta T = \Delta T_{i+1} - \Delta T_i$，按照下式计算出相对频率偏差。

$$\frac{\Delta f_i}{f_0} = \frac{\Delta T}{\tau} \qquad (6-36)$$

式中，f_0 和 f_i 分别为被锁频标的标称频率和测量频率。这样，根据 Δf_i 结合被锁频标的压控灵敏度 K 算出相应的压控电压值。

实际上，MCU 给出的是一脉宽可调的方波电压信号，此方波电压主要用于控制压控晶体振荡器，以达到调整输出频率的目的。这里，用以控制压控晶体振荡器

的方波电压由输出补偿电路决定，所以此方波电压也称补偿电压，脉宽可调的方波被称为补偿波，如图 6.44 所示。

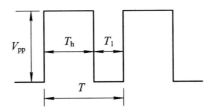

图 6.44　补偿波

考虑到锁定系统的结构、体积和成本，这里用一个简单的无源 RC 积分电路作为补偿电路，以获得补偿电压，如图 6.45 所示。

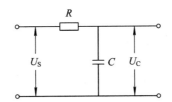

图 6.45　RC 积分电路

在图 6.43 所示电路中，U_S 为补偿波，U_C 为相应的补偿电压，即

$$U_C = \frac{1}{T}\int_0^{T_h} V_{pp}dt = \frac{V_{pp}}{T}T_h = k \cdot T_h \tag{6-37}$$

从式（6-37）可以看出，若保证方波信号的频率和峰峰值不变，而占空比可变即 T_h 可变，则方波积分后的直流电压可调且与方波的脉冲宽度呈线性关系[200-240]。

该补偿电路的传输函数为

$$H(j\omega) = \frac{\frac{1}{j\omega C}}{R + \frac{1}{j\omega C}} = \frac{1}{1 + j\omega RC} \tag{6-38}$$

由式（6-38）可推导出该滤波器的截止频率 $\omega = 1/RC$。为了能充分消除波形高频成分以得到相对平滑的直流电压电平，RC 滤波器必须有相对低的截止频率。由于 RC 积分电路输出的直流电压直接加到被锁频标的压控端，它的变化直接影响被锁频标的输出频率，尤其是当压控灵敏度 K 较高时，如果积分时间常数 $\tau = RC$ 太小，则输出电压的波纹就较大，这对被锁频标的短期稳定度不利；如果积分时间常数太大，则输出电压变化缓慢，跟随特性变差。可见，积分时间常数取值的大小直接影响补偿的效果。因此选择合适的积分常数，设计出合理的 RC 积分电路，对整个系统能否达到预期的指标都是极其重要的。

总之，实现二级频标锁定的基本方案是：把表征补偿信息的频-压特性曲线以多项式的形式存放在 MCU 中，这个曲线可以根据实验数据通过某种算法进行最小二乘曲线拟合而得到。然后 MCU 根据函数曲线和当时的频率值计算出所需要的补偿数据，并根据补偿数据输出一个用于补偿的周期不变而脉宽可调的补偿方波；最后通过补偿电路得到补偿电压。这种方案充分利用了软件的数据处理功能，大大减小了数据的存储空间，并用简单而廉价的硬件电路代替了一部分复杂、昂贵的器件。因此，这种设计方案具有一定的合理性和科学性。

6.5.3　实验结果及分析

基于 GPS 的新型二级频标锁定系统目前已制作出样机，为了验证样机的实际锁定精度，这里使用了本实验室研制的 XDU—2008 型频率测量仪（频率稳定度为 $10^{-13}/s$ 量级）。实验所用的压控高稳定度晶体振荡器的标称频率是 10 MHz，日老化率优于 $5 \times 10^{-10}s$，频率准确度优于 $5 \times 10^{-10}/s$，秒级稳定度优于 $5 \times 10^{-12}/s$。使用 OSA 公司生产的超高稳定度 8607 5 MHz OCXO（精度为 $10^{-13}/s$ 量级）作为频率合成器 HP8662A 的频标信号，合成输出 10.000 010 MHz 作为 XDU—2008 型频率测量仪的外频标，被测频率为本系统锁定后的输出，部分实测数据如表 6.9 所示。

表 6.9　频率测量实验结果

记录次数	测量时间	频率测量结果/Hz	记录次数	测量时间	频率测量结果/Hz
1	10:18:01	9 999 999.855 512	16	10:18:16	9 999 999.855 743
2	10:18:02	9 999 999.855 528	17	10:18:17	9 999 999.855 748
3	10:18:03	9 999 999.855 527	18	10:18:18	9 999 999.855 754
4	10:18:04	9 999 999.855 537	19	10:18:19	9 999 999.855 768
5	10:18:05	9 999 999.855 556	20	10:18:20	9 999 999.855 772
6	10:18:06	9 999 999.855 561	21	10:18:21	9 999 999.855 792
7	10:18:07	9 999 999.855 584	22	10:18:22	9 999 999.855 856
8	10:18:08	9 999 999.855 618	23	10:18:23	9 999 999.855 872
9	10:18:09	9 999 999.855 632	24	10:18:24	9 999 999.856 075
10	10:18:10	9 999 999.855 643	25	10:18:25	9 999 999.856 137
11	10:18:11	9 999 999.855 662	26	10:18:26	9 999 999.856 280
12	10:18:12	9 999 999.855 677	27	10:18:27	9 999 999.856 398
13	10:18:13	9 999 999.855 688	28	10:18:28	9 999 999.856 534
14	10:18:14	9 999 999.855 702	29	10:18:29	9 999 999.856 684
15	10:18:15	9 999 999.855 512	30	10:18:30	9 999 999.856 857

由 XDU—2008 型频率测量仪测出本系统的频率稳定度为 $8.1 \times 10^{-12}/s$，频率准确度为 $3.7 \times 10^{-11}/s$，较锁定之前伺服晶体振荡器的频率特性指标有了显著的提高，输出频率的短期稳特性基本能保持晶体振荡器本身的水平，并能在本地被控晶体振荡器上有效地复现 GPS 标准信号的长期稳定度和准确度。在实际应用中，由于接收到的 GPS 标准信号可能会受到干扰等影响，所以锁定时间会有所加长，稳定度会有所下降。

6.6　本 章 小 结

在异频相位处理的基础上，提出了一种主动型氢原子频标锁相系统的设计方案。利用自然界中频率信号间的相互关系及群相位量子变化的规律性，无需频率归一化便可完成异频信号间的相位比对、控制及处理。对于异频信号间的高精度锁相，特别是当它们之间的频率没有明显的倍数关系即它们之间的最大公因子频率较小时，传统的锁相系统由于是基于同频鉴相，所以要有复杂的频率变换线路，这样不但成本较高，而且精度也不易得到保证。而应用异频相控原理，可以在很多情况下使锁相电路变得更加简单，并使两个使用传统锁相技术不易相互锁定的频率信号得到高精度锁定。基于异频相位处理的新型锁相系统较传统的锁相系统具有电路简单，锁相精度高，附加噪声小，可以异频直接锁相等特点。因此，可以简单地仅用一个高指标的频率源来锁定其它不同标称值的频率源，从而得到不同频率值的高指标信号。将异频鉴相应用于主动型氢原子频标的锁相环路中，通过参考信号和被锁信号间等效鉴相频率的合理选择，可以做到异频信号间（原子能级跃迁频率和被锁定的晶体振荡器频率）的直接鉴相并能获得很高的锁相精度。锁定后压控晶体振荡器的频率不仅与氢脉泽信号相关，还能充分反映其频率稳定度，从而实现了传统主动型氢原子频标锁相系统的改造。

GPS 自从开发、研制成功以来，得到了广泛的应用，在航天、军事、经济、通信、电力、交通等领域发挥了巨大的作用。二级频标也广泛应用于星载和地面的时钟、导航定位装置、电力故障诊断系统、通讯网同步设备中。目前 GPS 信号提供的是以铯原子频标为原始基准的无漂移 UTC 或 GPS 时间，有非常好的长期稳定性，但由于经过传输等因素的影响，它的短期稳定性却不如地面上的二级频标。所以将二级频标与卫星信号有机地结合在一起，使它们相互取长补短，就能提供一个短期稳定度及长期准确度都比较优良的时间及频率标准。基于此，作为原子频标的进一步研究，在 GPS 和群周期相位比对技术的基础上，提出了一种新型二级频标锁定系统的设计方案。利用信号传播时延的稳定性和群相位差变化的规律性，产生一种基于长度游标的高精度时间间隔测量方法。将该方法应用于二级频标锁系统中，通过对被测时间间隔进行多尺度卡尔曼滤波，在 MCU 控制下算出 GPS 与二级频标分频信号之间的相对频差，根据二级频标的频-压控制特性得到补偿电压并通过压控反馈电路将该电压进行高精度 D/A 转换，然后送到二级频标的压控端，进行输出频率的调整，进而形成二级频标锁定系统。实验结果表明其实际锁定精度可达 $10^{-12}/\mathrm{s}$ 量级。该系统的核心部分是高精度的时间间隔测量仪，所以提高时间间隔测量仪的测量精度是提高二级频标锁定精度的关键。利用异频鉴相新原理和群周期的基本理论，结合信号的时-空关系，使所设计的基于长度游标的时间间隔测量仪的精度得到了极大提高。为了充分发挥高精度的时间间隔测量仪在二级频标锁定系统中的优势，信号处理是必需的。根据 GPS 信号所含噪声的特性，本章采用了基于小波变换的多尺度卡尔曼滤波器。卡尔曼滤波器的特点是：时域滤波，信号模型采用状态空间方法描述；是一种线性、无偏、最小均方误差递推估计算法；数据存储量小，适用于实时处理。另外，卡尔曼滤波器在二级频标锁定系统中的另一个重要作用是在 GPS 信息中断或失效时，依据正常工作状态时噪声的观测模型对时差数据进行滤波、估计，保证 GPS 伺服晶体振荡器输出信息的完整性和准确性。实验证明锁定后伺服晶体振荡器的频率特性指标得到了很大程度上的改善，输出频率的短期稳特性基本能保持晶体振荡器本身的水平，并能在本地被控晶体振荡器上有效地复现 GPS 标准信号的长期稳定度和准确度。尽管如此，该系统在非校准状态下，频标的准确度只能靠自身的稳定度和老化率来保证。非校准状态除了人为地去掉接收、比对设备外，常常是参考信号被断开或者是传输通道出了问题。随着非校准状态的延伸，频标的准确度误差会逐渐增大。因此，如何尽可能地保持原来锁定时的二级频标的准确度和稳定度（即驯服保持技术），是本系统下一步需要解决的问题。

原子频标作为重要的基、标准器广泛应用于精密导航定位、计量测试、军民工程等高科技领域中，稳定性、温度特性、漂移特性和相位噪声等是原子频标的重要技术指标，能够更好地提高这些指标，具有极其重要的意义。原子频标可以看作对高稳定度晶体振荡器的锁定系统。系统应综合物理和线路部分的优点得到最佳的效果。但是目前频标系统的短期频率稳定度和相位噪声指标往往不一定比晶体振荡器好，二级原子频标也存在明显的漂移现象，系统随着温度变化产生的频率变化往往大于漂移率的影响等。这些问题通过信号的超高分辨率数字化和智能化处理可以有效地得到解决。其中数字化具有优于微赫兹的处理能力，而且智能化插入的处理算法和非实时的原则保证频标优化了晶体和原子谐振谱线 Q 值的叠加的效果获得更好的短期稳定度和相位噪声指标。二级频标的漂移和温度特性等系统误差也可以根据其变化规律进行修正。作为原子频标的进一步研究，将对基准原子频标的发展提供新的途径。具体研究内容可总结为以下几点：

（1）利用任意频率信号之间的相位量子、群相位量子、群周期、群相移、群相位差及最小公倍数周期、等效鉴相频率等概念，实现直接相位比对。以此解决主动型原子频标中的微波跃迁频率信号和压控晶体振荡器之间的直接相位比对、控制或者在更短的频率变换链情况下的处理和控制。

（2）超高分辨率的数字化处理尽量借助于原理上的倍增效果。对于被动型原子频标的频率变换链，通过合成器的部分频率的形成中对于 DDS 的微处理器的控制，实现超高分辨率的数字化变换和控制。例如，在铷原子频标中，通过对合成的 6834.6875 MHz 信号中的 5.3125 MHz 的部分频率产生的 DDS 实现微处理器控制，使得对于小数频率微调控制产生对总数频率调整的倍增作用。而反映到铷原子频标输出的 5 MHz 或者 10 MHz 信号中有大于 3 个量级的倍增。因此具有超高分辨率的效果。这也是对于精度如此高的原子钟能够实现补偿处理的基础。

（3）对于原子频标中广泛采用的实时控制技术，利用晶体振荡器自身在短时间内具有保持高稳定度的能力，对于来自物理部分输出的误差校正信号进行优化的非实时处理，并且对于该信号进行必要的消噪算法处理。这样便于综合物理部分和晶体振荡器双方的优势，得到更好的稳定度和相位噪声指标。这里包括卡尔曼滤波等多种算法的适应性工作及改进是重点。

（4）对于工程应用类原子频标中存在的漂移、温度特性等系统误差，通过形成频率-时间变化数据和频率-温度变化数据等，和相应的时间辅助计数器、温度传感器等结合在一起，可以随着这些环境量的变化对产生的变化进行补偿。由于这些系统误差本身也具有时变性，因此，任何机会的与更高一级频标的比对结果都有利于目标原子频标的性能自动提高。

（5）对于数字化和智能化在原子钟抗冲击振动方面的研究。经研究发现，单独的 SC 切晶体振荡器的抗振动性能优于铷钟整机的抗振性能，而原子钟的物理体里边由于存在光学机构以至于对振动比较敏感，因此提出非实时处理的方法，能够将 SC 切晶体与原子钟的物理部分优势互补，从而大大提高了原子钟的抗振动冲击能力。

第 7 章

总 结 与 展 望

7.1　总　　结

　　本书在异频信号间相互频率关系研究的基础上，结合最小公倍数周期、最大公因子频率、量化相移分辨率、等效鉴相频率等频率信号的重要表征，利用异频相控的基本原理，提出了相位量子、群相位量子、群周期及群相位差等相关群的基本概念和基于异频信号的相位量子及群相位量子化处理的方法，使得不同频信号之间的频率测量、频标比对、鉴相锁相、相噪测量等无需频率归一化便可完成，这不仅简化了电路的结构、降低了系统的本底噪声，同时也使得任意时频信号之间所进行的高精度、高分辨率的处理成为了可能。

　　群相位量子化处理的相关基本理论集中在一起，充分体现了任意信号之间所表现出的相位群同步现象及其关键技术应用。频率标称值不同的信号之间具有复杂的相位关系，相位差值不同的排列以信号之间的最小公倍数周期为周期，体现出了量值上周期性变化的特点。频率信号间的相位群同步现象主要是指信号间的相位差以最小公倍数周期为周期体现出的严格重复性，以及不同标称值频率信号间锁相之后的特定相位状况，表现为以最小公倍数周期为间隔的取样值严格相同及最小公倍数周期内相位平均值的恒定性。例如主动型原子频标中被锁定的晶体振荡器频率信号和原子能级跃迁的微波信号之间的相位关系就是一种严格的相位群同步现象，而且PLL器件中最终也是实现信号间的相位群同步。传统的实现信号间相位群同步的方法是基于信号间连续周期相位关系的，即将信号频率变化后，在相同的频率标称值下进行频率或者相位的锁定。该方法实现复杂，且存在噪声特性方面的问题，因此并不是实现相位群同步的最好方法。在相位群同步概念及其特性的基础上，通过最小公倍数周期特征时间信号间的取样值或者该周期内的相位平均值的处理方法，无需频率的归一化，就能作为检测相位群同步的标准。在特定情况下，能够实现频率关系相对任意的信号间的相位直接比对、处理和控制，获得更高精度并简化设备。正是针对传统频率信号间连续周期相位关系处理中存在的复杂性及噪声问题，本书详细阐述了不同标称值频率信号间的群相位量子的概念、相位群同步的基本特性以及它们在时频测控中的应用等。基于此发展的周期性信号超高分辨率时间间隔测量技术、多取样相位差平均时间测量技术取得了很好的效果。这种新的理论和对应的方法已经在精密时频信号处理、时间同步技术、异频相噪测量技术、原子频标的信号处理技术及不同频率背景下的锁相环技术得到了广泛的应用。作为该理论的进一步发展和应用，本书也对其在深空探测技术、相控阵雷达的改造技术及自然界中特定异常现象的产生等周期性运动现象方面做了探索性的研究。

7.2 展 望

7.2.1 基于群相位量子的周期性运动现象研究

世界上最精密的时频测量仪器并不是人类创造出来的，而是自然界天然存在的。在原始群居的渔猎时代，没有任何东西能够像日出日落一样影响人们的生活。太阳东升西落，周而复始，循环出现，这一次日出到下一次日出，或者这一次日落到下一次日落，这种天然的周期性运动使人们有了天的概念；在现代历法中，二十四节气就是一个天然存在的最精密的时间间隔测量仪，它准确地反映了大自然在不同的等间隔时间段内的气候变化，人们根据自然界这一周期性运动规律的变化来进行生产及从事人类的其它活动。另外，季节的更换、潮汐的形成及特定自然灾害的产生等都有明显的周期性运动的特点。在长期的劳动实践中，人们通过认识和发现自然界中的周期性运动现象，并利用它们的规律性做成各种接近自然精度的时频基准来指导科研和生产，如借助于天体运动构成的世界时或历书时标准、借助于原子能级跃迁构成的量子频标以及目前国际上所致力于发展的光频标，其本质上都是利用了自然界稳定的周期性运动现象来作为时间或频率标准构成的基础。这些发现和研究成果通过自然现象的揭示而对于频率基准精度的一步步提高奠定了基础。一些特定自然现象的发生，表面上看起来是偶然的、毫无规律可循的，由于在短期时间内的随机性，无法确定其稳定的周期，至于预测更是无从谈起，但是从长远时间来看，还是可以找到其大致的周期，即使有的周期长达几年、几十年、几百年，甚至上千年之久。同时，追溯一个特定自然现象发生的原因，往往不是单一因子作用的结果，而是多个因子相互作用产生的。一般情况下，引发自然现象的各个因子按照各自的周期运行，自然现象发生的条件不满足；当各个因子同时发生的那一刻，也就是所谓的周期性信号"相位重合"的时刻，条件满足了，自然现象就会发生。当一次自然现象发生后，各个因子仍旧按照各自的周期运行，直到下一次相位重合，自然现象就再次发生。这样，我们就可以通过分析引起自然现象的各个因子的发生时间，找出其各自的周期，然后，根据各因子的发生时间具有离散周期性的特点，通过适当的处理方法，把多个因子都处理成离散的周期信号，然后架构一个具有多种周期变量因子作用的系统空间平台，根据各因子变化的规律性和现存状态来预测系统下一个即将发生的状态。当然，自然现象的周期也不是恒定不变的，也会存在微小的时间差。当引发自然现象的某个因子的周期由于某种因素的影响发生微小变化时，在原先的"相位重合点"时刻，引发自然现象的各因子的周期发生了偏移，自然现象也就不会发生。这样，经过若干个"相位重合点"后，各因子又于某一时刻同时发生，这样自然现象发生的条件又一次满足，自然现象再次发生。在整个过程中，不一定是某一个因子的周期发生变化，有可能是多个因子发生变化，引发因子变化的原因也有可能是不确定的，这样自然现象的发生就表现出了随机性。因此，周期性运动现象的整个预测过程是遵循统计规律的，具有马尔可夫随机性的特征。

为了对周期性运动现象做本质性的解释和利用周期性运动规律做更高精度的时频测量，同时也是为了对周期性信号之间群相位量子化处理做更深一步的研究，本书阐述了群相位量子的变化规律在特定自然现象中的应用，以期达到对特定自然现象发生的估计及预测，为人类的安全提供一个相对可靠的指标。在日常的科学实验中，有时会发现这样一种现象：把不同周期值的信号分别输入到同一个电路系统中，且相应的放大线路选择了小电阻性负载，当所有的信号被整形成为方波，它们的上升沿重合的时候会造成同一瞬间对应的多个放大器件趋于饱和。这样就造成了装置的电流瞬间增加很大的情况，在一定的条件下有可能造成系统失效。同样的情况完全可能出现在自然界中其它一些类似的情况下。如月球绕着地球转，地球绕着太阳转，这是一种星际间的周期性运动。三个星球之间的相互作用和相互影响明显具有周期性的特点，因此有了日月轮回，四季更替等。地球从月球和太阳的相互作用中获得应有的能量，这种能量的聚集并不是一次性完成的，而是由周期性运动引起的长期的能量积累。当这种能量达到一定程度时，在外界天体的影响下，推动地球板块的移动，在断裂带处有可能发生地陷、地震等特定的自然灾害。这种特定自然灾害的产生实质上是地球在外界天体周期性运动的影响下为维持自身的周期性运动规律或进行自我调整而向外释放能量的一种方式，是其周期性运动结果的一种外在的表现。众所周知，地球的周期性运动是不均匀的，这主要来自于其它天体的影响。用群相位量子变化的基本原理结合天文观测可以预测出地球受其它天体影响引起的周期性运动的异常，通过对这种异常信号的离散化处理，大致可以判断出地球受外界天体影响的程度。根据对地球周期性运动异常的测定和处理，预测特定自然灾害发生的大致时间是有可能的。例如自然界中的特定"异常"气候现象——厄尔尼诺海流现象就具有明显周期性的特点。从厄尔尼诺现象的成因来看，厄尔尼诺现象的主要影响因子是太平洋赤道带大范围内的海洋和大气。这两大因子是两种不同的周期性运动现象，它们除自身的周期性变化规律外，在周期性运动过程中还相互联系、相互作用并能在一定的周期——群周期内严格保持各自的平衡，随着时间的推移，当这两大因子发生相位群同步时，这种平衡将被打破，从而造成沃克环流圈的东移，厄尔尼诺现象也就随之发生了。对厄尔尼诺现象的预测主要是计算海洋和大气这两大影响因子相互作用时的群周期，即判断它们发生相位群同步的时间。根据天文统计资料，两大影响因子在不受外界影响的条件下，这种"异常"气候现象的出现具有明显的周期性。但实际厄尔尼诺现象的发生并非如此，也就是说，厄尔尼诺现象的出现频率并不具有严格的周期性，往往会在预定时间内超前或滞后一段时间，若持续时间少于 5 个月，则称厄尔尼诺情况，否则称为厄尔尼诺事件[160−163]。大型厄尔尼诺现象曾经出现在：1790−1993 年、1828 年、1876−1978 年、1891 年、1925−1926 年、1982−1983 年、1997−1998 年。近年来厄尔尼诺现象曾经出现的年份有：1986−1987 年、1991−1994 年、1997−1998 年、2002−2003 年、2004−2005 年、2006−2007 年、2009−2010 年。分析其原因主要是两大影响因子的周期性运动除受地球自转速度的变化影响外，还受强潮汐、日食、月食、火山、地震以及洋流冷暖循环等外界因素的影响。如：1964 年、1982 年和 2000 年都有 4 次发生在两极地区的日偏食，它们间隔 3 个沙罗周期（沙罗周期为 18 年零 10.33～11.33 天），有相同的日食条件。1964 年有 2 次月全食，1982 年有 3 次月全食，2000 年有 2 次月全食。1966 年、1984 年和 2002 年都没有月食。1982 年是九星地心会聚年，1982 年天体引潮力变化最强，发生了 20 世纪最强的厄尔尼诺事件。根据沙罗周期，1964 年和 2000 年也应该发生厄尔尼诺事件，但是，本应起作用的沙罗周期在其它因素干扰下产生一两年的滞后期。实际发生的厄尔尼诺年为 1965 年（滞后一年）、1982 和 2002 年（滞后两年）。研究表明，日食与厄尔尼诺之间存在 12～24 月的位相差。尽管 1964 年有非常好的日食条件，但是却遇到了最坏的洋流冷循环条件，尽管 1965 年的厄尔尼诺天文条件并不显著，滞后的日食条件和洋流冷暖循环还是引发了 1965 年的厄尔尼诺事件[164−166]。2000 年没有发生厄尔尼诺事件，尽管其潮汐强度相对较强，日食和月食条件也很强，但 1998 年 6 月到 2000 年 6 月的近两年时间发生了强拉尼娜冷事件，处于最坏的洋流冷循环时期和地球自转加快阶段。强潮汐虽然激发了地震火山活动，但是厄尔尼诺事件还是被延迟了两年。在南美厄瓜多尔和秘鲁沿岸，由于暖水从北边涌入，每年圣诞节前后（在冬至和近日点附近）海水都会出现季节性的增暖现象。在夏至和冬至，当日、地、月成一线时，这相当于潮汐的“赤道线”北移和南移，北印度洋和北太平洋的封闭状态强化了南北半球之间的海洋对流，形成以半日为周期的潮汐涨落，与海湾的潮汐涨落相同。从 1980 年到 1990 年，凡是在 12 月朔、望日的日月大潮和月球的近地潮同时发生后，均发生了厄尔尼诺事件。根据这个预测，2010 年发生了日全食，2009 年、2010 年世界各地均发生了震级相当高的地震等，2009 年被定为“厄尔尼诺年”，预计厄尔尼诺事件将持续到整个 2010 年冬季。所以，由于外界的各种干扰，会导致两影响因子以最小公倍数周期为群周期的严格性发生改变，从而出现任意周期性运动现象在相互作用时的普遍意义下的群周期。在实际的周期性运动现象中，严格相位群同步的出现时间是随机的，主要是因为在不同的周期性运动现象中或同一周期性运动现象而外界干扰不同的条件下，群相位量子的大小是不相同的，这样群相位量子的频率也会发生改变，那么累积到最大值即一个相位量子所用的时间——群周期也是不同的，也就是发生相位群同步的时间具有随机性，那么特定“异常”现象发生的群周期当然也是不确定的，其具体的发生时间是超前还是滞后应当由当时的影响因素决定。以厄尔尼诺现象为例，这种特定自然现象的发生有很多种原因，归纳起来，如图 7.1 所示。这些影响厄尔尼诺事件的物理因子都是互相联系、相互作用且互为因果的，它们共同构成了厄尔尼诺现象的成因集合。

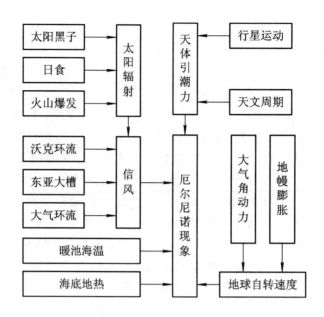

图 7.1　厄尔尼诺的成因链

　　成因链上的每一个物理因子对厄尔尼诺事件都有加强和削弱两方面的作用，即当物理因子处于某种状态时，它有利于引发厄尔尼诺事件；当处于另一种状态时，则不利于引发厄尔尼诺事件。由于成因链上的某些相关因子之间相距较远，并且互不干涉，因此当两个因子出现有利的组合时，对厄尔尼诺事件的影响将增大；相反，当它们出现不利的组合时，对厄尔尼诺事件的影响将减小，即出现一种消长作用。如多日食年(少日食年)和火山爆发(火山休眠)均使太阳辐射减弱(加强)，但它们相反的组合对太阳辐射的影响将减小。又如赤道信风的减弱(加强)和地球自转速度的突然减慢(加快)均有利于出现厄尔尼诺事件(反厄尔尼诺事件)，但它们相反的组合则不利于出现厄尔尼诺事件。以上讨论的是两个因子组合的情况，当有多个因子同时出现消长作用时，对厄尔尼诺事件的影响就更复杂了。

　　季节、特定的灾害等除了极个别的特例之外，都具有明显的周期性的特点。而形成周期性的结果，往往又由一系列的周期性的"原因"相互作用而产生。这就是周期性的因与果的规律。在大量周期性自变量的基础上，通过它们的"危险点"的叠加或者在特定相位点的重合，才爆发出特定的结果。这样的结果可以是两个或者多个周期性原因造成一个周期性的结果。运用群相位量子的基本理论，通过以上厄尔尼诺现象的分析可以得出，当影响周期性运动现象的所有因子全部具备时，特定的"异常"现象将发生；若任一个因子发生偏移或实时改变，则"异常"现象的出现是超前、滞后还是不发生将不能确定。因此，频率信号间的群相位关系尤其是群相位量子的变化规律及群同步对特定自然现象的解释和预测有十分重要的现实意义。

7.2.2　深空探测中的群相位控制技术研究

1. 深空探测意义

在深空探测中，存在于太阳系内外的各种天体的周期性运动及产生的能量，对深空探测器生存的环境及任务的执行会产生很大的影响。处在距离地球 200 万千米以外的深空探测器和宇航员，最可能遇到的威胁就是众所周知的宇宙粒子（宇宙射线）。宇宙粒子是一种接近光速飞行的亚原子粒子，目前对这种高能粒子的本性、起源尚不清晰，但它的形成却是和深空中各种天体的周期性运动息息相关的，而且对它的探测也是可能实现的。宇宙间各种天体的周期性运动的相互影响及各种宇宙射线相互交织、重叠所产生的群周期性规律，对空间气候、季节变换及特定自然灾害的产生将产生直接的影响。因此对深空探测中的周期性运动现象及空间群周期规律的研究将会推动我国一系列基础科学的创新与发展，带动一系列新技术的进步与突破，会加强人类利用自然、改造自然的能力，同时也会进一步提升我国航天科技的综合实力，产生巨大的社会经济效益。

2. 深空探测的发展状况

所谓深空探测是指脱离地球引力场，进入太阳系空间和宇宙空间的探测。它是在卫星应用、载人航天和空间站取得重大成就的基础上，向更广阔的太阳系空间和宇宙空间进军的探索。深空探测的目的是进一步深入认识太阳系各类天体，探讨太阳系的起源与演化，而探测的重点为月球与火星。对巨行星的卫星、小行星与彗星的探测侧重于水体与生命活动信息，探讨太阳系生命活动的起源与演化。月球是人类开展深空探测的首选目标[167-171]，它具有可供人类开发和利用的各种资源、能源和特殊环境，是诸多基础学科观测和研究的基地，是研制和生产特殊材料与生物制品的理想场所，也是人类向深空发展的理想基地和前哨站。21 世纪月球探测的战略目标是建设月球基地，开发和利用月球的资源、能源及特殊环境，为人类社会的可持续发展服务。月球距离地球 38 万千米，是离地球最近的卫星，也是地球生命存在的必要条件，因此它的周期性运动直接影响着地球的生态环境。潮汐现象、季节更替正是月球绕地球周期性运动的结果，洪灾、虫灾、雪灾、地震等特定自然灾害与空间天体特别是月球的周期性运动息息相关。我国"嫦娥一号"绕月探测工程开创了我国航天史上的多项第一，实现了我国在深空探测领域零的突破，使中华民族千年的奔月梦想变成了现实。虽然我国目前在近地空间卫星、运载和探测方面的技术已经成熟，空间探测与空间科学研究具备了一定的基础，而在深空探测技术方面的研究却刚刚起步。根据我国深空探测的发展规划，绕月探测仅仅是迈向深空探测的一个起点。宇宙广袤无边、深空深邃无限，我国航天深空探测的后续工作，仍然是任重而道远。近年来国外在深空探测方面取得了长足的发展。20 世纪 70～80 年代，美国和前苏联发射了多颗探测器对太阳系内的星体进行了观测，积累了有关太阳系天体物理和化学组成的大量资料，为人类更深入地认识太阳系的起源和演化，并进一步加以开发和利用奠定了良好的基础。20 世纪 90 年代开始的火星探测活动使火星成为近期深空探测的热点。同国外相比，我国在深空探测方面存在着一定的差距：深空探测技术研究起步时间比美国和俄罗斯滞后 40 多年，比日本滞后约 15 年；在空间物理探测，太阳、月球、行星及宇宙空间探测方面，缺乏长远的规划和计划支持；对深空探测的关键技术尤其是对天体间具有规律的群周期性运动方面研究重视不够，相关领域的技术储备薄弱，技术创新成果少；没有专门用于深空探测的工程试验和新技术检验类卫星，使我国卫星技术发展缓慢；没有参与 20 世纪 90 年代以后的国际合作，失去了很多发展机遇。这些方面是制约我国深空探测技术发展的瓶颈。西安电子科技大学测控工程实验室根据国内外深空探测技术的发展和对深空及深空探测概念的认识，开展了一系列关于深空探测工程方面的研究，如星地时间同步技术、星际及星间时间同步技术、空间精密定位与测量技术、多谱勒频移分析与卫星测轨技术、天体周期性运动及群相控技术、深空探测异频相控雷达技术、月球的周期性运动与地球的生态环境关系研究等，这些研究目前已取得了突破性的进展，随时准备为我国航天科技事业的发展做出贡献。

3. 深空探测的研究目标

通过对空间天体和自然界中各种周期性运动现象的基础性研究，建立群周期性运动及相位群同步的基本理论；根据群周期中群相移的基本规律，估计宇宙射线的形成、探测天体的周期性运动可能对深空探测器所产生的影响、预测自然界中可能发生的特大自然灾害及灾害发生的周期性规律，最后将群周期理论中的异频相控原理应用于深空探测雷达中，以期达到对天体(如月球、火星)表面的地质、地貌、地理环境、空间气候及周期性运动特征进行探测的目的。

4. 深空探测中的群相控技术

基于群、群周期、群相位量子、群同步等相关概念和规律及异频相控的基本理论在本书相关章节中已做了详细的阐述，下面就深空探测雷达的关键技术做以概括性的说明。

深空探测有着重要的军事和政治意义，是人类在新世纪的三大航天活动之一。进行深空探测研究的主要工具包括无线电科学、雷达和射电天文学，其中雷达由于其独特的特点无论在深空探测网(DSN)中还是在目标特性探测中均起到特别重要的作用。它实时性强、测量信息丰富，可以主动地、全天候地对空间目标进行探测。雷达在深空探测研究中已有较长的历史。1940 年，雷达探测表明流星是太阳系的一员，1961 年探测到金星和月亮，1963 年探测到水星和火星，1973 年，雷达探测到土星的光环，表明土星的光环不是微小的粒子群，而是直径超过几厘米的冰块等。从此，深空测控网受到较多的关注，而重点探讨深空探测雷达的却不多。根据国外的发展经验看，深空探测雷达和深空探测网既相互独立又相互联系，它们互相共享许多设备，达到双赢的效果。深空探测雷达是一种用于对太阳系行星、月球等物体及空间卫星和碎片进行观察的一种主动雷达，主要目的是从事大量的科学研究，包括：太阳大气动力学包括日冕质量抛射的研究(CMEs)；太阳风离子声波扰动研究；磁气圈的转移层研究；月球浮土研究；太阳系物体，包括行星和行星顶层电离层等。这些研究将帮助人们进一步了解深空和利用深空。

综合分析世界上完成深空探测任务的雷达类型,大体可将它们归为两大类:一类是装在发往太空的飞行器上的星载(天基)深空雷达,采用高功率发射器和大孔径天线完成对深空如月亮观测,雷达观测被用来研究这些反射物的物理特性如表面特征、密度、轨道、旋转等;另一类是在地面上观测太阳系特征的地基深空雷达,典型的是美国宇航中心的 GSSR 雷达、美国天文电离层中心的 Arecibo 雷达及欧洲 LOFAR 系统的 LOIS 雷达。星载深空雷达一般是多模式雷达,通过不同的设置可以完成不同的功能。如 Cassini 星载深空雷达有四种功能:作为散射测量仪,测量后向散射系数;作为高度计,测量地表轮廓信息;作为合成孔径雷达,得到微波图像;作为射线探测仪,感知物体的辐射。表 7.1 列出了欧洲宇航局发展的几种主要星载深空雷达及其特性。

表 7.1　几种星载深空探测雷达的特性比较

任　务	频率/GHz	带　宽	天线/m	模　式
Cassini Orbiter	13.8	—	—	—
Lo‑Res SAR	—	≤300 kHz	3×1	脉冲突发
Hi‑Res SAR	—	≤2 MHz	3×1	脉冲突发
高度计	—	≤3 MHz	3.7	脉冲突发
Cassini 探测	3	≤150 MHz	0.2	脉冲/调频连续波
CNSR	90	≤600 MHz	1	非调制/线性调频
	3	≤300 MHz	1	调频连续波
MARS‑98	40	≤300 MHz	1.5	线性调频脉冲
	3	≤300 MHz	1.5	线性调频脉冲

　　地基深空雷达是一种特大功率的雷达系统,它向太阳系发射选定波段的电磁波,电磁波传送到行星,然后又被反射离开行星表面,被一个或多个地面接收站所接收。通过对接收信号的特征分析,进行太阳系的相关科学研究。利用雷达对太阳的研究始于 1959 年,Eshleman 等首先利用 25.6 MHz 电波探测到日冕。1961 年至 1969 年 James 利用 38.25 MHz 雷达系统在近午点观察到日冕。从 1996 年至 1998 年,采用俄罗斯的 Sura 高功率发射器和乌克兰的 UTR‑2 射电望远镜以双基地模式在 9 MHz 进行了太阳雷达试验,在日冕的边缘探测到一个 40 kHz 带宽的多普勒信号。研究表明太阳风动力能驱动地球上磁气圈的一些过程,如对流、可见极光显示等。CEMs 被认为是导致磁风暴的主要原因,在 CMEs 期间或其它太阳风扰动期间,能量输入率的增加将使得磁顶信号的动荡水平增加。采用深空雷达,人们希望建立在不同太阳风条件下的顶头冲击信号和磁顶信号,包括 CME 碰撞,从而能够研究能量和动量传递到磁气圈的过程。其基本任务是建立雷达测量的磁顶信号特征和进入磁气圈的能量输入率的关系。通过搜索极光加速区域的雷达信号,研究它们与能

量输入率的关系。

根据深空雷达的特点和组成，为加强我国深空探测雷达研制，必须对以下关键技术予以特别关注。

（1）雷达总体技术。地基深空探测雷达必须具有超远距离、太空域覆盖、多目标跟踪的能力、高分辨率目标特征测量和数据分析处理能力；具有开放的接口以满足组网的要求；同时还要考虑深空测控网的建设，合理安排深空探测雷达与深空测控网的共享资源和数据交换接口。

（2）天线技术。星载深空探测雷达天线的需求方向是高增益、大孔径、体积小、重量轻、成本低。1997年，JPL/NAsA提出了充气展开阵列和薄膜结构的三种天线结构。目前这种天线在L波段、S波段、X波段和Ka波段已经得到发展，证明了技术的可行性。地基深空探测雷达中将更多采用波束波导天线和低噪声天线，波束波导天线的优点包括：可以多频段共用、高的G/T值、极少的天线顶端电子设备。与深空网一样，天线噪声将成为深空雷达系统噪声的主要成份，低噪声天线的研究将是未来的主要课题之一。

（3）超低噪声和极低门限接收技术。为了使深空雷达具有更远的作用距离，在增加天线增益的同时，如何形成极低噪声和极低门限接收技术是关键。一方面必须采用极低噪声放大器如磷化铟高电子迁移率晶体管放大器；另一方面须采用先进的数字信号处理技术。

（4）板级数据处理技术。深空雷达系统中有着大量的数据传输任务，板级数据处理的目的是减少源数据的冗余，使数据速率降低。在原始数据压缩方面，SAR中最通用方法是BAQ，目前许多提高压缩性能的先进方法已经提出，如ECBAQ，FFTBAQ，FFTBABC等。在图像数据压缩方面，提高测试物理特性估计的有效方法是非相干平均技术，但在此之前必须首先进行相干数据处理。非相干平均后的雷达数据可进一步采用传统的压缩方法如小波来进一步压缩。

（5）射频系统。部分功能的数字化实现将提高星载深空探测雷达使用的灵活性，模拟部分将借助于先进的半导体技术进一步改善其功能。研究中的SiGe、GaN将有助于形成高频率、高功率、低噪声的雷达组成部件，冷阴极管将显著改善放大器的效率。随着天线数字化进程的进行，T/R模块将完成更多的功能，复杂度也随着增加，同时还要保证其不增加成本。低比特位数的模数转换将在T/R模块内完成。发射机也将基于高效率的GaN器件，发射信号也将在模块级合成。

（6）Ka波段。为了使深空探测雷达具有更远的工作距离，必须提高雷达系统的发射功率和提高系统工作频率。在相对低频时有源相控阵雷达系统优于无源相控阵系统，但到Ka波段，目前只有采用无源阵列，最高功率才能获得使用。Ka波段也是深空测控通信中发展的重要技术之一。

利用群周期理论中的异频相控技术，可以进行星载深空探测相控阵雷达硬件技术的改造及整体小型化研究，以提高深空相控阵雷达的探测精度和减小深空雷达的体积、重量、成本等，使其更适合装载于深空探测器中。

7.2.3　基于异频相位量子化处理的相控阵雷达技术改造

相控阵雷达是一种新型的有源电扫阵列多功能雷达,它不但具有传统雷达的功能,而且具有其它射频功能。一般的雷达波束扫描是靠雷达天线的转动,一个相位一个相位地进行搜索实现的,被称为机械扫描[259-264]。而相控阵雷达是通过阵列天线以电的方式控制雷达波束的指向来进行扫描发现目标的,这种方式被称为电扫描。相控阵雷达的天线阵面由多个辐射单元和接收单元(称为阵元)组成,单元数目和雷达的功能有关,可以从几百个到几万个。这些单元有规则地排列在平面上,构成阵列天线。利用电磁波相干原理,通过计算机控制馈往各辐射单元电流的相位,可以改变波束的方向进行扫描,辐射单元把接收到的回波信号送入主机,完成雷达对目标的搜索、跟踪、测量、定位及识别。完成这些功能,每个天线单元除了有天线振子之外,还有移相器等必须的器件。不同的振子通过移相器可以被馈入不同相位的电流,从而在空间辐射出不同方向的波束。天线的单元数目越多,则波束在空间可能的方位就越多。为了进行多目标多角度的扫描,相控阵雷达拥有相当密集的天线阵列,也就是说,可以在个雷达的功能。例如,美国装备的"铺路爪"相控阵预警雷达在固定不动的圆形天线阵上,排列着 15 360 个能发射电磁波的辐射器和 2000个不发射电磁波的辐射器。这 15 360 个辐射器分成 96 组,与其它不发射电磁波的辐射器搭配起来。这样,每组由各自的发射机供给电能,也由各自的接收机来接收自己的回波,它实际上是 96 部雷达的组合体,能实现 96 部雷达的不同功能。此外,相控阵雷达使用 1 个不动的天线阵面,对 120° 扇面内的目标进行探测,使用 3 个天线阵面,就可以对 360° 的目标进行无间断的跟踪。美国的"铺路爪"就是用了 3 个固定不动的大型天线面阵,对 360° 范围内的目标进行探测的,探测距离可达 5000 km。由于相控阵雷达可同时针对不同的方向进行扫描,再加之扫描方式为电子控制而不必由机械转动,因此资料更新率大大提高,机械扫描雷达因受限于机械转动频率,因而资料更新周期为秒或十秒级,电子扫描雷达则为毫秒或微秒级,因而它更适用于对付高机动的目标。当相控阵雷达警戒、搜索远距离目标时,任何一个天线都可收发雷达波,而相邻的数个天线即具有一个雷达的功能。扫描时,选定其中一个区块(数个天线单元)或数个区块对单一目标或区域进行扫描,因此整个雷达可同时对许多目标或区域进行扫描或追踪,具有多道天线的转动,但成千上万个辐射器通过计算机控制集中向一个方向发射、偏转,即使是上万千米外来袭的洲际导弹和几万千米远的卫星,也逃不过它的眼睛。如果对付较近的目标,这些辐射器又可以分工负责,有的搜索、有的跟踪、有的引导,同时工作[265-269]。每个"移相器"可根据自己担负的任务,使电磁瓣在不同的方向上偏转,相当于无数个天线在转动,其速度之快非一般天线所能相比。正是由于这种雷达天线摒弃了一般雷达天线的工作原理,利用"移相器"来实现电磁瓣的转动,所以给它起了个与众不同的名字——相控阵雷达,代表着"相位可以控制的天线阵"的含义。目前,相位控制的方法有多种,如相位法、实时法、频率法及电子馈电开关法等,但最常用的还是相位处理的方法$^{[270-274]}$。根据相控阵雷达及其工作原理的论述和分析，本书提出了一种以异频相位处理为基础的控制雷达波速扫描方向的新方案，如图 7.2 所示。

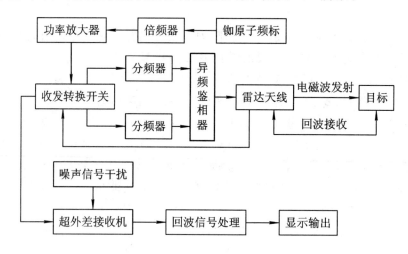

图 7.2　基于相位量子化处理的相控阵雷达改造方案

该方案利用铷原子频标的高稳定度和准确度，通过对发射信号的倍频、综合及 DDS 频率合成，产生具有固定频率关系的两异频信号。根据相位重合点的基本理论和异频鉴相中相位差变化的基本规律，将鉴相结果送入天线，经辐射器辐射后达到对波速方向的改变和控制。然后将回波信号送入接收机，经信号处理后进入显示设备，以完成对目标的探测、测量、定位和识别。经改造后的相控阵雷达，与传统的通过移相器来控制波速扫描方向的方法相比，具有体积小、重量轻、探测精度高的特点。在相控阵雷达中使用鉴相器而摒弃数万个移相器，大大降低了相控阵雷达系统的成本及本底噪声，同时也缩小了扫描盲区，提高了雷达波速扫描的分辨率，在军事、国防及民用领域具有重要的意义。

参 考 文 献

[1] 黄秉英,周渭,张荫柏,等. 计量测试技术手册(第 11 卷 时间和频率)[M]. 北京:中国计量出版社. 1996:261-265

[2] 周渭,偶小娟,周晖,等. 时频测控技术[M]. 西安:西安电子科技大学出版 社,2006

[3] ZHOU Wei,ZHENG shengfeng. A Super High Resolution Phase Difference Measurement Method[C]. Proceedings of the 2007 IEEE frequency control symposium. Besancon,2007:811-814

[4] 沈世科. 相位噪声测试结果的分析和应用[J]. 计量技术,2008(3):36-38

[5] DU Baoqiang,ZHOU Wei,DONG Shaofeng,et al. A Group-Period Phase Comparison Method Based on Equivalent Phase Comparison Frequency[J]. Chinese Physics Letters,2009,26(7):0706021-0706024

[6] 周晖. 基于等效鉴相频率的频标比对途径[J]. 电子科技,2004(4):25-27

[7] 张厥盛. 锁相技术[M]. 西安:西安电子科技大学出版社,2001

[8] CHEN Faxi,ZHOU Wei. A novel PLL based on phase comparison between two signals with different frequencies [C]. Proceedings of the 2008 IEEE frequency control symposium,2008:156-158

[9] KONG Weixin. Low Phase Noise Design Techniques for Phase Locked Loop Based Integrated RF Frequency Synthesizer [C]. Dissertation in Maryland, College Park,2005:10-14

[10] Kyoohyun Lim,Chan-Hong Park,Dal-Soo Kim. A low-noise phase-locked loop design by loop bandwidth optimization[J]. IEEE Solid-State Circuits Journal, 2000,35(6):807-815

[11] SHENG Ye. Phase Realignment and Phase Noise Suppression[D]. Dissertation for doctor's degree of philosophy in University of California,San Diego,2003: 37-38,80-83

[12] Heydari P. Analysis of the PLL jitter due to power/ground and substrate noise [J]. IEEE Transactions on Circuits and Systems,2004:2404-2416

[13] Nati S. A monolithic gallium arsenide interval timer IC with integrated PLL clock synthesis having 500-ps single shot resolution[J]. IEEE Solid-State Circuits Journal,1997,32(9):1350-1356

[14] LTOH K. Overview of the evolution of PLL synthesizers used in mobile termi-

nals[C]. IEEE Radio and wiveless conference，2004：471 - 474

[15] ZHANG W. A Novel Hybrid Phase-Locked-Loop Frequency Synthesizer Using Single-Electron Devices and CMOS Transistors[J]. IEEE Transactions on Circuits and Systems of，2007，54(11)：2516 - 2527

[16] 沈建华，杨艳琴，瞿骁曙. MSP430 系列 16 位超低功耗单片机原理与应用[M]. 北京：清华大学出版社，2004

[17] 阎栋梁. 相位噪声测量技术的发展[J]. 宇航计测技术，2006，26(5). 59 - 61

[18] 陈永良. 相关零拍法相位噪声谱测量系统的研究与实现[J]. 仪器仪表学报，2000，21(2)：215 - 217

[19] 陈永良. 新型相位噪声谱测量系统研究[J]. 测控技术，1999，18(7)：57 - 59

[20] David J. Jones. Carrier — envelop phase control of fs mode-locked lasers and direct optical frequency synthesis[J]. Science，2000，(28)：288 - 290

[21] PELKA R. Adaptive calibration of time interval digitizer with picosecond resolution[J]. IEEE Transactions on Instrumentation and Measurement，1991(40)：502 - 504

[22] Ryszard Szplet. Interpolating time counter with 100 ps resolution on a single FPGA device[J]. IEEE Transactions on Instrumentation and Measurement，2000，49(4)：879 - 882

[23] HOLZWARTH R. Opticl frequency synthesizer for precision spectroscopy[J]. Physical Review Letters，2000，85(11)：2828 - 2830

[24] 李焱. 相位噪声自动测试方法研究[D]. 西安：西北工业大学，2001

[25] 周晖等. 基于等效鉴相频率的频标比对途径[J]. 电子科技，2004(4)：25 - 27

[26] 周渭. 相检宽带测频技术[J]. 仪器仪表学报，1993，14(4)：358 - 362

[27] 杜保强，周渭. 基于等效鉴相频率的新型相位噪声测量系统[J]. 吉林大学学报：工学版，2010，(5)：1426 - 1432

[28] KALISZ. J Precision time counter for laser ranging to satellites[J]. Rev. Sci. Instrum，1994(65)：736 - 741

[29] 刘严严，徐世伟，宣宗强. 频谱分析仪测量相位噪声及测量不确定度分析[J]. 电子测量技术，2006，9(5)：11 - 12

[30] 戴维君. 用频谱仪测量相位噪声的方法[J]. 国外电子测量技术，2001(3)：11 - 12

[31] 李孝辉，杨旭海，刘娅，等. 时间频率信号的精密测量[M]. 北京：科学出版

社，2010

[32] 戴逸民. 频率合成与锁相技术[M]. 合肥：中国科技大学出版社. 1995

[33] 兹尔著. 测量中的噪声[M]. 陈杰美，译. 北京：国防工业出版社. 1984

[34] 高如云，张企民. 通信电子线路[M]. 西安：电子科技大学出版社. 2002

[35] 黄秉英，肖明耀. 时间频率的精确测量[M]. 北京：中国计量出版社，1986

[36] 周渭，朱根富. 频率及时间计量[M]. 西安：陕西科学技术出版社. 1986

[37] 孙素霞，杨凤英. 基于 HP3048A 系统的晶体振荡器相位噪声的快速测量方法[J]. 现代电子技术，2006，(7)：105－106

[38] 宋万杰，罗丰，吴顺君. CPLD 技术及其应用[M]. 西安：西安电子科技大学出版社. 1999

[39] 夏宇闻. Verilog 数字系统设计教程[M]. 北京：航空航天大学出版社. 2003

[40] ZHANG Chi. A study of phase noise and jitter in submicron CMOS phase-locked loop circuits[C]. Dissertation in Louisiana State University, Baton Rouge, U. S. A. 2003：69－70

[41] Raisanen-Ruotsalainen E. Time interval measurements using time-to-voltage conversion with built-in-dual-slope A/D conversion[J]. Circuits and Systems，1991(6)：73－76

[42] 杜强. 相位噪声功率谱测量的研究[D]. 成都：电子科技大学，2000

[43] 童诗白，华程英. 模拟电子技术基础[M]. 北京：高等教育出版社. 2004

[44] 孙素霞. 相位噪声测量方法及其研究[D]. 西安：西安电子科技大学，2005

[45] 王凤伟. 新型相位噪声测量系统的研制[D]. 西安：西安电子科技大学，2008

[46] 王颖. 基于等效鉴相频率的相位噪声测量系统的研究[D]. 西安：西安电子科技大学，2009

[47] ZHOU Wei. The greatest common factor frequency and its application in the accurate measurement of periodic signals[C]. Proceedings of the 1992 IEEE Frequency Control Symposium. 1992：270－273

[48] ZHOU Wei. Systematic research on high accuracy frequency measurements and control[D]. Shizuoka University：Doctor dissertation. 2000：31－39

[49] ZHOU Wei. Equivalent phase comparison frequency and its characteristics[C]. Proceedings of the 2008 IEEE Frequency Control Symposium. 2008：468－470

[50] 江玉洁，陈辰. 新型频率测量方法的研究[J]. 仪器仪表学报，2004，25(1)：30－33

[51] 康钦马，姜海宁. 一种高精度频标比对方法[J]. 仪器仪表学报，2007(4)：45－48

［52］　孙素霞. 基于等效鉴相频率的频率频率度的检测方法［J］. 现代电子技术，2005(10)：10 - 11

［53］　周渭. 时频测量新技术：相位重合点检测技术［J］. 宇航计测技术. 1993(3)：58 - 61

［54］　周文水，王海. 相检宽带测频仪的改型［J］. 计量技术，2004(4)：26 - 28

［55］　屈八一，王黎黎. 基于相位重合现象的分辨率在十皮秒量级的比相仪［J］. 仪器仪表学报，2007，28（8）：250 - 252

［56］　王海，周渭. 高精度频率测量技术及实现［J］. 系统工程与电子技术，2008(5)：981 - 983

［57］　ZHOU Hui. A high resolution frequency standard comparator based on a special phase comparison approach［J］. Frequency Control Symposium and Exposition 2004 Proceedings of the 2004 IEEE International，2004：689 - 692

［58］　ZHOU Wei. A novel frequency measurement method suitable for a large frequency ratio condition［J］. Chinese Physics Letters，2004，21(5)：786 - 788

［59］　CHEN Faxi. A novel PLL based on phase comparison between two signals with different frequencies［C］. Proceeding of the 2008 International Frequency Control Symposium. 2008：156 - 158

［60］　屈八一，周渭. 基于双频信号相位重合点的秒信号产生法［J］. 西安电子科技大学学报，2008，35(5)：900 - 902

［61］　张莹，周渭，梁志荣. 基于 GPS 锁定高稳晶体振荡器技术的研究［J］. 宇航计测技术，2005，25（1）：54 - 58

［62］　陈法喜. 高分辨率时频信号处理技术研究［D］. 西安：西安电子科技大学，2010

［63］　黄志君，潘攀，赖振华. 基于 FPGA 的多用信号源的设计与实现［J］. 天津大学学报. 2006，(S1)：383 - 387

［64］　李焕. 基于等效鉴相频率的相位处理技术［D］. 西安：西安电子科技大学，2010

［65］　刘晨光. 新型高精度频率测量仪的实现［D］. 西安：西安电子科技大学，2009

［66］　周晖. 群周期比对中群相移的研究［D］. 西安：西安电子科技大学，2009

［67］　秦红波. 经济型相检宽带测频仪的设计［D］. 西安：西安电子科技大学，2006

［68］　李智奇. 频率测量新原理的研究［D］. 西安：西安电子科技大学，2004

［69］　周文水. 相检宽带测频原理的研究与实现［D］. 西安：西安电子科技大学，

2004

[70] 伏全海. 精密时间间隔测量方法及应用研究[D]. 西安：西安电子科技大学，
2004

[71] 康钦马. 新型高分辨率测频技术与虚拟仪器[D]. 西安：西安电子科技大学，
2003

[72] 王海晨. 高精度测频技术研究与高精度测频仪器的改进[D]. 西安：西安电
子科技大学，2003

[73] 杨海香. 高分辨率频率测量研究[D]. 西安：西安电子科技大学，2003

[74] 陈辰. 新型频率控制与测量方法的研究[D]. 西安：西安电子科技大学，
2002

[75] 邹魏华. 低成本高精度相检宽带频率计的开发[D]. 西安：西安电子科技大
学，2008

[76] 江玉洁. 高精度频标比对新原理的研究[D]. 西安：西安电子科技大学，
2004

[77] 雷海丽. 高精度频标比对测量方法的研究与仪器设计[D]. 西安：西安电子
科技大学，2004

[78] 张云华. 新型频标比对技术的研究及仪器实现[D]. 西安：西安电子科技大
学，2006

[79] 郑珍. 基于比相法的高分辨率频标比对技术的研究[D]. 西安：西安电子科
技大学，2006

[80] ZHOU Wei, MIAO. A Novel Phase Processing Approach Based on New Concept
and Method[C]. Proceeding of the 2009 International Frequency Control
Symposium，2009

[81] Brida G. High resolution frequency stability measurement system[J]. Review of
scientific instruments，2002，73(5)：2171-2174.

[82] CHEN Faxi, ZHOU Wei. Ultrahigh Resolution Frequency Measurement
Scheme Based on Phase Relationship between Period Groups[C]. Proceeding
of the 2009 International Frequency Control Symposium，2009

[83] WANG Fengwei, ZHOU Wei, LI Lin. A Technique of Ultra High Frequency
Measurement[C]. Proceeding of the 2007 International Frequency Control
Symposium，2007：820-822.

[84] ZHOU Wei, LI Zhongyong. A practical method to process time and frequency
signal[C]. Proceeding of the 1999 International Frequency Control Symposium，
1999：1105-1108.

[85] ZHOU Wei. A precision frequency standard comparison method and instrument

［C］. proceedings of the 2000 IEEE International Frequency Control
　　　　　　Symposium. 2000(8)：557－560

［86］　ZHOU Wei. Some new methods for precision time interval measurement［C］.
　　　　　　Proceedings of the 1997 IEEE International Frequency Control Symposium.
　　　　　　1997(9)：418－421

［87］　　ZHOU Wei. Some new developments of precision frequency measurement
　　　　　　technique［C］. Proceedings of the 1995 IEEE International Frequency Control
　　　　　　Symposium，1995(6)：354－359

［88］　ZHOU Wei. Phase difference variation characteristics between frequency signals
　　　　　　and its uses in measurement［C］. Proceedings of 1994 IEEE Instrumentation and
　　　　　　Measurement Technology Conference，1994(6)：810－813

［89］　薛伟. 频标比对系统的研究［D］. 西安：西安电子科技大学，2005

［90］　LI Zhiqi，ZHOU Wei. A Super High Resolution Distance Measurement Method
　　　　　　Based on Phase Comparison［J］. Chinese Physics Letters，2008，25(8)：2820

［91］　杜保强，周渭. 基于异频相位处理的高精度频率测量系统［J］. 天津大学学
　　　　　　报：自然科学版，2010，(3)：262－266

［92］　杜保强，周渭，陈法喜，等. 一种新型超高精度频标比对系统的设计［J］. 仪
　　　　　　器仪表学报，2009(5)：967－972

［93］　LI Zhiqi，ZHOU Wei. An Ultra-high Resolution Phase Difference Measurement
　　　　　　meter［C］. Proceedings of the 2007 IEEE frequency control symposium，
　　　　　　Besancon in Franch 2007：862－864

［94］　MIAO Miao，ZHOU Wei. Comparison between Analog and Digital Time and
　　　　　　Frequency Measurement Techniques［C］. Proceedings of the 2007 IEEE
　　　　　　frequency control symposium，Besancon in Franch 2007：801－804

［95］　WANG Hai，ZHOU Wei. A time and frequency measurement method based on
　　　　　　delay-chain technique［C］. Proceedings of the 2008 IEEE frequency control
　　　　　　symposium，Besancon in Franch 2008：484－486

［96］　LI Lin，ZHOU Wei. A Time-to-Digital Converter Based on Time-Space Rela-
　　　　　　tionship［C］. Proceedings of the 2007 IEEE frequency control symposium，
　　　　　　Besancon in Franch. 2007：815－819

［97］　　ZHOU Hui，ZHOU Wei. A Time and Frequency Measurement Technique
　　　　　　Based on Length Vernier［C］. Besancon in Franch：Proceedings of the 2006
　　　　　　IEEE frequency control symposium. 2006：267－272

［98］　ZHOU Wei，Ou Xiaojuan. A Time Interval Measurement Technique Based on
　　　　　　Time-Space Relationship Processing［C］. Besancon in Franch：Proceedings of

the 2006 IEEE frequency control symposium. 2006：260－266

[99]　杜保强，周渭. 基于延时复用技术的短时间间隔测量方法[J]. 天津大学学报：自然科学版，2010(1)：77－83

[100]　DU Baoqiang，ZHOU Wei. Super-High Resolution Time Interval Measurement Method Based on Time-Space Relationships[J]. Chinese Physics Letters，2009，26(10)：100601

[101]　王海，周渭，宣宗强，等. 一种新的时间间隔测量方法[J]. 西安：西安电子科技大学学报，2008，35(2)：267－271

[102]　偶晓娟，周渭. 基于时－空关系的时间间隔与频率测量方法研究[J]. 仪器仪表学报，2006(4)：36－39

[103]　伏全海. 基于CPLD的时间间隔测量仪[J]. 计量技术，2004(7)：5－8

[104]　王斌，周渭. 长度游标在精密时频中的应用[J]. 计量技术，2007(9)：35－37

[105]　周渭. 基于时空和时相关系的时频处理方法[J]. 宇航计测技术，2007：72－77

[106]　Jussi-Pekka Jansson，Antti Mantyniemi. A CMOS time-to-digital converter with better than 10ps single-shot precision[J]. IEEE Journal of Solid-State Circuit，2006(41)：1286－1296

[107]　Jozef Kalisz. Review of methods for time interval measurements with picosecond resolution[J]. Metrologia，2004 (41)：27－32

[108]　张海滨，王中宇. 测量不确定度评定的验证研究[J]. 计量学报，2007，28(3)：193－197

[109]　J Kalisz，M Pawlowski. Error analysis and design of the nut time-interval digitizer with ps resolution[J]. J. Phys. E：Sci. Instrum，1987 (20)：1330－1341

[110]　周渭，董绍锋，杜保强，等. 长度游标与群周期比对相结合频率测量方法[J]. 北京邮电大学学报，2011，34(3)：1－7

[111]　Timo E，Rahkonen，Juha T，et al. The use of stabilized CMOS delay lines for the digitaization of short time intervals[J]. IEEE Journal of Solid-State Circuit，1993，28 (8)：887－893

[112]　Piotr Dudek，Stanislaw Szczepanski. A high-resolution CMOS time-to-digital converter utilizing a vernier delay line[J]. IEEE Journal of solid-state circuit，2000，35(2)：240－246

[113]　XIE D K，ZHANG Q C. Cascading delay line TDC with 75ps resolution and a reduced number of delay cells[J]. Review of scientific instruments，2005

(76)：240 - 246

[114]　罗尊旺. 一种基于 TDC 的时间间隔测量方法的研究[D]. 西安：西安电子科技大学，2009

[115]　李琳. 基于时空关系的时间间隔测量[D]. 西安：西安电子科技大学，2008

[116]　张伦. 星地时间同步技术的研究[D]. 西安：西安电子科技大学，2008

[117]　周晓平. 导航定位中高分辨率的时间处理技术的研究[D]. 西安：西安电子科技大学. 2009

[118]　李君雅. 基于无源和有源延迟链的频率测量方法及研究[D]. 西安：西安电子科技大学. 2009

[119]　偶晓娟. 皮秒级时频处理原理及电领域传输速度异常现象研究[D]. 西安：西安电子科技大学. 2007

[120]　王海. 精密时频测量和控制技术研究[D]. 西安：西安电子科技大学. 2007

[121]　江亚群，何怡刚. 周期信号相位差的高精度数字测量[J]. 电工技术学报，2006，(11)：116 - 120，126

[122]　屈八一. CPT 原子钟，星载钟及时频测控领域的新技术研究[D]. 西安：西安电子科技大学，2010

[123]　ZHOU Hui，ZHOU Wei. Some Experiment Results of TCxO Based on Stress Processing[C]. Besancon in Franch：Proceedings of the 2009 IEEE frequency control symposium. 2009：986 - 987

[124]　ZHOU Wei，LI Lin. A Study of Temperature Compensated Crystal Oscillator Based on Stress Processing[C]. Besancon in Franch：Proceedings of the 2007 IEEE frequency control symposium. 2007：272 - 274

[125]　OU Xiaojuan，Zhou Wei. Phase-noise Analysis for single and Dual-mode Colpitts Crystal Oscillators[C]. Besancon in Franch：Proceedings of the 2006 IEEE frequency control symposium. 2006：575 - 581

[126]　OU Xiaojuan，ZHOU Wei. Study on GPS Common-view Observation Data with Multiscale Kalman Filter based on correlation Structure of the Discrete Wavelet Coefficients[C]. Besanceon in Franch：Proceedings of the 2005 IEEE frequency control symposium. 2005：685 - 690

[127]　ZHOU Hui，ZHOU Wei. A Rubidium Frequency Standard Based on Unreal Time Control Approach[C]. Besancon in Franch：Proceedings of the 2005 IEEE frequency control symposium. 2005：594 - 597

[128]　ZHOU Wei，Ma Jianlu. The Technique Development of OCXO in China[C]. Besancon in Franch：Proceedings of the 2005 IEEE frequency control symposium. 2005：812 - 815

［129］ ZHOU Wei, ZHOU Hui. Comparison Among Precision Temperature Compensated Crystal Oscillators［C］. Besancon in Franch: Proceedings of the 2005 IEEE frequency control symposium. 2005: 575－579

［130］ HUA Jingyu, MENG Limin, XU Xiaojian, et al. Novel scheme for joint estimation of SNR, Doppler, and carrier frequency offset in double-selective wireless channels［J］. IEEE Trans. Vehicular Technology, 2009, 58(3): 1204－1217

［131］ HUA Jingyu, ZHAO Xiaomin, XU Zhijiang, et al. An adaptive Doppler shift estimator in mobile communication systems［J］. IEEE Trans. Antennas and Wireless Propagation Papers, 2007, (6): 117－121

［132］ LI Jiong, WANG Yanfei. Doppler shift Mitigating algorithm for quadrature phase delay estimator［J］. IEEE Trans. Instrumentation and Measurement, 2009, 58(8): 2743－2746

［133］ Kural F, Arikan F, Arikan O. Performance improvement of track initiation algorithms with the incorporation of Doppler velocity measurement［J］. IEEE Trans. Signal Processing and Communications Applications, 2006, (4): 1－4

［134］ Varghese Babu, Rajan Vinayakrishnan, Van Leeuwen Wiendelt. Evaluation of a multimode fiber optic low coherence interferometer for path length resolved Doppler measurements of diffuse light［J］. Review of Scientific Instruments, 2007, 78(12): 126103－136103－3

［135］ SHU Feng, BI Yifeng, WANG Jianxin, et al. Channel estimation and equalization for OFDM wireless system with media Doppler spread［J］. Wireless Communications, Networking and Mobile Computing, 2007, (35): 403－407

［136］ ZENG Qingxi, WANG Qing, ZHU Guoliang, et al. Precise acquisition algorithm for GPS signal Doppler frequency shift［J］. Journal of Data Acquisition & Processing, 2009, (2): 223－226

［137］ XU Yang, HUANG pu-ming, LI li. Technology combining DDS and PLL in the compensation of Doppler frequency shif［J］. Space Electronic Technology, 2005, (2): 23－26

［138］ SHE Chengli, WANG Weixing, XU Guirong. Ionospheric total electron content of the global characteristics of climate science analysis and empirical model building［J］. Journal Article, 2007(24): 2876－2881

［139］ BLUNT S D, SHACKELFORD A K, Gerlach K, et al. Doppler compensation & single pulse imaging using adaptive pulse compression［J］. IEEE Trans. Aerospace and Electronic Systems, 2009, 45(2): 647－659

[140]　Lee B-S. Doppler effect compensation scheme based on constellation estimation for OFDM system[J]. Electronics Papers，2008，44(1)：38－40

[141]　HU Jingyu，Zhijiang X. Doppler shift estimator with MMSE parameter optimization for very low SNR environment in wireless communications[J]. IEEE Trans. Aerospace and Electronic Systems，2008，44(3)：1228－1233

[142]　Cloutier G，Chen D，Durand L-G. A new clutter rejection algorithm for Doppler ultrasound[J]. IEEE Trans. Medical Imaging. 2003，22(4)：530－538

[143]　Teal P D. Tracking wide-band targets having significant Doppler shift[J]. Audio，Speech，and Language Processing，2007，15(2)：489－497

[144]　PASTORELLI A，TORRICELLI G，SCABIA M，et al. A real-time 2-D vector Doppler system for clinical experimentation[J]. IEEE Trans. Medical Imaging，2008，27(10)：1515－1524

[145]　KARAMI E. Tracking performance of least squares MIMO channel estimation algorithm[J]. IEEE Trans. Commu，2007，55(11)：2201－2209

[146]　杜保强，周渭. 基于异频相位处理的新型氢原子频标锁相系统[J]. 电子学报，2010(6)：1262－1267

[147]　杜保强，周渭. 基于GPS的新型二级频标锁定系统[J]. 宇航学报，2010，(11)：2563－2570

[148]　偶晓娟，周渭. 基于系数相关性的多尺度Kalman滤波器组的GPS共视观测数据算法[J]. 吉林大学学报：工学版，2006，36(4)：599－603

[149]　孙永红. 二级频标的驯服保持技术[D]. 西安：西安电子科技大学，2010

[150]　孙江涛. 基于GPS的1PPS的二级频标驯服技术[D]. 西安：西安电子科技大学，2010

[151]　ZHOU Wei，WANG Hai. AMCXO and Its Test System[J]. IEEE Transactions on Ultrasonics，Ferroelectrics，and Frequency Control，2004，51(9)：1050－1053

[152]　ZHOU Wei，Wang hai. The Technical Development of Oscillators and Crystals in China and Their Market Situation[J]. IEEE Transactions on Ultrasonics，Ferroelectrics，and Frequency Control. 2006，53(1)：30－33

[153]　ZHOU Wei，XUANG Zongqiang. An Improved Method of MCXO[J]. IEEE Transactions on Ultrasonics，Ferroelectrics，and Frequency Control，2000，47(2)：404－406

[154]　ZHOU Wei，LI Zhiyong. A Practical Method to Process Time and Frequency Signal[J]. IEEE Transactions on Ultrasonics，Ferroelectrics，and Frequency

Control，2000，47(2)：480－483

[155] CHEN Faxi，ZHOU Wei. Application of New PLL in Active Atomic Frequency. Standard Circuit［C］. Proceedings of the 2009 IEEE frequency control symposium，2009：565－567.

[156] 张为群，林传富. 氢原子钟的设计改进与性能［J］. 仪器仪表学报，2001，22(6)：648－651

[157] 彭科，张燕军. SOHM－4 型氢原子钟的设计改进与初步性能［J］. 时间频率学报，2004，27(1)：41－47

[158] 张为群，张一平. 应用于氢原子频率标准的相位锁定环路［J］. 应用科技学报. 2002，20(1)：104－108

[159] 屈八一. 非实时控制及其在被动型原子频标中的应用［D］. 西安：西安电子科技大学，2006

[160] 赵佩章，陈健，赵文桐. 太阳黑子对厄尔尼诺、拉尼娜的影响［J］. 地球物理学进展，2001，16(3)：34－38

[161] 杨学祥，陈震，陈殿友，等. 厄尔尼诺事件与强潮汐的对应关系［J］. 吉林大学学报：地球科学版，2003，33(1)：74－79

[162] 冯利华，马远军. 厄尔尼诺事件成因链［J］. 地球物理学进展，2004，19(3)：33－37

[163] 顾节经，顾群. 厄尔尼诺的成因分析和影响预测［J］. 山东气象，1999(2)：22－24

[164] 陈育峰，张强. 气候周期与天体活动周期的对应性及其区域特征的探讨［J］. 地理研究，1995，14(4)：46－49

[165] CHAO Jiping，YUAN Shaoyu，CHAO Qingchen，et al. A data Analysis Study on the Evolution of the ElNino/LaNina Cycle［J］. Advances in Atmospheric Sciences，2002，19(5)：89－91

[166] 赵佩章，陈健，赵文桐. 日食与厄尔尼诺、拉尼娜现象［J］. 新疆气象，2001，4(1)：8－10

[167] 倪嘉骊. 深空探测雷达及其关键技术分析［J］. 现代雷达，2007，29(11)：1－5

[168] 张雪媛，林炳梁. 深空探测与天基测控网络［J］. 飞航导弹，2002，30(11)：21－25

[169] 李海涛，李宇华，匡乃雪. 深空探测中的天线组阵技术［J］. 飞行器测控学报，2004，23(4)：57－60

[170] 林墨. 深空测控通信技术发展趋势分析［J］. 飞行器测控学报，2005，24(3)：6－9

[171] 刘嘉兴. 深空测控通信的特点和主要技术问题[J]. 飞行器测控学报, 2005, 24(6): 2-8

[172] 曾亮, 孟庆杰, 徐伟. 利用 GPS 驯服校频技术提高晶体振荡器性能[J]. 计量技术, 2008, (05): 6-8

[173] 张赛丹, 田红心. GPS 系统多普勒频移估算的研究[J]. 无线电电工程, 2007, 37(4): 21-23

[174] 赵军祥, 李建辉, 常青, 等. GPS 授时校频方法研究与试验结果[J]. 北京航空航天大学学报, 2004, (08): 762-766

[175] 蒋庆红. GPS 技术在时频计量测试中的应用[J]. 航空兵器. 2006, (4): 58-60

[176] 路晓峰, 贾小林, 杨志强. 基于双频相位平滑伪距的卫星预报钟差精度评定[J]. 全球定位系统, 2007, (03): 17-20

[177] 张贤谊, 曹远洪, 康松柏, 等. 一种锁相环调频方法在铷原子频标中的应用[J]. 时间频率学报, 2007, (2): 97-104

[178] 彭成文, 傅文惠. 利用锁相技术解决原子钟的相位噪声问题[J]. 电子对抗技术, 2004, (1): 40-42

[179] 张共愿, 赵忠. 粒子滤波及其在导航系统中的应用综述[J]. 中国惯性技术学报, 2006, (6): 91-94

[180] 李孝辉, 吴海涛, 高海军, 等. 用 Kalman 滤波器对原子钟进行控制[J]. 控制理论与应用, 2003, (4): 551-554

[181] 朱祥维, 肖华, 雍少为, 等. 卫星钟差预报的 Kalman 算法及其性能分析[J]. 宇航学报, 2008, (3): 966-970, 1052

[182] 夏克寒, 许化龙, 张朴睿. 粒子滤波的关键技术及应用[J]. 电光与控制, 2005, (6): 1-4, 19

[183] 高小珣, 高源, 张越. GPS 共视法远距离时间频率传递技术研究[J]. 计量学报, 2008, (1): 80-83

[184] 孙莹. 高稳晶体振荡器的秒级频率稳定度的测量[J]. 航空计测技术, 2003, (4): 38-39, 47

[185] 谢勇辉, 赵峰, 王芳. 用于气泡型铷频标的新型环极式微波腔[J]. 计量学报, 2008, (4): 374-377

[186] 周晓平, 李媛, 周晖. 基于测量为目的的故障定位技术[J]. 电子质量, 2008, (9): 26-27

[187] 袁俊泉, 皇甫堪, 王展. 二次差频测距新方法及其性能分析[J]. 国防科技大学学报, 2005, (2): 56-60

[188] 袁俊泉, 马晓岩. 基于平均阈值的小波包去噪方法研究[J]. 武汉交通科技

大学学报，2000，(2)：215 - 217

[189] 袁俊泉，龚享铱，皇甫堪. 基于二次差频的多频连续波测距方法研究[J].
电子学报，2004，(12)：2056 - 2058

[190] 郭芳. 用 GPS 秒信号锁定高频振荡器的方法研究[J]. 时间频率学报，
2004，(2)：94 - 102

[191] 王义遒，王庆吉，付济时. 量子频标原理[M]. 北京：科学出版社，1986

[192] Svenja Knappe, Robert Wynands, John Kitching, et al. Characterization of the
coherent population-trapping resonances as atomic frequency references[J]. J.
Opt. Soc. Am. B. 2001, 18(11)：1545 - 1553

[193] Jacques Vanier, Aldo Godone, and Filippo Levi. Coherent population trapping
in cesium：dark lines and coherent microwave emission[J]. Physicl Review A,
1998, 58(33)：2345 - 2358

[194] BRANDT S, NAGEL A, WYNANDS R. Buffer-gas-induced linewidth reduc-
tion of coherent dark resonances to below 50 Hz[J]. Physicl Review A, 1997,
56(2)：1063 - 1066

[195] KNAPPE S, KITCHING J, HOLLBERG L. Temperature dependence of
coherent population trapping resonances[J]. Applied Physics B, 2002, (74)：
217 - 222

[196] DENG K, GUO T, D W He, et al. Effect of buffer gas ratio on the relation-
ship between cell temperature and frequency shifts of the coherent population
trapping resonance[J]. Applied Physics Letters, 2008, (92)：104 - 108

[197] Filippo Levi, Aldo Godone, Vanier J, et al. The Light shift of coherent popu-
lation trapping Cesium maser [J]. IEEE Trans. Ultrason. Ferroelectr. Freq.
Control, 2000, 47(2)：466 - 470

[198] Vanier J, Levine M W, Janssen D. The coherent population trapping passive
frequency standards[J]. IEEE trans. Instum. & Meas, 2003, 52(2)：258 -
262

[199] Mikko Merimaa, Thomas Lindvall, Ilkka Tittonen. All-optical atomic clock
based on coherent population trapping in ^{85}Rb[J]. J. OPT. SOC. AM. B.
2003, 20(2)：73 - 79

[200] 靳冬. CPT ^{87}Rb-maser 星载钟相关电子系统研究[D]. 西安：西安电子科技
大学，2007

[201] 王鑫. Rb CPT maser 星载原子钟相关光学系统研究[D]. 西安：中科院国家
授时中心，2008

[202] 庞娟. 低相噪微波 DRO-PLL 的设计理论与实践[D]. 成都：电子科技大学，

2003

[203] 白居宪. 低噪声频率合成[M]. 西安：西安交通大学出版社，1995

[204] 远坂俊昭. 锁相环电路设计与应用[M]. 北京：科学出版社，2006

[205] MICHAEL A. LOMBARDI, THOMAS P. et al. NIST Primary frequency standards and the realization of the SI second[J]. NCSL INTERNATIONAL MEASURE. 2007, 2(4): 74 - 89

[206] Giovanni D, Rovera. Frequency Synthesis Chain for the Atomic Fountain Primary Frequency Standard[J]. IEEE Transactionon Ultrasonics Ferroelectrics and Frequency Control, 1996, 43(3): 88 - 91

[207] Heavner T P. A new microwave synthesis chain for the primary frequency standard NIST-F1 [C]. Frequency Control Symposium and Exposition, 2005. Proceedings of the 2005 IEEE International. Aug. 2005: 29 - 31

[208] CHARLES A, GREENHALL. A Derivation of the Long-Term Degradation of a Pulsed Atomic Frequency Standard from a Control-Loop Mode[C]. IEEE transactions on ultrasonics, ferroelectrics, and frequency control. 1998, 45(4): 872 - 875

[209] Svenja Knappe, Vishal Shah, Peter D. D. et al. A microfabricated atomic clock[J]. Applied Physics Letters. 2004, 85(9): 1460 - 1462

[210] Cindy Hancox, Michael Hohensee, Michael Crescimanno, et al. Lineshape asymmetry for joint coherent population trapping and three-photo N resonances [J]. Optics Letters, 2008, 33(3): 1536 - 1538

[211] KITCHING J, KNAPPE S, and L. Hollberg. Miniature vapor-cell atomic-frequency references[J]. Applied Physics Letters, 2002, 81(3): 553 - 555

[212] Knappel S, Velichansky V, Robinson H G, et al. Atomic Vapor Cells for Miniature Frequency References[C]. Proceedings of the 2003 IEEE International Frequency Control Symposium and PDA Exhibition Jointly with the 17th European Frequency and Time Forum, 2003: 31 - 32

[213] Knappe S, Velichansky V, Robinson H G, et al. Compact atomic vapor cells fabricated by laser-induced heating of hollow-core glass fibers[J]. Review of Scientific Instruments. 2003, 74(6): 3142 - 3145

[214] LI-Anne Liewa, Svenja Knappe, John Moreland, et al. Micro-fabricated Atomic Frequency References[J]. Applied Physics Letters, 2004, 84(14): 2694 - 2696

[215] LI-Anne Liewa, John Moreland, Vladislav Gergin. Wafer-level filling of micro-fabricated atomic vapor cells based on thin-film deposition and photolysis of

cesium aside[J]. Applied Physics Letters，2007，（90）：106 - 114

[216] Shankar Radhakrishnan and Amit Lal. Alkali Metal-wax Micro-packets for Chip-scale Atomic Clocks[C]. The 13th International Conference on Solid-State Sensors，Actuators and Microsystems，2005：23 - 26

[217] FEI Gong，JAU YuanYu，Katharine Jensen. Electrolytic fabrication of atomic clock cells[J]. IEEE. 2006：711 - 714

[218] McFerran J J，Hartnett J G. An optical beam frequency reference with 10^{-14} range frequency instability [J]. Applied Physics Letters，2009，95（3）：031103

[219] Ou X J，Zhou W，Wang H，et al. Study on GPS common-view observation data with multiscale Kalman filter algorithm[C]. Proceedings of the 2004 IEEE International Frequency Control Symposium，Los Angeles，USA，2004：489 - 493

[220] Kazakov G，Matisov B，Mazets I. et al. Pseudoresonance mechanism of all-otptical frequency-standard operation[J]. Physical Review A，2005：467 - 478

[221] Zibrov S A，Velichansky V L，Zibrov A S，et al. Experimental investigation of the dark pseudoresonance on the D1 line of the ^{87}Rb atom excited by a linearly polarized field[J]. Jetp Letters，2005：467 - 478

[222] Phillips D F，Novikova I，C Y -T. Walsworth. Modulation induced frequency shifts in a CPT-based atomic clock[C]. Optical Society of America. 2008：467 - 478

[223] 翟造成. 氢脉泽谐振腔频率-温度效应分析[J]. 宇航计测技术，2006，（5）：7 - 11

[224] 黄秉英. 新一代时间频率基准：激光冷却、操控的铯原子喷泉钟[J]. 中国计量，2004，（02）：47 - 48

[225] 黄秉英. 原子钟在导航星和空间站的应用[J]. 中国计量，2002，（8）：46 - 47

[226] Busca G，Freléchoz C. Space Clocks for Navigation Satellites[C]. Proceedings of the 2003 IEEE International Frequency Control Symposium，2003：172 - 177

[227] Droz F，Rochat P，Barmaverain G. On-board Galileo RAFS current status and performance [C]. Proceedings of the 2003 IEEE International Frequency Control Symposium. 2003：178 - 123

[228] Vernotte F，Delporte J，Brunet M. et al. Uncertainties of drift coefficients and

extrapolation errors: application to clock error prediction[C]. IV Time Scales Algorithms Symposium, BIPM, 2002: 171 - 175

[229] Busca G, Wang Q. Time Prediction Accuracy for Space Clock[C]. IVTime Scales Algorithms Symposium, BIPM, 2002: 111 - 119

[230] Bernier L G, Jornod A, Schweda H, et al. The SHM Hydrogen Atomic Clock for Space Applications-Development and Test of the PEM Physics Package[C]. Proceedings 29th Annual PTTI meeting. 1997: 61 - 67

[231] Laurent P, Clairon A, Lemonde P, et al. . The Space Clock PHARAO: Functioning and Expected Performances[C]. Proceedings 17th EFTF and 2003 IEEE FCS joint meeting. 2003: 179 - 184

[232] Laurent Ph, Santarelli G, Lea S, et al. Cesium fountains and micro-gravity clocks[C]. 25th Motioned conference on Dark-matter in cosmology, clocks and tests of fundamental laws. 1995: 61 - 67

[233] Dick G J. Local oscillator induced instabilities in trapped ion frequency standards[C]. Proceeding of Precise Time and Time Interval. 1987: 133 - 147

[234] Clairon A, Laurent P, Santarelli G, et al. A Cesium fountain frequency standard: Preliminary Results[J]. IEEE Trans. Instrum. Meas. 1995(44): 128 - 131

[235] Wineland D J, Bergquist J C, Bollinger J, et al. Progress at NIST towards absolute frequency standards using stored ions[J]. IEEE Trans. Ultrason. , Ferroelect. , Freq. Contr. , 1990, 37(6): 515 - 523

[236] Prestage J D, Tjoelker R L, WANG R T, et al. Hg^+ trapped ion standard with superconducting cavity maser oscillator[J]. Instrum. , Meas. , 1993, 42(2): 200 - 205

[237] Garcia Nava J F, Walls F L, Shirley J H, et al. Environmental effects in frequency synthesizers for passive frequency standards[C]. Proc. 1996 IEEE Freq. Contr. Symp. , 1996: 973 - 979

[238] ROVERA G, SANTARELLI G, and CLAIRON A. Frequency synthesis chain for the atomic fountain primary frequency standard[J]. IEEE Trans. Ultrason. , Ferroelect. , Freq. Contr. , 1996, 43, (3): 354 - 358

[239] Karlquist R F. A new RF architecture for cesium frequency standards[C]. Proc. 1992 IEEE Freq. Contr. Symp, 1992: 134 - 142

[240] Ferre-Pikal E S, Walls F L. Microwave regenerative frequency dividers with low phase noise[J]. Proc. IEEE Trans. Ultrason. , Ferroelect. , Freq. Contr, 1999, 46(1): 216 - 219

[241] Deng J Q，DeMarchi A，Walls F L，et al. Reducing the effects of local oscillator noise on the frequency stability of cell-based-passive-frequency standards [C]. Proc. 1998 Int. Freq. Contr. Symp，1998：95－98.

[242] 樊战友，胡永辉，边玉敬. 嵌入式时间间隔计数器的研制[J]. 时间频率学报，2005，(1)：23－26

[243] 刘芸，周渭. 集成式压控型温补晶体振荡器的二次补偿[J]. 宇航计测技术，2003，23 (3)：47－51

[244] 王诚，吴继华，范丽珍，等. Altera FPGA/CPLD 设计(基础篇)[M]. 北京：人民邮电出版社，2005

[245] 张靖. 导航卫星星地时间同步技术的仿真研究[D]. 西安：西安电子科技大学，2007

[246] 李天文. GPS 原理及应用[M]. 北京：科学出版社，2005

[247] 周渭. 测试计量技术基础[M]. 西安：西安电子科技大学出版社，2000

[248] 胡伍生，高成发. GPS 测量原理及其应用[M]. 北京：人民交通出版社，2005

[250] 漆贯荣. 时间科学基础[M]. 北京：高等教育出版社，2006

[251] 童宝润. 时间同一系统[M]. 北京：国防工业出版社，2003

[252] 周其焕. 构建起新的导航星座 GPS－III 和 Galileo[J]. 导航，2001(9)：55－56.

[253] 贺洪兵. 基于 GPS 的高精度时间同步系统的研究[D]. 四川：四川大学，2005

[254] 李树洲. 卫星导航定位系统星地时间同步方法[J]. 无线电工程，2002 (10)：60－63

[255] 林昌华. 时间同步与校频[M]. 北京：国防工业出版社，1990

[256] WU Gang，LI Chun-Lai，LIU Yin-Nian，et al. Study on High Resolution Time interval measurement module in pulsed laser ranging system[J]. J. Infrared Millim. Waves，2007，26(3)：213－216

[257] Moyer G C，Clements M and LIU W. Precise delay generation using the Vernier Technique[J]. Electronics Letters，1996，32(18)：1658－1659

[258] HUANG Zhen，LIU Bin. New Method to Measure the Time-of-Flight in Pulse Laser Ranging[J]. Journal of Optoelec-tronics. Laser，2006，17(9)：1153－1155

[259] 李晓明，冯大政，刘宏伟，等. 相控阵机载雷达空时两维杂波预滤波处理方法[J]. 西安电子科技大学学报，2008，(2)：216－222

[260] 李文臣，刘付兵，袁翔宇，等. 相控阵雷达空域检测性能分析[J]. 雷达与

对抗，2004(2)：6-9

[261] 谢建华. 相控阵雷达技术及其在防空系统中的应用[J]. 战术导弹技术，2001(1)：46-51，58

[262] 白剑林，霍亮，刘鹏，张平定. 基于相控阵雷达组网的多传感器管理算法[J]. 空军工程大学学报：自然科学版，2008，(6)：42-46

[263] 唐晓兵，罗石麟，孙国基，等. 防空相控阵雷达转角控制策略[J]. 空军工程大学学报：自然科学版，2007，(5)：21-24

[264] 花良发，倪海，齐京礼. 基于相控阵雷达自适应波束形成的抗干扰技术[J]. 军械工程学院学报，2006(5)：8-11

[265] 陈明辉，于玉鹏，钱晓俊，等. 基于仿真的多假目标干扰对相控阵雷达干扰效果研究[J]. 雷达与对抗，2005(3)：1-4，29

[266] 杨晨阳，毛士艺，李少洪. 相控阵雷达中的 TWS 和 TAS 跟踪技术[J]. 电子学报，1999(6)：1-4，8

[267] 张伯彦，蔡庆宇. 相控阵雷达的计算机控制技术[J]. 系统工程与电子技术，1999(1)：34-38

[268] 陈明辉. 弹道导弹防御相控阵雷达欺骗干扰效果仿真与评估研究[D]. 长沙：国防科学技术大学，2003

[269] 程婷. 相控阵雷达自适应资源管理技术研究[D]. 成都：电子科技大学，2008

[270] 郑卉卉，程少云. 相控阵雷达信号的分选识别[J]. 舰船电子对抗，2008(1)：89-91

[271] 傅其祥. 相控阵雷达仿真系统加速处理技术研究与应用[D]. 国防科学技术大学，2004

[272] 孙鹏云，沈怀荣. 一种相控阵雷达系统效能评估方法[J]. 装备指挥技术学院学报，2005(6)：53-56

[273] 王旭，何佩琨，毛二可. 实现频率步进相控阵雷达宽带宽角扫描的一种方法[J]. 雷达科学与技术，2007(3)：167-170

[274] 李文臣，刘付兵. 地基相控阵雷达的天线扫描空间分析[J]. 雷达科学与技术，2004(5)：309-314